建筑结构损伤控制设计

〔日〕和田　章
　　　岩田　卫
　　　清水敬三　著
　　　安部重孝
　　　川合广树

曲　哲
裴星洙　译

叶列平　校

中国建筑工业出版社

著作权合同登记图字：01－2013－8550 号

图书在版编目(CIP)数据

建筑结构损伤控制设计/(日)和田章等著;曲哲等译. —北京:中国建筑工业出版社,2014.7(2023.7 重印)
ISBN 978-7-112-16378-6

Ⅰ.①建… Ⅱ.①和… ②曲… Ⅲ.①建筑结构—损伤(力学)—设计 Ⅳ.①TU311

中国版本图书馆 CIP 数据核字(2014)第 022937 号

Kenchikubutsu no Sonshou Seigyo Sekkei

Copyright © 1998 Akira Wada, Keizo Shimizu, Hiroki Kawai, Mamoru Iwata, Shigetaka Abe

Chinese translation rights in simplified characters arranged with Maruzen Publishing Co. Ltd. , through Japan UNI Agency, Inc. , Tokyo.

本书由日本丸善出版株式会社授权我社翻译、出版、发行

责任编辑：王　跃　刘文昕　吉万旺
责任设计：董建平
责任校对：张　颖　陈晶晶

建筑结构损伤控制设计
[日] 和田章　岩田卫　清水敬三　安部重孝　川合广树　著
曲哲　裴星洙　译
叶列平　校
*
中国建筑工业出版社出版、发行（北京西郊百万庄）
各地新华书店、建筑书店经销
北京楠竹文化发展有限公司制版
建工社（河北）印刷有限公司印刷
*
开本：880×1230 毫米　1/32　印张：7⅜　字数：263 千字
2014 年 11 月第一版　　2023 年 7 月第二次印刷
定价：**50.00** 元
ISBN 978-7-112-16378-6
　　　　(41304)

译者序

　　土木工程结构是地震灾害的最主要载体，通过技术创新提升工程结构的抗震性能也是"基于性能的地震工程"的最重要支承。技术创新不能只停留在理论层面，而是一个将创新性想法付诸实践，在解决实际问题的过程中不断完善并最终得以推广应用的完整过程。在过去的 20 年间，隔震技术和消能减震技术在日本的大量应用成为地震工程领域技术创新的两个成功典范。这两种损伤控制新技术在日本的发展经历非常相似，都经历了较长的探索期，并终于在 1995 年日本阪神地震后被社会广泛接受，迎来了高速发展期。截至 2010 年，日本全国已有逾 8000 栋建筑采用了隔震或消能减震技术。

　　二者的另一个共同特征是蕴含其中的损伤控制思想。正如和田先生在本书序言中提到的，像建筑结构的"锁骨"这样的损伤控制思想早已有之。回头看时一目了然，隔震建筑的隔震层和消能减震建筑中的阻尼器都是这样的"锁骨"，但是技术创新的真正挑战在于如何率先将思想付诸实践，如何将实践推广应用，总之，如何"让思想解决问题"。这也正是本书最可宝贵之处。它全面介绍了在建筑结构设计中实现损伤控制思想的方方面面的实际问题，并将理论与实践紧密结合，给出了具体的解决方案和工程应用实例。然而，本书并不是像旁观者一样对 20 世纪 90 年代日本损伤控制设计理论的总结，实际上，本书的作者们所代表的正是这一发展历程中的开路者。

　　如今，损伤控制结构已被日本民众所熟知，损伤控制思想也已被世界地震工程界广泛接受为一种实现高性能抗震结构的有效途径。但近年来几次严重的地震灾害表明，"让思想解决问题"依然任重道远。不妨简单回顾一下。1994 年 6.7 级美国北岭地震和 1995 年 7.3 级日本神户地震造成的直接经济损失分别是 418 亿美元和 1025 亿美元，后者占当时日本 GDP 的 2.5％。时隔十几年后，2010～2011 年新西兰坎特伯雷地震造成近 300 亿美元的直接经济损失，约占新西兰 GDP 的 20%。2008 年汶川地震造成的直接经济损失更是高达 8451 亿元人民币，近 7 万同胞在地震中丧生！以减轻地震损失为己任的损伤控制思想不但没有过时，反而正当其时。

往往有一种误解，认为损伤控制之类的东西只适用于发达国家，对于我国西部欠发达地区或者像海地那样贫穷的国家，是一种不切实际的奢望。诚然，损伤控制结构最早是在日本这样的发达国家发展起来并得到广泛应用的。其发展必然以日本发达的经济和技术水平为基础。但如果因此便想当然地将损伤控制结构与高昂的造价捆绑起来，则已偏离了损伤控制的初衷。日本传统的五重塔中贯穿全塔的芯柱便是日本人在与地震灾害的长期斗争中总结出的经济而有效的损伤控制方法。最近，它为当今世界第一高塔——2012 年建成的高 634m 的东京天空树——的结构设计提供了灵感。以更低的价格和更优的性能提供更好的服务是商业竞争的不二法门。同样，以更经济的方式提供更高的抗震性能，正是损伤控制设计的根本出发点。希望读者在阅读本书的过程中不满足于"损伤控制等于加阻尼器"这样表面化的观点，而能够细心体会作者真正想要传达的思想。僵化且大包大揽的设计规范体系使人们不再关注建筑结构的实际性能。不但买冰箱的人不再关心冰箱的性能，连设计和生产冰箱的人也变得麻木，这实在难以想象。而类似的事情正发生在建筑结构领域。经济发展水平固然是建筑抗震性能的基础，但对风险的麻木和漠视才是真正可怕的。损伤控制设计号召人们以经济性为目标灵活地应对风险。看到风险便迈出了减小损失的第一步。本书作者结合日本国情给出了损伤控制设计的一个答案。希望本书有助于启发我国的工程师们结合国情给出自己的答案。

本书没有过于艰深的理论，而是更加注重对建筑结构基本概念的理解与把握。这与本书作者们的背景不无关系。和田先生早年长于计算分析，理论基础深厚，曾帮助日本著名建筑设计公司——日建设计——奠定了自主进行建筑结构非线性动力反应分析的基础，同时自己也积累了丰富的工程经验。在东京工业大学任教之后，和田先生仍保持与工业界的紧密合作，基于损伤控制思想与新日本制铁等公司共同研发出世界上最早的防屈曲支撑。书中介绍的基于损伤控制的抗震设计实例也是世界上最早采用防屈曲支撑的超高层结构。本书其他四位作者分别长期工作于新日本制铁、大林组、竹中工务店和日建设计。这些重量级的设计、承包单位的积极参与是损伤控制思想得以实现技术创新所必不可少的。

本书很多内容涉及日本建筑结构设计的基本概念和方法。为便于国内读者理解，译者根据需要以注释的形式补充了相关的背景内容。希望读者在阅读本书的同时也能够对日本的建筑结构设计，特别是抗震设计有初步的了解。

本书的翻译得到了和田先生的大力支持。在和田先生的鼓励与帮助下，译者纠正了原书中的一些纰漏之处，同时删略了一些内容，也有少量的增补。可以说是同时进行了再版修订与翻译的双重工作，谨希望能够尽量准确地传达原书作者的想法。由于译者能力有限，书中不免存在疏漏甚至谬误之处，敬请专家同行指正。

曲哲　裴星洙

2013 年 1 月 13 日

于日本东京

序　言

1989 年美国 Loma Prieta 地震的震害使人们开始意识到，罕遇地震下保证生命安全固然重要，但对于像大城市那样人口密集、经济活跃的地区，还应关注地震造成的直接经济损失和正常经济活动中断带来的间接经济损失，并应在建筑抗震设计中考虑建筑功能在震后的快速恢复。1994 年美国北岭（Northridge）地震和翌年的日本阪神·淡路大地震（以下简称"阪神地震"）后，这一观点在美国和日本受到越来越多的重视。

地震作用下建筑结构的损伤程度按从轻到重可分为"可忽略不计的损伤"、"轻微损伤"、"中度损伤"、"严重损伤"和"完全破坏"等几个等级。对于建筑功能而言，中间三个损伤程度通常分别对应于"维持使用功能"、"保护财产安全"和"保障生命安全"等抗震性能目标。日本浓尾地震①已过去一百多年，20 世纪初的美国旧金山地震②至今也已逾百年。在此期间，美国和日本在建筑抗震设计方面开展了大量的研究，并逐步形成了使建筑主体结构进入塑性并耗散地震能量以抵御地震作用的抗震设计思想。这一思想以避免建筑物完全破坏为目标，在抗震设计中通过主体结构的损伤来换取生命安全。虽然这一点是值得肯定的。但它并未考虑财产安全和建筑功能的可持续性。

毫无疑问，一个国家的建筑物总体抗震性能取决于其经济实力和技

译注：

① 1891 年 10 月 28 日当地时间 6 时 38 分在日本浓尾平原（今岐阜县）发生 8.0 级地震。极震区地裂严重，喷砂、涌水、山崩、滑坡计 1000 余处，最大水平位移达 8m，最大垂直位移达 5.4m，铁道、公路破坏严重，94％的房屋破坏，死亡 7200 余人，伤 17000 余人，房屋坍塌 142177 间，是日本明治时期造成破坏最严重的地震。

② 1906 年 4 月 18 日当地时间 5 时 12 分美国旧金山市发生 7.9 地震，震后发生大火，全市 5.3 万座房屋中的 2.8 万座被毁，近 40 万居民中的 22.5 万人失去家园。

术水平。离开这两点，必要的抗震性能无从谈起。日本建筑基准法规定了一个最低标准，但仅有最低标准是不够的，如果从整个城市的抗震性能以及经济活动可持续性的角度出发，还应考虑大地震后建筑的可修复性，并建立相应的抗震设计方法。对于天崩地裂的特大地震，可沿用现行的以保障生命安全为目标的抗震策略，但对于现行抗震规范中的罕遇地震，完全可以采取更加有效的抗震设计思路，比如使柱、梁等主体结构构件保持弹性，而通过与主体结构并联设置的滞回型阻尼器集中耗散地震输入能量以减轻结构损伤。

从 1992 年春开始，本书的五位作者对于上述抗震设计思想达成共识，并以大型工程设计项目为依托开展了大量技术研发和科学研究工作。这些都是 1994 年和 1995 年两次大地震之前的事。美国北岭地震之后，专门用于消能减震的阻尼器开始大量应用于美国的建筑结构。日本也是如此，阪神地震后出现了在建筑结构中设置阻尼器的热潮。当时笔者就有编写本书的计划。1997 年夏天某期《工程新闻记录》（ENR，Engineering News Records）在封面刊登了减震结构的概念图和简要的说明，其中使用了 Sacrifice（牺牲）一词，即高层建筑结构中的减震支撑通过自身的轴向塑性变形耗散地震能量，以自我牺牲的方式帮助主体结构抵御大地震的袭击。日本现行抗震设计方法是从 1981 年 6 月开始颁布实施的。其中规定的建筑结构抗侧承载力需求取决于一个结构特性系数 D_s。结构中的抗震墙或者斜撑越多，其结构特性系数 D_s 就越大，结构的抗侧承载力需求也就越大[①]。这使得结构工程师倾向于采用 D_s 较小的纯框架结构，无形中形成了对纯框架结构的一种"优待"。以钢框架结构为例，大地震中预期"牺牲"的部位通常靠近梁端翼缘的焊接部。然而美国北岭地震和日本阪神地震的震害均表明，对梁端的塑性变形和耗能能力不能有过高的预期。框架结构依靠梁端塑性变形耗散地震能量的抗震设计方法相当于将结构体系中的弹性部分与弹塑性耗能构件串联起来，耗能构件一旦进入塑性，整体结构将随之发生过大的变形。这样的建筑结构体系并不合理。

译注：

① 该方法要求结构的抗侧承载力 Q_u 应不小于其抗侧承载力需求 Q_{un}，其中 $Q_{un} = Q_{ud}F_{es}$ D_s，Q_{ud} 为地震作用引起的层剪力；F_{es} 为体形系数；D_s 为考虑结构延性与阻尼特性的结构特性系数。对于纯框架结构，D_s 通常为 0.25～0.3；对于剪力墙结构或支撑框架结构，D_s 则为 0.4～0.5。

　　随着北岭地震震害调查的深入开展，到 1998 年夏天为止，美国洛杉矶的工程师们已发现在北岭地震中有超过 200 栋建筑在梁端出了问题。为避免类似震害重演，研究人员开展了大量实验研究，但仍有许多问题有待解决。日本阪神地震后也发现有约 40 栋建筑在梁端发生了断裂。但由于种种原因，并未针对这一问题开展全面而彻底的调查。不论是美国还是日本，这类问题主要发生在没有设置任何斜撑的纯框架结构中。而在钢筋混凝土结构中，抗震墙往往能发挥很好的抗震作用。尽管尚难以准确界定斜撑和抗震墙在建筑结构抗震中的作用，但总的来说，它们在抗震设计中可视为一种"牺牲"（Sacrifice）构件。

　　斜撑失稳后承载力会急剧降低，抗震墙也容易发生剪切破坏。或许是对此怀有成见，1970 年代的国际地震工程界主要以纯框架结构为研究对象，这也促成了在抗震设计中对纯框架结构的优待的形成。另一方面，斜撑和抗震墙虽然能够有效保证建筑结构在地震作用下的安全，但是斜撑失稳与抗震墙剪切破坏均不利于震后建筑的修复与再利用。与之相比，本书将要介绍的在建筑结构适当部位设置专门的消能减震装置以耗散地震能量的抗震策略，即所谓的"损伤控制结构"，或可成为今后抗震设计的发展方向。

　　1933 年，寺田寅彦[①]在《藏前新闻》发表了名为《锁骨》的随笔。文章以"小孩从楼梯上掉下来摔伤"为引子，介绍了人体的骨骼结构。文章写道："锁骨似乎就是为了在这样的情况下发生骨折而存在的。它像保险丝一样心甘情愿地通过骨折来保护肋骨和身体中其他更重要的部分"。他接着写道："作为一个外行，我总在想能不能在某些部位设置'房屋的锁骨'，当发生大地震时确保那里首先'骨折'，从而保护建筑中其他更重要的部分。这种想法很早以前就有了。有时也向搞建筑的学者介绍我的想法，但是没人能听进去。"其实这正是损伤控制结构。

　　在日本关东大地震十周年，即 1933 年之际，田边平学[②]出版了《抗震建筑问答》一书。该书虽因其提出的将地基适当放松以形成隔震结构的思想而著名，但也提到了斜撑的抗震作用。书中写道："如果采用芯

译注：
① 寺田寅彦（1978～1935），日本物理学家、散文家、诗人。
② 田边平学（1989～1954），日本结构工程学者，建筑师。

墙①，柱子便会暴露在外，斜撑也会暴露在外，无论从结构体系上还是建筑外观上，都不像西方建筑那么自由。……但是像在日本这样地震多发的国家，利用比较粗壮的斜撑将墙面划分成三角形似乎更加合理，以往那种仅仅由柱子和梁组成的四边形体系反而让人觉得有些奇怪。"

目前已开发出多种专门的消能减震装置，有的利用钢材的塑性变形耗散能量，有的利用黏性或黏弹性材料来耗散能量。这些装置均可设置在建筑结构中以抵抗结构的层间变形。

以在框架结构中设置 $45°$ 斜撑为例，斜撑的伸缩量是框架结构层间位移的 $1/\sqrt{2}$ 倍，斜撑的长度为梁长的 $\sqrt{2}$ 倍，所以斜撑的轴向应变是框架结构层间位移角的 $1/2$。假设斜撑与框架结构之间的连接部位的刚度和承载力都很大，不会发生塑性变形，且考虑钢材的屈服应变通常略大于 0.1%，则斜撑屈服时所对应的层间位移角非常小，仅约为 $1/500$。

对于使用钢板抗震墙的情况，因为钢材的剪切屈服强度为轴向屈服强度的 $1/\sqrt{3}$，剪变模量约为弹性模量的 $1/2.6$ 倍，所以剪切屈服应变约为轴向屈服应变的 1.5 倍左右（＝ $2.6/\sqrt{3}$）。因此与斜撑一样，钢板抗震墙屈服时所对应的层间位移角也非常小，仅为 $1/750$ 左右。

如果斜撑和钢板抗震墙均采用低屈服点钢材，或者使塑性变形集中在某一局部内，则可进一步减小这些构件屈服时对应的结构层间位移角。

下面来看看由柱和梁通过刚性节点组成的钢框架结构的屈服层间位移角。对于钢框架结构，由梁的弯曲变形引起的结构变形占整个结构变形的近一半，以下主要讨论梁端的转动变形。假设梁受反对称弯矩作用，梁的跨度为 L，截面高度为 D。梁端翼缘应力达到屈服应力 σ_y 时，梁的变形角可写为 $(\sigma_y/3E) \cdot (L/D)$。一般情况下，梁的跨度 L 是给定的，钢材的弹性模量 E 也是一个定值。采用屈服强度 σ_y 较高的钢材或减小梁截面的高度 D，均可在一定范围内相对自由地提高钢框架结构的屈服层间位移角。

译注：

① 芯墙（真壁）是夹在柱子之间的木隔墙，其特点是柱子露出于墙体表面，是日本传统木结构住宅的典型建造样式之一。与之相对的是大壁，木墙板钉在柱子外侧，故在外观上看不见柱子。

综上所述，通过选择合适的材料和调整截面尺寸，可以比较自由地调整纯框架结构的屈服变形。与之相比，斜撑和抗震墙等消能减震构件的屈服变形则主要取决于结构布置和材料的选择，板厚等局部形状的调整则对其屈服变形影响不大。

若不能很好解决斜撑失稳和抗震墙剪切破坏的问题，当斜撑或抗震墙与纯框架结构共同工作时，斜撑或抗震墙达到极限承载力时的变形远远小于纯框架部分，若进一步加载，它们的承载力会显著退化，这样一来整体结构的承载力将不是斜撑或抗震墙的承载力与框架部分的承载力之和。

对于斜撑，已经开发出防屈曲支撑；对于钢板抗震墙，则可通过设置加劲肋防止局部屈曲，这样就大幅提高了这些先于主体结构屈服的消能减震构件的变形能力。这使得弹性主体结构与减震子结构并联的双重结构体系成为可能。以斜撑或抗震墙的形式抵抗单位水平力所需的用钢量远远小于纯框架，因此损伤控制结构在经济性方面也有很大的优势。

出于对环境问题的考虑，人们越来越关注建筑结构的寿命。目前的设计往往只考虑建筑竣工时的质量，即保证竣工时建筑处于最佳状态。如果从建筑需要在数十年甚至数百年间长期使用的角度来看，竣工时的最优则未必是全生命周期内的最优。人们早已意识到内部装修和空调等设备的寿命不尽相同，在设计时需要考虑到局部翻新或更换设备的可能性，因此在设计中将主体结构与设备管线分离，使设备与结构分别占据不同的空间。抗震设计也有必要采用类似的方法。以往的结构设计是让承受竖向荷载的柱和梁同时也承受地震作用，还要将塑性变形能力也叠加上去。在美国北岭地震和日本阪神地震中纯框架钢结构的震害充分暴露了这种抗震理念的不足。理想的减震结构是让承受竖向荷载的主体结构在地震作用下始终保持弹性，而通过消能减震构件耗散地震能量。其特点是在结构体系中将承受竖向荷载的与耗散地震能量的两个具有不同功能与特性的部分明确区分开来。

建筑的建造总要接受行政部门的审查，不仅在日本，在其他国家也是一样。虽然上述减震结构不仅具有优越的抗震性能，而且从结构造价上来讲也比传统抗震结构更加合理，但遗憾的是，仅仅因为现行法规中没有关于这类结构形式的相关规定便不得不按特殊结构进行专门的审查[①]。

译注

① 类似于我国的超限审查。日本建筑基准法规定高度超过60米的建筑结构设计必须通过超限审查，此外，隔震结构、消能减震结构等特殊的结构体系也需要进行超限审查。

隔震结构也面临同样的问题。在减震结构中消能减震构件往往会使用特种钢材或黏弹性材料。但在日本建筑基准法规定的第 1 阶段设计中，钢结构必须采用容许应力设计法[①]。问题在于，减震结构中的消能减震构件在第 1 水准地震作用下即应屈服。

因此，希望能够对建筑基准法作必要的修改，使设计具有更大的自由度，为普及推广减震结构和隔震结构创造良好的环境。这样做对审查部门的技术水平可能会提出更高的要求。也希望能够将审查资格向社会开放。

在将减震结构应用于实际工程中时，减震构件难免会像墙体一样占据或阻隔建筑空间。建筑不应仅由楼板、柱子和门窗构成，建筑需要墙体，这一点希望建筑师们能够理解。

和田　章
1998 年 7 月

译注：
① 日本建筑基准法规定的第 1 水准地震作用在设计反应谱方面大致相当于我国的 8 度小震。建筑基准法要求第 1 水准地震作用下按容许应力法进行结构验算。详见第一章译注。

《建筑结构损伤控制设计》编委会

和田章（Akira Wada）[第 1、2 章]
1946 年　出生于日本东京
1968 年　毕业于东京工业大学工学部建筑系
1970 年　于东京工业大学研究生院理工学部获硕士学位
1970 年　就职于日建设计股份有限公司（至 1981 年）
1981 年　于东京工业大学获工学博士学位
1982 年　东京工业大学工学部建筑系　助理教授
1989 年　东京工业大学工业材料研究所　教授
1997 年　东京工业大学建筑物理研究中心　主任
2005 年　日本学术会议　准会员
2011 年　东京工业大学　名誉教授
2011 年　日本学术会议　会员
获奖　　1995 年日本建筑学会奖（论文）
　　　　2003 年日本建筑学会奖（技术）
　　　　2011 年 Fazlur R. Khan 终身成就奖章（CTBUH）
著作　　「建築耐震設計における保有耐力と変形性能」（《建筑抗震设计中的承
　　　　载力与变形能力》，合著），日本建筑学会
　　　　「免震構造設計指針」（《隔震建筑设计指南》，合著），日本建筑学会
　　　　「官庁施設の総合耐震計画基準及び同解説」（《政府设施的整体抗震规
　　　　划标准及条文说明》，合著），建设大臣官房厅营缮部

岩田卫（Mamoru Iwata）[第 3、4 章]
1947 年　生于日本静冈县
1970 年　毕业于东京工业大学工学部建筑系
1975 年　于东京工业大学研究生院理工学部获工学博士学位
曾任新日本制铁股份有限公司建筑事业部部长（钢结构技术）、名古屋工业大学
　　客座教授
现为神奈川大学教授
获奖　　1998 年日本建筑学会奖（论文）

著作　　　「はじめてのシステムトラス」(《网壳结构入门》, 合著), 建筑技术
　　　　　「鋼構造座屈設計指針」(《钢结构稳定性设计指南》, 合著), 日本建筑
　　　　　学会

清水敬三 (Keizo Shimizu) [第 5 章]
1940 年　生于日本东京
1963 年　毕业于早稻田大学理工学部建筑系
1966 年　于早稻田大学研究生院理工学部获工学硕士学位
1973 年　于英国南安普顿大学获博士学位
1992 年　于早稻田大学研究生院理工学研究所任兼职讲师 (至 1998 年)
现任　　　大林组股份有限公司理事兼东京总部设计总部部长, 日本建筑学会评
　　　　　议员
著作　　　「構造の動的解析」(《结构的动力分析》, 合著), 技报堂出版社
　　　　　「板構造の解析」(《板式结构的分析》, 合著), 技报堂出版社

安部重孝 (Shigetaka Abe) [第 5 章]
1936 年　生于日本福冈县
1960 年　毕业于九州大学工学部建筑系
现在　　　就职于竹中工务店股份有限公司东京总部设计部。

川合广树 (Hiroki Kawai) [第 6 章]
1938 年　生于日本东京
1963 年　毕业于早稻田大学第一理工学部建筑系
1965 年　于早稻田大学研究生院理工学部获硕士学位
1965 年　就职于日建设计股份有限公司 (至 1997 年)
1997 年　于东京大学获工学博士学位
现为　　　EQE 国际常务董事

目　　录

第 1 章　绪论

第 2 章　结构动力学基础

第3章　损伤控制结构的基本原理

第4章　损伤控制结构基本分析中的结构动力学

第5章　损伤控制设计的应用与讨论

第6章　地震风险管理

第 1 章　绪论

　　根据大陆漂移学说，现在的五大洲在两亿年前是一个称为"盘古大陆"的完整板块（图1.1）。随着岩浆的流动，现在的日本列岛逐渐漂移到欧亚板块、太平洋板块、菲律宾板块和北美洲板块的交界处（图1.2）。在日本37.7万 km^2 的国土中，75％以上是山地，日本列岛的形状也呈一个夹在众多板块间的弓形。在日本列岛为数不多的平原地带居住着超过1.2亿人口。因此即使明知脚下有断层，仍然很难改变在这些平原地带形成大城市的必然趋势。作为现代地震工程学的理论基础之一，板块构造论认为海底在不断扩张的同时，大陆也在不断的漂移。最近通过人造卫星得到的广域精密测量结果充分说明大地震往往发生在板块边界处。即使是发生在内陆的所谓"直下型"地震，也是由板块移动而产生的断层破裂引起的（图1.3）。正因为这样，日本历史上的兴衰和国民的福祉都与地震息息相关。

　　伴随着20世纪日本经济社会的现代化和欧美化进程，到处都在大兴土木，逐渐形成了一股向建筑业投资的热潮。1940年以成为世界列强为目标的"富国强兵"政策在一定时期内曾对日本战后经济复苏起过积极的作用，但也逐渐产生了所谓的"制度疲劳"现象。在此背景下，使用了48年的建筑基准法得以大幅修订[①]，从以往以保证一定抗震能力为单一目标的"标准型规范"转变为更加注重效率的"性能目标型规

译注：

① 这里是指1998年对建筑基准法所作的修订，这次修订以"性能化抗震设计"为突出特征。由于建筑基准法的名称是1950年正式开始使用的，因此称之为时隔48年的修订。

图 1.1　两亿五千万年前（二叠纪与三叠纪之间）的大陆分布

图 1.2　两亿五千万年之后的大陆分布

范"。在此期间，1995 年都市直下型①的阪神地震给战后重建的大阪·神户都市圈带来了惨重的灾难。无论是私人住宅等小型建筑，还是像阪神高速公路、大型码头设施和大型高层建筑这样的大型结构，有许多都位于距离震源很近的地方。这是由狭小的国土而决定的。尽管已通过先进的科学技术和当代人类智慧积极地应对地震，我们还是付出了惨重的代价。是人类智慧尚有欠缺，还是大自然的伟力实在非人类智慧所及呢？这一问题尚有待进一步的探讨。

译注：
① 在日本，都市直下型地震是与海沟型地震相对的一种提法。与震中远离海岸的海沟型地震不同，都市直下型地震的震源和破裂断层紧邻人口密集经济发达的城市，对人类社会的破坏力更大。此外，都市直下型地震还经常与近断层地震动联系在一起。近断层地震动在目前的抗震设计中还少有考虑，它往往含有携带巨大能量的长周期脉冲，有可能对柔性建筑结构产生致命的影响。

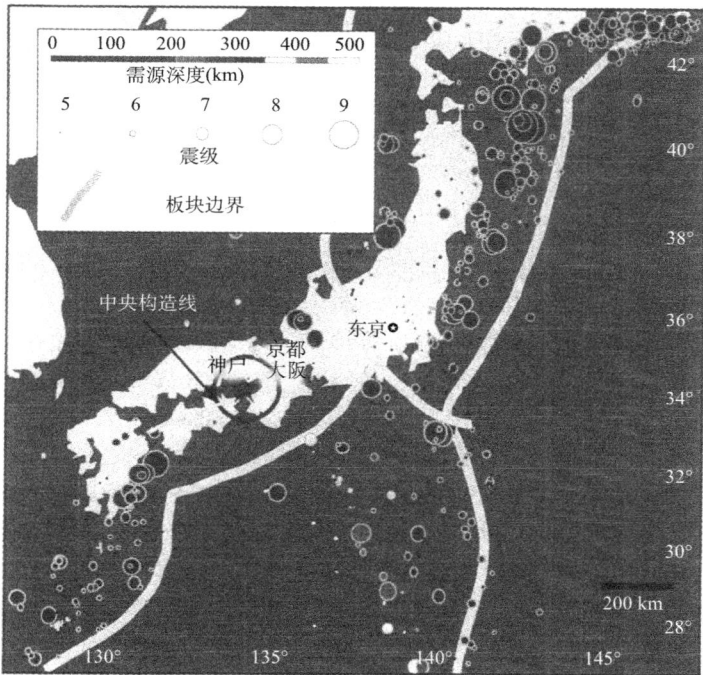

图 1.3　1961～1994 年间的地震分布与板块边界

　　1992 年，作者针对现行的"两阶段"抗震设计方法，特别针对第 2
阶段的设计目标提出过如下质疑："只关心建筑结构是否倒塌而不关心
震后直接或适当加固后继续使用的问题，只考虑保护人命的唯一目标而
不考虑相应的经济损失的做法合适吗？更进一步，是否有必要针对一定
的性能目标，研究并推广能够降低建筑结构地震损伤和财产损失的损伤
控制技术"（1993 年 3 月 1 日，《日经建筑》）。以汽车产业为代表的日本
工业产品一直以来凭借其"高度的可靠性"享誉世界。作者提出的开发
"高性能建筑"的目标正是希望建筑界能够传承工业界的优良传统。生
产工业产品的制造商承担着诸多责任，如减少公害和环境污染、确保安
全、保护消费者权益等。建筑也不应例外，同样存在上述问题。可以
说，工业界之所以能够成功，是因为以确保产品的可靠性和性能为目
标，合理利用了诸如"失效模式与影响分析"（Failure modes and effects
analysis，FMEA）和"失效树分析"（Fault tree analysis，FTA）等分析
手段。为了减轻地震灾害，在地震工程中同样迫切需要引入上述分析方

法，并发展更加注重效率的抗震设计方法。在具体展开本书的内容之前，有必要首先对损伤控制设计的基本思想、造成损伤的地震与强风等外部作用、建筑功能可持续性以及必要的新材料与新技术作简要的阐述。

1.1　损伤控制设计

1995 年 1 月 17 日凌晨 5 点 46 分，在没有任何征兆下发生的 7.3 级阪神地震夺走了 6308 人的宝贵生命，建筑损失高达 5 万 8 千亿日元，港湾设施等的损失也高达 1 万亿日元。而整个城市的基础设施在这次地震中的总财产损失高达约 10 万亿日元[①]。日本的大都市所经历的巨大灾害以 1923 年的关东地震为肇始。太平洋战争期间，日本广岛、长崎，乃至东京等城市遭受的人员生命与财产损失超过了上述两次地震灾害损失的总和。地震灾害可以归咎于人类智慧的欠缺，但战争灾害则恰恰是人类自作聪明的后果。依靠人类智慧，当代科技完全有能力最大限度地减小因环境破坏或地震等自然灾害造成的人员生命与财产损失。损伤控制设计正是基于这一理念，依靠以科技武装的人类智慧，最大限度地减小地震灾害损失的一种综合设计方法。作者对这一设计方法的思考始于阪神地震之前的 1992 年，近年来不断对其进行研究、验证并将其用以指导建筑结构设计实践。本书正是对这些工作的全面总结，希望与广大工程技术人员分享。

1.1.1　抗震设计发展简史

不论是东大寺的寺院还是其他散落于古都各处的五重塔和古寺殿堂，很多都经受了重现期 100 年、500 年甚至 1000 年的巨大地震的袭击而屹立不倒。依靠古代人类智慧建造起来的这些建筑竟具有如此优异的抗震性能，实在值得深思。日本在明治时期出现所谓的近代建筑，到处开始建造砌体结构和钢筋混凝土结构的高层建筑。当时尚处于黎明期的城市近代建筑的抗震设计完全依赖于各个设计者（大多为美国和英国工程师）自身的工程概念和判断。在日本明治维新 50 多年之后的 1923 年发生了关东地震。地震翌年即对当时的市街地建筑物法进行了修订，首

译注：
① 这一直接损失约占当时日本 GDP 的 2.5%。

次在建筑结构设计中引入了抗震设计，并将设计震度定为 0.1[1]。在战后的 1950 年，市街地建筑物法更名为建筑基准法，考虑材料容许应力等方面规定的变化，将设计震度调整为 0.2[2]。按照这一版建筑基准法设计和建造的建筑在当今日本仍大量存在。1981 年日本开始实行现行的抗震设计规范条文，而在此之前 30 年间的战后复兴期建造的大量住宅、厂房和办公楼都是按照 1950 年版的建筑基准法设计建造的。在此期间开始了超限建筑审查制度，超过一定高度的建筑物的设计必须得到建设大臣的特别认可。时至今日，高度超过 60m 的超高层建筑仍需进行超限审查。在建筑基准法颁布 48 年之后的 1998 年对其进行了又一次大幅修订，开始从原来的"标准型规范"向"性能目标型规范"转变。

【抗震设计的历史背景】

- 曾对日本近代建筑做出贡献的 J. Milne 和 J. A. Ewing 等外国人以横滨地震（1880 年）为契机创立了"地震研究小组"。

- 以浓尾地震（1891 年）为契机加快了地震工程的研究步伐，建筑结构工程作为一个学科开始得到关注。

- 1906 年美国旧金山地震后，佐野利器、中村达太郎、大森房吉等人赴震害现场考察，回国后开始大力宣传钢筋混凝土结构在抗震性能方面的优越性。

- 1908 年意大利地震后，意大利开始采用将地震引起的水平惯性力简化为静力荷载对建筑结构进行抗震设计的方法。

- 1916 年，佐野利器发表题为《房屋抗震结构论》的论文，提出东京市中心的设计震度应为 0.3，并指出刚性建筑和柔性建筑受到的地震作用是不同的。

- 从 1930 年开始，以 H. Cross 的弯矩分配法和武藤清的 D 值法为基础，建立了水平荷载作用下框架结构的内力分析方法。此后 60 年间，基于设定外部荷载并计算结构内力的设计方法逐步实用化。

译注：

① 这也是最早的抗震设计方法"震度法"首次出现在日本的规范体系中。其中"设计震度"即为设计水平地震作用与建筑结构自重之比值。震度法最早由日本学者佐野利器于 1916 年在其论文《房屋结构抗震论》中提出。

② 注意这一调整并非提高了对建筑物抗震水平的要求，而仅仅是为适应材料容许应力相关规定的变化而作出的调整，参见下页译注。

- 1919 年颁布了市街地建筑物法及其实施细则。
- 1923 年发生关东地震，约 10 万人遇难，超过 130 万栋房屋倒塌。
- 震后，市街地建筑物法实施细则中规定设计震度为 0.1。这一数值是假设东京市中心的地震作用为 0.3g，建筑结构为刚性，即不考虑地震反应的放大效应，并进一步考虑材料的安全系数为 3 而得到的。
- 1940 年，在美国 Imperial Valley 地震中首次成功地记录到实际地震波，即著名的 El Centro 波。
- 1950 年，建筑基准法开始分别考虑长期与短期荷载作用，并将设计震度相应地调整为 0.2[①]。
- 1959 年，基于实际地震动记录和模拟计算机的分析结果，美国 SEAOC[②] 规范开始在确定设计震度时考虑结构的动力特性。
- 1960 年，随着电子计算机的发展和进步，N. Newmark 和 J. Penzien 等人以弹塑性动力反应分析为基础提出了"等位移准则"和"等能量准则"[③]。
- 1961 年，日本 SERAC[④] 委员会利用模拟计算机进行了 5 自由度弹塑性体系的地震反应分析。
- 1965 年，日本废止了建筑结构高度不得超过 31m 的规定并引入容积率的概念，为高层建筑的发展开辟了道路。
- 1968 年，日本 7.9 级十胜冲地震中钢筋混凝土柱的剪切破坏引起人们的极大关注。
- 1971 年，部分修订了建筑基准法，规定钢筋混凝土柱箍筋间距

译注：
① 此次修订中，地震作用被列为短期作用，与短期作用对应的材料允许应力从 1/3（即安全系数为 3）调整为 2/3（即安全系数为 1.5）。为了保持抗震设计的延续性，相应地将设计震度从原来的 0.1 调整为 0.2。这一允许应力和设计震度一直沿用至今。
② 全称为"加州结构工程师协会"（Structural Engineers Association of California）。
③ 在弹塑性地震反应分析基础上总结的经验性规律。等位移准则指出，对于中长周期结构，非线性体系与具有相同初始刚度的线弹性体系的最大位移大致相等；等能量准则指出，对于短周期结构，非线性体系的最大位移大于具有相同初始刚度的线弹性体系，且二者骨架曲线对应的应变能大致相等。详见 Newmark N M, Rosenblueth E. 1971. Fundamentals of earthquake engineering. Englewood Cliffs：Prentice-Hall。
④ SERAC 是在武藤清领导下在东京大学建设的模拟计算机的名称，全名为"Strong Earthquake Response Analysis Computer"。

不得超过 100 mm。

- 1981 年，大幅修订建筑基准法，抗震设计开始采用"两阶段"设计方法[①]。在第 2 水准下进行所谓保有水平耐力设计的"方法 3"成为建筑基准法认可的减小建筑财产损失的标准设计方法，即所谓的"延性设计"[②]。然而，十几年后阪神地震造成的灾害充分说明社会各界对延性设计的理念并未达成共识。

　　此处需要指出的是，损伤控制设计是一种基于性能的抗震设计方法，它不反对采用两阶段设计方法，但强调应明确地向业主说明建筑可能遭受的损失，必要时还应进行地震风险管理。

译注：
① 两阶段设计方法规定了"第 1 水准"和"第 2 水准"两个不同的设计地震动烈度等级。第 1 水准地震又常称为"罕遇地震"或"中等地震"，注意这里的罕遇地震与我国抗震设计中的罕遇地震意义完全不同。第 2 水准地震又常称为"极罕遇地震"或"强烈地震"。两个水准地震作用的基本属性参见下表。

	通常称谓	基底剪力系数（C_0）	地面峰值速度（PGV）	重现周期	一般抗震性能状态
第 1 水准	罕遇地震中等地震	0.2	25 cm/s	约 20~30 年	使用界限
第 2 水准	极罕遇地震强烈地震	1.0	50 cm/s	约 500 年	最终界限（安全界限）

　　需要说明的是：（1）基底剪力系数是建筑基准法规定的，适用于几乎所有建筑结构的抗震设计。而地面峰值速度（PGV）主要用于对超高层（高度超过 60m）建筑以及隔震、减震等特殊结构体系进行超限审查时的地震时程反应分析。通常不用于其他一般建筑结构的抗震设计。（2）抗震设计规范体系中两个水准的地震作用并不是在规定重现周期或超越概率的基础上确定的。但相关研究表明，对于日本大多数地域，第 2 水准地震大致对应于 500 年的重现周期，第 1 水准则大致对应于二三十年的重现周期。不同地域有所不同，可参考日本建筑学会出版的《建筑物荷重指针》（2004）。（3）值得注意的是，从反应谱值或地面运动峰值的角度看，日本的第 2 水准地震与我国 8 度罕遇地震相当，但若从重现周期的角度看，第 2 水准地震只与我国或美国的设计地震相当，即 50 年超越概率 10%，重现期为 475 年的地震。（4）从地震作用对应的抗震性能要求来看，第 1 水准对应于使用界限状态，相当于我国的多遇地震水平；第 2 水准对应于最终界限或安全界限状态，相当于我国的罕遇地震水平。
② "方法 3"是所谓的"保有水平耐力计算"的俗称，该方法要求结构的抗侧极限承载力不小于第 2 水准地震作用对应的承载力需求，详见序言第 2 页译注 1。该方法适用于所有高度不超过 60m 的一般建筑结构。此外还有"方法 1"和"方法 2"。其中，方法 1 即指允许应力设计法；方法 2 是在方法 1 的基础上进一度检查结构的刚性率和偏心率等指标。这两种方法均以第 1 水准地震作用为基础，且应用时有诸多限制条件。

图 1.4　关东地震震害（东京银座）

图 1.5　在阪神地震中倒塌的阪神高速公路

- 1995 年阪神地震中，在包括 1981 年之前和之后设计建造的全部建筑结构中只有约 6‰～7‰没有遭受严重或中等程度的损伤。尽管其中许多建筑的损伤是因为遭受了超乎预期的地震作用，但也有一些遭受严重或中等程度损伤的建筑物，其预期进入塑性的部分并没能有效发挥预期的塑性变形能力。这一事实充分说明，一些建筑并没有表现出设计预期的抗震性能，在材料、施工方法以及设计上尚存在一些问题。虽然震后对不同结构体系的震害进行了详细的总结，但从总体上看，并没有像之前的十胜冲地震或新潟地震那样发现抗震设计上的明显不足。
- 1998 年，以《适应 21 世纪社会经济发展的建筑行业发展规划》为基础，本着放宽限制和确保安全的精神，抗震设计规范开始向性能化设计转变。

【抗风设计的历史背景】

- 1928 年，日本警视厅在其颁布的法令中规定了随高度变化的设计风压。
- 1948 年室户台风后，《日本建筑标准—建筑 3001》规定风压为 $60\sqrt{h}$。
- 1954 年，考虑到之前关于风压分布的规定可能不适用于高层建筑，设计名古屋电视塔时采用的设计风压为 $120\sqrt[4]{h}$。
- 1980 年前后，开始基于 Davenport 概率分析方法通过阵风系数考虑瞬时风速和有效风速。
- 1981 年，日本建筑学会出版的建筑荷载规范开始分别考虑适用于外部装修和主体结构的两种不同的风荷载。对于高层建筑抗风设计，设定了第 1 水准和第 2 水准等两阶段设计目标。

1.1.2 超高层建筑的抗震设计

1965 年建筑基准法取消了关于建筑高度的限制并引入了容积率的概念。这意味着只要满足容积率的规定，建筑高度将不再受任何限制。比如规定某一场地的容积率上限是 1000%，如果建筑占地面积是场地面积的 50%，则可以建造 20 层高的建筑，如果建筑占地面积仅为场地面积的 20%，则可以建造 50 层。可以说这一变化使高层建筑的发展迎来了曙光。不久后，位于东京市中心的霞关大厦①于 1968 年竣工。使超高

译注：
① 霞关大厦为地上 36 层，地下 3 层，高 147m 的钢框架结构，是日本最早的超高层建筑。

层建筑结构的设计成为可能的一个重要因素是电子计算机的发展与普及。自第二次世界大战期间为进行火炮弹道计算而开发的二极管式电子计算机 ENIAC 问世以来的 20 多年间，电子计算机已逐渐应用于建筑结构设计领域，这使得地震反应分析成为可能。在此期间，美国的 N. Newmark 和 J. Penzien 等人从 1960 年代开始便开始利用电子计算机进行建筑结构的弹塑性地震反应分析，并在此基础上确立了考虑"最大地震作用"和"中等地震作用"两个阶段的抗震设计思想。这一思想也成为 1981 年日本"新抗震设计方法"的出发点。二战后的 50 年间，电子技术从二极管时代经过半导体集成电路时代进入了当今高度信息化的时代。伴随着这一变革，各个工程领域快速发展，建筑领域也不例外。在日本这样地震多发的国家建造超高层建筑也已变为现实。为建设高度超过 31m，层数大于 10 层的高层建筑，建筑界在建筑材料、施工技术、施工管理甚至吊装技术等各个方面不断取得进步，最终形成了当今的超高层建筑技术。

1.1.3 损伤控制设计方法

日本超高层建筑的抗震设计并非一开始就采用两阶段设计方法。地震本是一种具有很大不确定性的自然现象，更适于通过概率方法加以描述，在设计中亦应考虑结构承载力（以超越概率的形式表示）和外部作用发生概率的组合，将结构安全性表示为一个连续函数。两阶段设计中的性能目标实际上只是两个临界状态，而设计目标本应是一个连续的概率分布函数。在以 N. Newmark 和 J. Penzien 的思路为基础的两阶段设计法中，当地震作用等级超过"第 1 水准"时，主体结构中的各个构件逐渐屈服。根据等能量准则[①]，可利用结构构件屈服后的塑性变形来抵抗地震作用，实际上是通过限制结构的极限变形来进行"第 2 水准"的抗震设计。到目前为止几乎所有超高层建筑的抗震设计都以这一思想为基础。但这种做法无非意味着主体结构在遭遇强烈地震时会受到非常严重的损伤，倘若再经历一次同样等级的地震，甚至可能无法保证安全性。此外，一旦超越了使用界限[②]，结构能否在震后继续使用也将成为一个

译注：
① 对于周期较长的高层建筑结构，等位移准则往往更加合适。
② 使用界限是指不影响建筑结构正常使用的界限状态。对于一般建筑结构，它往往对应于第 1 水准地震作用。

问题。

　　与这种设计思路不同，损伤控制设计针对：（1）当结构经受超过第 1 水准、甚至达到第 2 水准的地震动作用后，主体结构是否可以立即继续使用；（2）结构遭遇强烈地震作用后如果残余变形过大，将难以修复或者修复费用过大等两方面问题，提出以下两点对策：（1）将塑性变形集中在特定的构件中，使主体结构保持弹性以便在震后可立即使用；（2）当遭遇非常强烈的地震作用而使结构变形超过一定范围时，塑性变形集中的"牺牲"构件可方便地更换。基于以上两点，可以进一步完善目前的超高层建筑结构抗震设计方法。

1.2　外部作用与结构损伤

　　地震、强风、积雪、堆载等各种外部作用都可能引起建筑结构损伤。建筑使用年限一般只有几十年。如果要求建筑结构的承载力大于 50 年超越概率 10％的地震作用，相当于要求建筑物能承受约 500 年一遇的地震作用，这似乎并不经济。建筑可以是生产资料、生活资料，同时也可以是文化财富，但无论如何，对建筑生命周期内不太可能发生的大地震采用弹性设计，从性价比上来讲很不划算。日本的抗震设计方法的基础是在 1923 年关东地震后确立的。美国的抗震设计则肇始于 1906 年旧金山大地震之后。当时美国的高层建筑往往以砖砌体作为外部围护结构，而混凝土楼板则通过木结构梁、柱构件支撑，而不使用钢材。这种结构体系与现在的超高层建筑的类似之处在于结构的基本周期都比较长。虽然表面上看起来其抗震性能较差，但采用这种结构形式的高层建筑在旧金山地震中的损伤并不严重，这多少有些出人意料。基于旧金山大地震的震害经验，时任东京大学地震研究所所长的末广恭二等人指出通过地震动观测把握地震动特性的重要性。很快，美国在 1930 年代开始观测地震动，并终于在 1940 年记录到著名的 El Centro 地震波。这一地震波至今仍被广泛用于超高层建筑的地震反应分析，已成为一个标准的地震动记录。随着实际地震动记录的不断增多，地震动特性与结构反应的关系即结构的地震反应特性逐渐成为人们研究的对象。结合高速发展的计算机技术，美国的 M. Biot 和 G. Housner 等人从 1950 年代后期开始开展了大量关于建筑结构地震反应与地震动特性方面的研究。之后，许多研究者投入大量精力研究地震反应谱，并最终促成反应谱理论在抗震设计中的广泛应用。最近 40 年间一个重要的研究成果则是将实际地震波作为外部作用直接应用于抗震设计实践。此外，1981年日本建筑基准法采用所谓的"新抗震设计方法"，设计地震作用正式被划分为两个水准。

1.2.1　性能目标的设定

在建筑基准法向性能化设计转变之后，评价建筑结构在风、地震、堆载等外部作用下的安全时，不仅要考虑结构本身材料强度等方面的离散性和外部作用的不确定性，还要考虑地震、风、雪以及堆载等外部作用的特征以及材料劣化等因素的影响。这需要将外部作用与结构自身属性都视为变量（图1.6）。

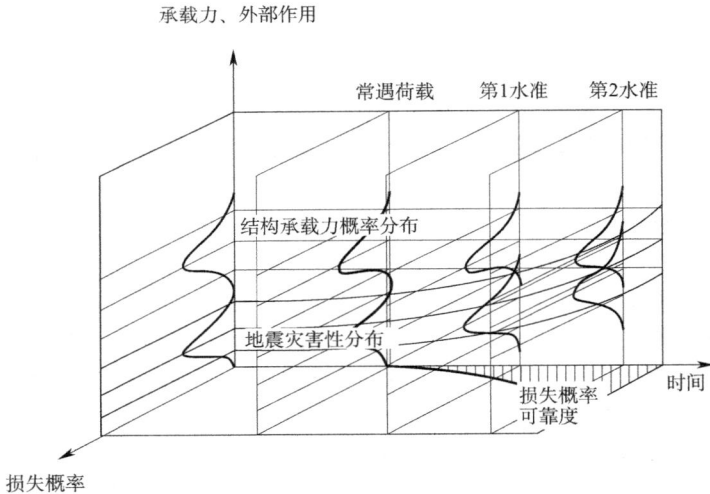

图 1.6

建筑结构抗震设计应将地震视为一种灾害作用（Hazard），从地震发生概率、烈度与结构损失概率的相对关系出发确定结构的抗震性能目标。其中，在考虑地震损失时不仅要考虑人身生命的安全，还要考虑结构损伤后的修复费用，修复之前建筑使用功能中断带来的间接损失，以及将建筑完全拆除的可能性等等。作为今后抗震设计发展的一个方向，性能化设计（Performance Based Design）将建筑及其设备视为资产，从地震作用下的损失概率出发确定抗震性能目标（图1.7）。这种设计思想的目标是在损失与地震烈度这两个坐标轴上进一步考虑时间因素，以尽可能提高投资收益率。

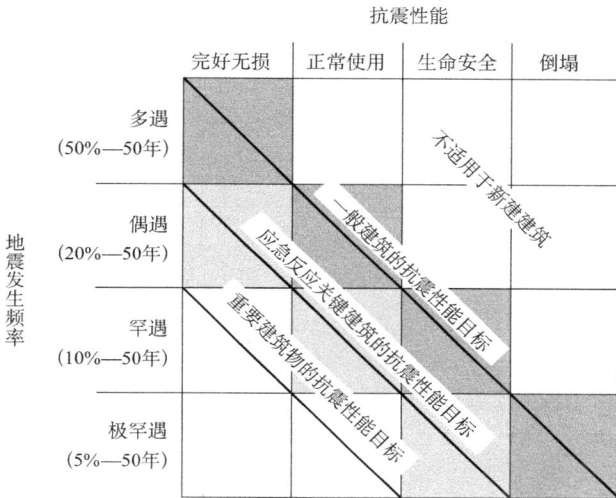

图 1.7

　　基于这一想法，将与地震发生概率相关的地震灾害性和表示建筑在一定烈度等级地震作用下的损失概率的易损性相结合，可通过概率方法确定建筑的地震危险性[①]，比如年均资产损失率与地震烈度的关系（图1.8），并以此为基础确定性能目标并通过抗震设计保证性能目标的实现。

　　时隔约50年后建筑基准法的大幅修订正是为了顺应社会经济发展潮流，通过放松管制促使社会经济从战后的社会资本建设向新的阶段发展。这次修订无非是为了提高日本在国际上的竞争力。修订过程中曾出现"法律应规定最低标准还是建议标准"的争论。考虑到自我负责、自由竞争的时代潮流，本着日本宪法第29条"不得侵犯财产权。财产权的具体内容由法律规定，应符合公共利益"的基本精神，最终采取了规定最低标准的做法。建筑基准法本来就是以宪法为准绳而制定的，地方自治体可以根据地方需要制定实施细则，有些方面可以加强管理，有些

译注：
① 参考胡聿贤先生对前八届世界地震工程会议的综述，将英文中的 risk、hazard 和 vulner-ability 分别译作"危险性"、"灾害性"和"易损性"。

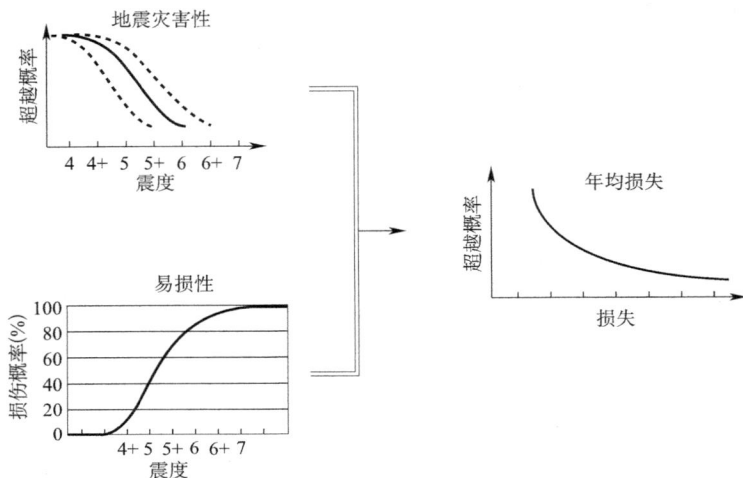

图 1.8

方面则可以有所放松。之前的抗震设计条文是 1981 年修订建筑基准法时确立的所谓"新抗震设计方法"。它与以往的抗震条文相比有很大不同，主要体现在将地震作用分为两个阶段来考虑。这次对建筑基准法的修订为了保持连贯性，延续了 1981 年版本的思路，规定了"强烈地震"和"中等地震"两个水准的地震作用。今后抗震性能目标的设定需要业主、社会与工程师之间达成共识，必须同时做到以下四个方面，才算得上真正的性能化设计：

（1）向建筑甲方或业主明确说明建筑性能目标；

（2）通过工程设计切实保证建筑达到各方事先认可的性能目标；

（3）在设计与施工阶段引入第三方监管，检验建筑物是否能够达到预期的性能目标；

（4）建筑竣工后进行长期维护管理以确保其发挥预期性能。

1.2.2　损伤控制设计

与以往两阶段设计仅考虑各个阶段所具有的承载力所不同，今后的建筑抗震设计应以大地震为目标确定相应的损伤界限。比如以 50 年超越概率10％的地震为标准，根据建筑的投资收益率来确定适合的容许损伤界限并以此为性能目标进行抗震设计。以往的抗震设计虽然在第 1 水准和第 2 水准两个阶段也有具体的设计目标，但在设计目标中并没有考虑损伤带来的经济损失或对建筑功能可持续性的影响。通过概率方法描述并预测损失，基于损失来考虑经济合理的设计目标，是今后性能化抗震设计的重要内容（图 1.8）。为此，必须在设计阶段即对震损后恢复建筑功能所需的修复费用有明确的把握。有必要像损伤控制结构那样将损伤部位与主体结构区分开，从而有效控制结构的损伤程度。在日本土木学会于 1995 年出版的《抗震规范发展建议汇编》中也提到，抗震设计应保证结构即使遭遇最大地震也能尽快恢复使用功能。不只对于土木结构，建筑结构也应如此。在结构体系中将损伤部位与主体结构区分开是实现这一目标的合理选择。

1.2.3　可靠度工程与损伤控制

还可从机械设计的角度来理解建筑结构的安全性与可靠性。机械结构与建筑结构的区别在于，机械多为批量生产且零部件繁多，而建筑则往往是单个设计，单个生产，零部件也相对简单。可靠度工程本是机械工程领域一个以提高产品可靠性为目标的应用学科。可靠度高则意味着产品在使用期间内故障较少，能够实现预期的功能。可将可靠度理解为整个系统或某个零件在一定时间内在指定条件下正常发挥功能的概率。所谓故障则是无法发挥预期功能的状态。例如，"在地面峰值速度为 50 cm/s 的地震动作用下最大层间位移角超过 1/100"即可视为一次故障。可靠度与产品的安全性和使用性均有很大关系。可靠度工程的目标就是研究如何减少故障的发生。可靠度也是建筑结构安全性的基本保证。通过损伤控制来应对地震、强风等外部作用时，建筑的使用条件（荷载、温度、环境等）、材料强度、施工条件等方面的离散性以及由人为错误引入的不确定性等都是非常重要的因素。对于实际的事故、故障等，往往是在对系统设计、施工、材料等方面的离散性加以分析的基础上以确定论的形式给出可靠度。比如通过材料安全系数等经验系数来处理这些不确定性对安全性的影响。但随着制造业的显著进步，即使是单个设计、单个生产的产品也能够在设计与生产环节将各种离散性控制在一定范围内。因此在建筑生产中也可以将不确定性通过概率方法加以处理，从而将故障、事故的概念以及可靠度工程中确保安全性的方法应用于建筑结构领域。特别是对于抗震设计，随着考虑荷载、承载力、刚度等不确定性影响的损伤控制设计方法的发展，基于可靠度工程的地震风险管理的重要性也逐渐受到重视。

1.3　新材料与新技术

损伤控制设计的一个基本要求是选用可靠度高的材料以确保损伤部位与主体结构的性能。材料的选用需考虑以下因素：

（1）强度及其他力学属性；

（2）可加工性与生产性①；

（3）耐久性与环境适应性；

（4）成本。

一般建筑材料需要能够维持构件的基本形态与结构属性。这些材料在外力作用下会发生相应的变形并产生应力，与此同时保持结构的基本构形。功能材料则可以利用材料在电、磁、光、热、化学、能量等方面的特性实现特殊的功能。与建筑材料承担外力相类似，功能材料在一定的物理量或化学量的作用下通过某种功能转换输出同类型的物理量或化学量。可以说，建筑材料只是承受外力，与功能材料相比显得更加被动。将不同材料组合在一起形成复合材料以实现某种性能的所谓"材料设计"（Material Design）近年来也逐渐成为重要的研究领域。

目前的建筑材料只是将自然界本来存在的材料通过各种手段提炼、抽取出材料自身的特性。使用最为广泛的材料有碳素钢、不锈钢、铝合金等。所谓材料设计，是为了获得一定的性能而将不同材料复合起来。广义地说，合金也属于材料设计的范畴，使不同金属通过一定手段复合起来形成新的金属以获得相应的性能。此外，像纤维增强复合材料那样将具有不同属性的材料复合起来，取长补短，形成新的材料，也属于材料设计的范畴。损伤控制所需材料的优化可从以下三个方面加以考虑：

（1）材料的力学与物理属性；

（2）结构构件的形态与布置；

（3）结构布置。

可以从以下四个方面考察材料性能：

（1）重量轻；

译注：

① 即材料是否易于生产，特别是大规模批量生产。该属性与材料成本关系密切。

（2）材料强度与刚度适当；

（3）成本低；

（4）可靠性高。

在性能化设计中，材料应能够与其他结构构件有效结合，具有稳定的形态，且能够实现预期的损伤控制。在结构设计领域，合理评价与荷载特性及结构承载力等因素相关的结构安全性与可靠度将成为重要的课题。从近来材料科学日新月异的发展来看，新材料在建筑结构领域的应用将为结构设计创造出无穷的可能性。

1.4 可持续性建筑结构

日本的一亿两千万人口约占世界总人口的 2.5%，而日本的国土面积仅占世界陆地面积的 0.3%，且其中只有 20% 适宜人类居住。日本人正是生活在这样狭小的土地上。另一方面，日本列岛裹挟在四大板块之间，整个地球通过地震释放的能量约有 10% 集中于此，日本的地震灾害性是世界平均水平的 100 倍。明治时期以来的 130 年间，日本通过国土建设积聚社会财富的速度远远超过欧美国家。但是与欧美国家相比，日本虽然建造了大量的房屋，但普遍认为其质量相对较差。今后如何实现从流动型社会资本向存量型社会资本的转变将是一个非常重要的课题①。必须将以往那种不顾功能、质量与寿命而仅仅追求速度的社会资本积累模式转变为追求长寿命的面向未来的社会资本积累模式。对于建筑业而言，废弃物的处理、自然资源的枯竭以及环境破坏等都是重大课题。本书介绍的损伤控制结构的目标正是在于对于不论住宅还是办公楼都能够保证建筑可持续地为人类生产生活活动提供必要的空间。比如近年来在办公楼长寿命化活动中提出了所谓的"基础建筑"的概念，像城市基础设施那样，将结构、外墙、基本设备等维持办公空间所必需的元素整合成一体化的基础建筑空间，并在此基础上开展长寿命化技术的相关研究。损伤控制结构也属于这一范畴。为实现建筑长寿命化，可以从以下四个方面加以努力：

（1）减小地震损失；

译注：

① 流动型（flow）是以资本流动与变化来衡量价值，鼓励生产的社会资本类型；存量型（stock）则以资本的积累来衡量价值，强调可持续性的社会资本类型。

（2）确保耐久性；

（3）建筑空间与设备功能的长寿命化；

（4）可灵活调整建筑外观、内部装修甚至建筑用途。

1987 年挪威首相曾对"可持续性"（Sustainability）作了如下定义："为使后代能够享受与我们当代同等水准的生活条件而为后代留下充足的资源"①。为实现可持续性建筑结构，损伤控制设计肩负着巨大的责任。以下各章将对损伤控制设计作详细的介绍。

参考文献

[1] 小谷俊介：第 2 回地盤震動シンポジウム，日本建築学会，1997

[2] 柴田明德：最新耐震構造解析，森北出版社，1995

[3] 日本建築学会：動的外乱に対する設計の展望，1996

译注：

① 布伦特兰夫人（G. H. Brundtland）对可持续发展的定义的英文原文为："Sustainable development is development that meets the needs of the present without compromising the ability of future generations to meet their own needs."

第2章 结构动力学基础

2.1 什么是振动

《日语大辞典》关于振动有如下定义："（1）摇动、被摇动，Vibration；（2）以一点为中心作往复运动，……距离中心的最大距离称为振幅，往复运动一周所需的时间称为周期，周期倒数称为频率。……"

日常生活中我们经常可以感受到振动这一自然现象。比如，走在过街天桥上的时候，乘坐汽车、电车以及飞机等交通工具时，人体都会感觉到振动。树叶与电线在风中摇摆，石子在池水中激起波纹，同样是振动现象。此外还有许多人体感觉不到的振动现象，比如声、光、电等。

有些振动可以使人受益，有些则是有害的。人们在漫长的历史中总是在想办法利用有益的振动，同时尽量克服有害振动的不利影响。比如人们利用琴弦的振动创造了美妙的音乐。但振动并不总是那么美好。地震、台风等自然现象会使建筑、桥梁等工程结构发生剧烈振动而损坏结构本身及其内部的设备、家具等器物。这些振动可能造成巨大的经济损失甚至夺去人们宝贵的生命。

为保护人身生命与财产安全，结构工程师有必要充分理解地震等外部作用引起的建筑结构振动的特性，并在此基础上合理设计建筑结构。

本章介绍作为建筑结构抗震设计基础的有关振动的基本理论。

## 2.2	单自由度体系无阻尼自由振动

### 2.2.1	单自由度体系的运动方程

　　介绍结构体系的振动反应分析时往往从单自由度体系入手。这里首先以图 2.1 所示的悬挂在一个竖直弹簧上质量为 m 的单自由度体系为例，分析其自由振动的过程。设该物体在自重作用下处于静止状态时的位置为原点，给物体一个向下的初始位移 x_0 后释放，则物体将开始自由振动。不受任何外力作用的振动称为自由振动。若不考虑弹簧的阻尼以及其他任何阻尼的影响，该物体自由振动的运动方程可如式（2.1）所示。

$$m\ddot{x} + kx = 0 \tag{2.1}$$

也可写成式（2.2）的形式。

$$\ddot{x} + \omega^2 x = 0 \tag{2.2}$$

式中　m——物体的质量；

　　　　k——弹簧的弹性刚度；

　　　　x——物体在竖直方向的位移；

　　　　$\ddot{x}$——物体运动的加速度。

　　还可通过质量与刚度之比计算该体系的自振圆频率 ω、自振周期 T 以及自振频率 f，如式（2.3）~式（2.5）所示。

$$\omega = \sqrt{\frac{k}{m}} \tag{2.3}$$

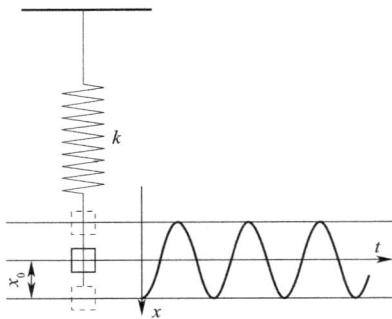

图 2.1　单自由度体系的自由振动

$$T = \frac{2\pi}{\omega} \tag{2.4}$$

$$f = \frac{1}{T} \tag{2.5}$$

由式（2.3）和式（2.4）还可推导出该单自由度体系自振周期 T 的近似公式，即

$$T = \frac{2\pi}{\sqrt{g}} \sqrt{\frac{mg}{k}} \approx 0.2\sqrt{\delta_{st}} \tag{2.6}$$

式中　δ_{st}——自重作用下体系处于静止状态时弹簧的变形，单位为厘米（cm）；

　　　g——重力加速度，约等于 980 cm/s^2。

将初始条件 $x|_{t=0} = x_0$，$\dot{x}|_{t=0} = \dot{x}_0$ 代入式（2.2）可以得到如下式所示的微分方程的解。

$$x(t) = x_0 \cos\omega t + \frac{\dot{x}_0}{\omega} \sin\omega t \tag{2.7}$$

$$\dot{x}(t) = -\omega x_0 \sin\omega t + \dot{x}_0 \cos\omega t \tag{2.8}$$

$$\ddot{x}(t) = -\omega^2 x_0 \cos\omega t - \omega \dot{x}_0 \sin\omega t \tag{2.9}$$

也可把式（2.7）、式（2.8）和式（2.9）写成如下形式。

$$x(t) = x_{max} \cos(\omega t - \theta) \tag{2.10}$$

$$\dot{x}(t) = -\dot{x}_{max} \sin(\omega t - \theta) \tag{2.11}$$

$$\ddot{x}(t) = -\ddot{x}_{max} \cos(\omega t - \theta) \tag{2.12}$$

其中

$$x_{max} = \sqrt{x_0^2 + \left(\frac{\dot{x}_0}{\omega}\right)^2} \tag{2.13}$$

$$\dot{x}_{max} = \omega x_{max} \tag{2.14}$$

$$\ddot{x}_{max} = \omega^2 x_{max} \tag{2.15}$$

$$\tan\theta = \frac{\dot{x}_0}{x_0\omega} \tag{2.16}$$

【例】　利用上述描述位移、速度和加速度的式（2.10）、式（2.11）和式（2.12），对初始位移 $x_0 = 40$，初始速度 $\dot{x}_0 = 5$，自振圆频率 $\omega = 0.1$ 的情况可得到如图 2.2 所示的时程反应。

从式（2.10）～式（2.12）或图 2.2（a）～（c）可以看出，位移和速度之间有 $T/4$ 的相位差，速度和加速度之间也有 $T/4$ 的相位差。位移达到最大值时，速度为零，加速度则在反方向达到最大。反之，速度达

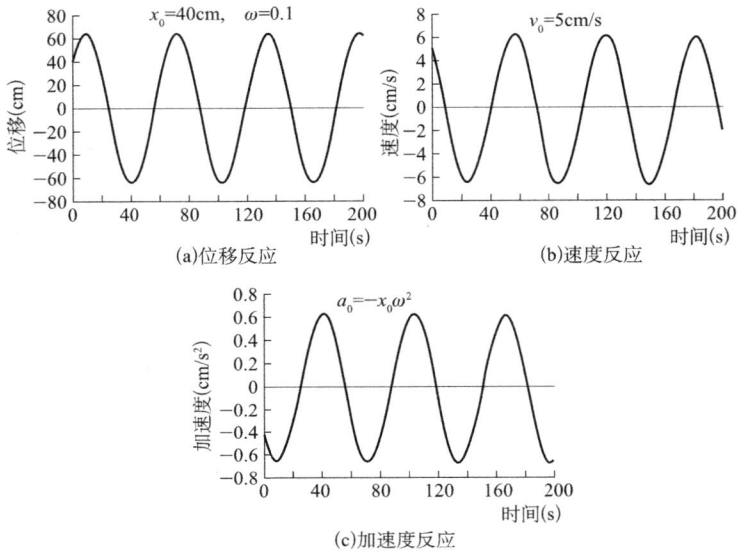

图 2.2 单自由度体系自由振动时的位移、速度和加速度时程反应

到最大值时，位移与加速度为零。位移和加速度始终保持绝对值成比例，符号相反。

2.2.2 振动体系的能量平衡方程

对式（2.1）两边同时乘以位移的微分 $\mathrm{d}x = \dot{x}\mathrm{d}t$ ，对时间从$0\sim t$ 积分可得如式（2.17）所示的能量平衡方程。

$$E_{\mathrm{k}} + E_{\mathrm{s}} = E_0 \tag{2.17}$$

式中　E_{k}——体系的动能；

　　　E_{s}——体系的势能；

　　　E_0——体系的初始能量。

动能和势能的数学表达式如式（2.18）、式（2.19）所示。

$$E_{\mathrm{k}} = \int_0^t m\ddot{x}\dot{x}\,\mathrm{d}t \tag{2.18}$$

$$E_{\mathrm{s}} = \int_0^t kx\dot{x}\,\mathrm{d}t \tag{2.19}$$

$$E_0 = \frac{1}{2}m\dot{x}_0^2 + \frac{1}{2}kx_0^2 \tag{2.20}$$

将上述表示位移、速度和加速度的式（2.7）～式（2.9）代入式

（2.18）与式（2.19），可得到动能与势能的一般表达式，如式（2.21）、式（2.22）所示。

$$E_k(t) = \frac{1}{2}m\dot{x}_0^2\cos^2\omega t + \frac{1}{2}kx_0^2\sin^2\omega t - \frac{1}{2}\sqrt{mk}\,x_0\dot{x}_0\sin2\omega t \quad (2.21)$$

$$E_s(t) = \frac{1}{2}kx_0^2\cos^2\omega t + \frac{1}{2}m\dot{x}_0^2\sin^2\omega t + \frac{1}{2}\sqrt{mk}\,x_0\dot{x}_0\sin2\omega t \quad (2.22)$$

【例】　当初始速度 $\dot{x}_0=0$，初始位移 $x_0\neq0$ 时，体系具有一定的初始势能。动能 E_k 与势能 E_s 可分别表示为式（2.23）与式（2.24）。

$$E_k = E_{s0}\sin^2\omega t \quad (2.23)$$

$$E_s = E_{s0}\cos^2\omega t \quad (2.24)$$

$$E_{s0} = \frac{1}{2}kx_0^2 \quad (2.25)$$

式中　E_{s0}——初始势能。

对于初始位移 $x_0=10$，初始速度 $\dot{x}_0=0$，质量 $m=1$，固有圆频率 $\omega=1$ 的情况，动能和势能随时间的变化如图 2.3 所示。动能逐渐增大的同时，势能逐渐减小。动能最小时势能达到最大值，反之，动能最大时势能则最小。动能与势能之和始终保持一个常数，即等于初始能量。

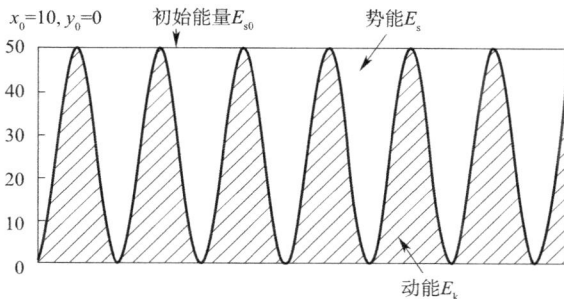

图 2.3　动能与势能随时间的变化

【例】　当初始位移 $x_0=0$，初始速度 $\dot{x}_0\neq0$ 时，体系具有一定的初始动能。动能 E_k 与势能 E_s 可分别表示为式（2.26）与式（2.27）。

$$E_k = E_{k0}\cos^2\omega t \quad (2.26)$$

$$E_s = E_{k0}\sin^2\omega t \quad (2.27)$$

$$E_{k0} = \frac{1}{2}m\dot{x}_0^2 \quad (2.28)$$

式中　E_{k0}——初始动能。

2.2.3 框架结构简化为单自由度体系

进行动力反应分析时通常将建筑结构简化为一个由等效剪切弹簧和集中质量组成的等效单自由度体系。以图 2.4 所示的顶部有集中质量悬臂柱的单自由度体系为例，其抗侧刚度 k 可通过悬臂柱的弯曲刚度 EI 来表示，如式（2.29）所示。

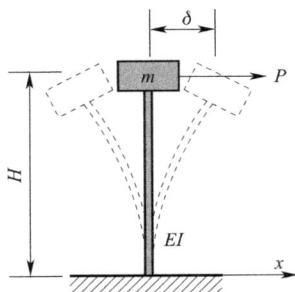

图 2.4 具有顶部集中质量的悬臂柱

$$k = \frac{P}{\delta} = \frac{3EI}{H^3} \tag{2.29}$$

式中 H——柱高。

对于梁的刚度为无穷大的单层多跨框架结构（图 2.5），其等效抗侧刚度 k 可表示为式（2.30）。

$$k = \sum_{i=1}^{n_c} \frac{12EI_c}{H^3} \tag{2.30}$$

式中 n_c——框架柱的个数；

EI_c——单根框架柱的弹性抗弯刚度。

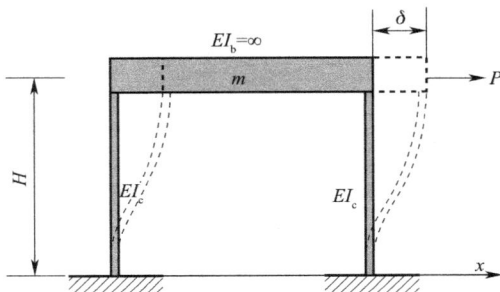

图 2.5 具有刚性梁的单层框架结构

　　如果梁的抗弯刚度不是无穷大，仍可以通过静力分析得到框架结构的等效抗侧刚度，对于单层单跨的框架结构（图 2.6），其等效抗侧刚度 k 可按式（2.31）计算。

$$k = \frac{24EI_c}{H^3} \frac{12\rho+1}{12\rho+4} \tag{2.31}$$

$$\rho = \frac{EI_b}{EI_c} \tag{2.32}$$

式中　EI_b——梁的抗弯刚度；

　　　　ρ——梁柱抗弯刚度比。

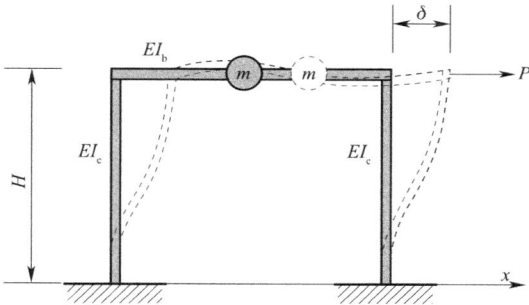

图 2.6　实际单层单跨框架结构

2.2.4　由多个弹簧组成的振动体系

　　图 2.7 所示的由两个并联弹簧组成的振动体系应满足如下关系。

$$F = F_1 + F_2 \tag{2.33}$$

$$x = x_1 = x_2 \tag{2.34}$$

$$F_1 = k_1 x_1 \tag{2.35}$$

$$F_2 = k_2 x_2 \tag{2.36}$$

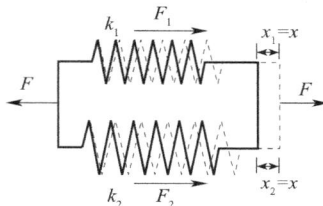

图 2.7　并联弹簧体系

其等效刚度可用式（2.37）表示。

$$k = \frac{F}{x} = k_1 + k_2 \qquad (2.37)$$

图 2.8 所示的由两个串联弹簧组成的振动体系应满足如下关系。

$$F = F_1 = F_2 \qquad (2.38)$$

$$x = x_1 + x_2 \qquad (2.39)$$

将式（2.35）和式（2.36）代入式（2.38）和式（2.39），则可得该体系的等效刚度如式（2.40）所示。

$$k = \frac{F}{x} = \frac{1}{\dfrac{1}{k_1} + \dfrac{1}{k_2}} \qquad (2.40)$$

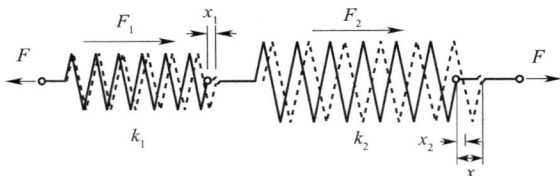

图 2.8　串联弹簧体系

2.3　有阻尼单自由度体系的自由振动

2.3.1　什么是阻尼

实际结构开始振动后并不会一直不停地振动下去。即使不人为施加外力阻止其继续振动，它最终也会自然地停下来。这是因为维持结构振动的能量通过阻尼耗散掉了。阻尼本身的成因与作用机理非常复杂，这里仅就建筑结构中存在的阻尼作简单的说明。

与建筑结构内部分子相对运动产生的摩擦作用相对应的是内摩擦阻尼。其阻尼力与结构构件的变形（应变）成比例。此外，结构振动时不可避免地要与周围的空气、水等介质接触。结构与周围介质之间的摩擦产生的阻尼称为外摩擦阻尼。其阻尼力与结构相对于周围介质的振动速度成比例。内摩擦阻尼和外摩擦阻尼合称为"固有阻尼"。

此外，结构构件之间或连接部位的摩擦也会产生阻尼。结构构件屈服后可通过材料塑性变形耗散振动能量，也可视为一种阻尼，通常称为"滞回阻尼"或"结构阻尼"。

阻尼是建筑结构抑制自身振动的自然属性。但当建筑结构遭遇大地震或强风时，仅依靠结构自身的阻尼可能无法有效避免结构出现损伤，这时则有必要人为地为结构附加一些阻尼装置以提高结构的阻尼。这类阻尼装置包括黏性阻尼器、黏弹性阻尼器、利用钢材塑性变形的滞回型阻尼器以及利用摩擦耗能的摩擦型阻尼器等。

2.3.2　黏性阻尼体系自由振动的运动方程

一般在运动方程中增加黏性阻尼项来考虑振动体系的固有阻尼，即在振动体系中添加如图 2.9 所示的黏性阻尼器。

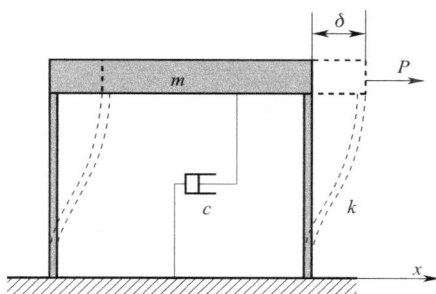

图 2.9　具有黏性阻尼的单自由度体系

具有黏性阻尼的单自由度体系的运动方式如式（2.41）所示。

$$m\ddot{x} + c\dot{x} + kx = 0 \tag{2.41}$$

式中　c——阻尼系数，可表示为 $c = \xi k/(2\omega)$ 的形式，其中 ξ 为无量纲的黏性阻尼比。

利用初始条件 $x|_{t=0} = x_0$，$\dot{x}|_{t=0} = \dot{x}_0$ 可得到微分方程式（2.41）的解如下：

$$x(t) = e^{-\xi\omega t}\left[x_0\cos\omega_{\mathrm{d}}t + \frac{\dot{x}_0 + \xi\omega x_0}{\omega_{\mathrm{d}}}\sin\omega_{\mathrm{d}}t\right] \tag{2.42}$$

式中　ω_{d}——考虑阻尼影响的自振圆频率。ω_{d} 总是小于 ω，即阻尼总是倾向于使自振周期增长。

$$\omega_{\mathrm{d}} = \omega\sqrt{1-\xi^2} \tag{2.43}$$

$$\xi = \frac{c}{2m\omega} = \frac{2\omega}{k}c \tag{2.44}$$

阻尼比 ξ 的取值对结构位移反应的影响如图 2.10 所示。

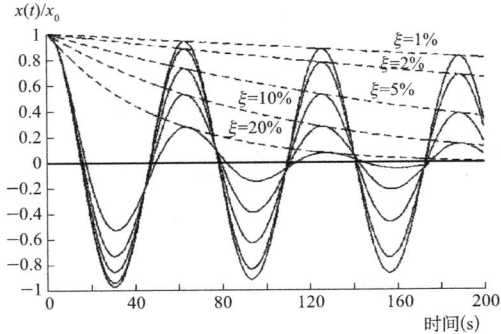

图 2.10   不同阻尼比对应的位移反应时程

2.3.3   确定阻尼比的近似方法

结构的固有阻尼一般都比较小，阻尼比 ξ 的取值往往远小于 1。因此可认为 ω_d 与 ω 近似相等。根据式（2.42），图 2.11 中 $t_i = t$ 和 $t_{i+1} = t + T$ 时刻的振幅分别如式（2.45）和式（2.46）。其中 T 为结构的自振周期。

$$x_i(t) = e^{-\xi\omega t}\left[x_0\cos\omega t + \frac{\dot{x}_0 + \xi\omega x_0}{\omega}\sin\omega t\right] \quad (2.45)$$

$$x_{i+1}(t+T) = e^{-\xi\omega(t+T)}\left[x_0\cos\omega(t+T) + \frac{\dot{x}_0 + \xi\omega x_0}{\omega}\sin\omega(t+T)\right] \quad (2.46)$$

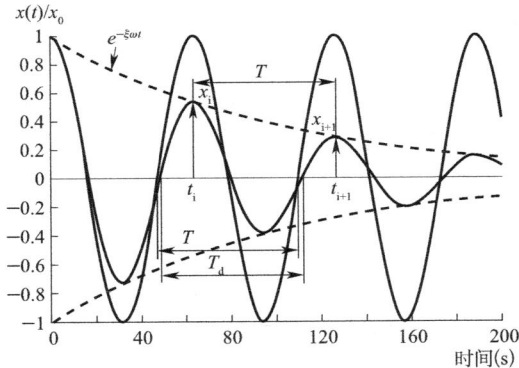

图 2.11   结构阻尼比近似计算方法示意图

将式（2.45）与式（2.46）相除可得：

$$\frac{x_i}{x_{i+1}} = \frac{e^{-\xi\omega t}}{e^{-\xi\omega(t+T)}} = e^{\xi\omega T} = e^{2\pi\xi} \quad (2.47)$$

$$\xi = \frac{1}{2\pi} \ln \frac{x_i}{x_{i+1}} \tag{2.48}$$

2.3.4 以能量形式表达的运动方程

对式（2.41）左右分别乘以位移微分 $dx = \dot{x}dt$，对时间从 0 到 t 积分，可得如下能量平衡方程。

$$E_k + E_{nd} + E_s = E_0 \tag{2.49}$$

其中，E_k、E_s 和 E_0 分别为体系的动能、势能和初始能量，可分别按式（2.18）、式（2.19）和式（2.20）计算。E_{nd} 为体系的阻尼耗能，可按下式计算。

$$E_{nd} = \int_0^t F_{nd}(t)\dot{x}\,dt = \int_0^t \frac{2\xi}{\omega}k\dot{x}\,dt = \int_0^t 2\xi\omega m\dot{x}\dot{x}\,dt \tag{2.50}$$

将式（2.42）中的位移 $x(t)$ 对时间求一次导数，可得体系的运动速度，如式（2.51）所示。

$$\dot{x}(t) = e^{-\xi\omega t}\left[\dot{x}_0\cos\omega_d t - \frac{\xi\dot{x}_0 + \omega x_0}{\sqrt{1-\xi^2}}\sin\omega_d t\right] \tag{2.51}$$

这样一来，黏性阻尼力 $F_{nd}(t)$ 可写成式（2.52）的形式。

$$F_{nd}(t) = 2\xi\omega m e^{-\xi\omega t}\left[\dot{x}_0\cos\omega_d t - \frac{\xi\dot{x}_0 + \omega x_0}{\sqrt{1-\xi^2}}\sin\omega_d t\right] \tag{2.52}$$

黏性阻尼力 $F_{nd}(t)$ 与位移 $x(t)$ 的关系如图 2.12 所示。

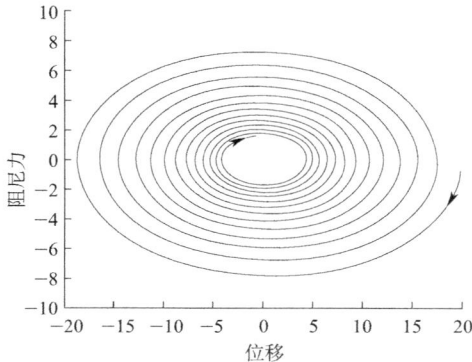

图 2.12 阻尼力与位移的关系（阻尼比 2%）

将式（2.42）、式（2.51）和式（2.52）分别代入表示动能、势能和阻尼耗能的式中并进行积分，可得式（2.53）～式（2.55）。

$$E_k(t) = \frac{m}{2} e^{-2\xi\omega t} \left[\dot{x}_0^2 \cos^2\omega_d t + \frac{(\omega x_0 + \xi\dot{x}_0)^2}{1-\xi^2} \sin^2\omega_d t - \frac{\omega x_0 \dot{x}_0 + \xi\dot{x}_0^2}{\sqrt{1-\xi^2}} \sin2\omega_d t \right]$$

$$\text{(2.53)}$$

$$E_s(t) = \frac{k}{2} e^{-2\xi\omega t} \left[x_0^2 \cos^2\omega_d t + \frac{(\omega x_0 \xi + \dot{x}_0)^2}{\omega^2(1-\xi^2)} \sin^2\omega_d t + \frac{x_0^2 \omega\xi + x_0\dot{x}_0}{\omega \sqrt{1-\xi^2}} \sin2\omega_d t \right]$$

$$\text{(2.54)}$$

$$E_{nd}(t) = \frac{m}{2}(\omega^2 x_0^2 + \dot{x}_0^2)\left(1 - \frac{1-\xi^2\cos2\omega_d t}{1-\xi^2} e^{-2\xi\omega t}\right)$$

$$- \frac{m}{2(1-\xi^2)} e^{-2\xi\omega t} \left[4\xi\dot{x}_0 \sin^2\omega_d t + \xi\sqrt{1-\xi^2}(\omega^2 x_0^2 - \dot{x}_0^2) \sin2\omega_d t \right]$$

$$\text{(2.55)}$$

【例】　将初始位移 $\dot{x}_0 = 0$ 代入式（2.53）~式（2.55），得到初始速度为零且具有一定初始位移 x_0 的黏性阻尼单自由度体系的各项能量的计算式，如式（2.56）~式（2.58）。

$$E_k = \frac{m\omega^2 x_0^2}{2(1-\xi^2)} e^{-2\xi\omega t} \sin^2\omega_d t \qquad \text{(2.56)}$$

$$E_s = \frac{kx_0^2}{2(1-\xi^2)} e^{-2\xi\omega t} \left[\cos^2\omega_d t - \xi^2\cos2\omega_d t + \xi\sqrt{1-\xi^2} \sin2\omega_d t \right]$$

$$\text{(2.57)}$$

$$E_{nd} = -\frac{m\omega^2 x_0^2}{2(1-\xi^2)} e^{-2\xi\omega t} \left[1 - \xi^2\cos2\omega_d t + \xi\sqrt{1-\xi^2} \sin^2 2\omega_d t \right]$$

$$\text{(2.58)}$$

由式（2.53）~式（2.58）可以看出，各项能量始终满足式（2.49）所示的平衡关系。图 2.13 给出了初始速度为零时各项能量（即式 2.56~式 2.58）随时间的变化历程。

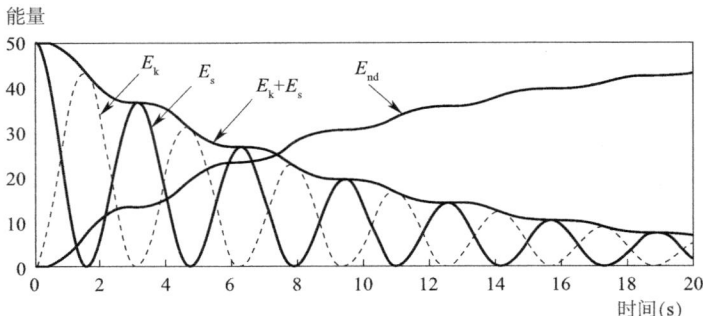

图 2.13　黏性阻尼体系振动过程中各项能量随时间的变化

2.4　黏性阻尼单自由度体系的强迫振动

2.4.1　简谐荷载作用下的强迫振动

A. 运动方程的解

具有黏性阻尼的单自由度体系在简谐荷载作用下的运动方程可表示如下。

$$m\ddot{x} + c\dot{x} + kx = p_0 \sin\Omega t \qquad (2.59)$$

或者可以表示为下式。

$$\ddot{x} + 2\xi\omega\dot{x} + \omega^2 x = \omega^2 \delta_{st} \sin\Omega t \qquad (2.60)$$

$$\delta_{st} = \frac{p_0}{k} \qquad (2.61)$$

式中　p_0——简谐荷载的振幅；

　　　Ω——简谐荷载的圆频率；

　　　δ_{st}——体系在静力荷载 p_0 作用下的变形。

式（2.60）微分方程的解 $x(t)$ 由两部分组成，一部分是对应于简谐荷载作用下稳态振动的特解 $x_1(t)$，另一部分是对应于有阻尼自由振动的通解 $x_2(t)$。由于有阻尼自由振动部分 $x_2(t)$ 会随着时间的推移而逐渐衰减，因此经过一定时间后就只剩下稳态振动 $x_1(t)$ 了。

$$x(t) = x_1(t) + x_2(t) \qquad (2.62)$$

$$x_1(t) = A\cos\Omega t + B\sin\Omega t \qquad (2.63)$$

$$x_2(t) = e^{-\xi\omega t}\left[C\cos\omega_d t + D\sin\omega_d t\right] \qquad (2.64)$$

首先确定式（2.63）中的待定系数 A 和 B。将式（2.63）中的特解 $x_1(t)$ 及其一阶和二阶导数代回式（2.59），令正弦项和余弦项的系数分别相等，可得求解系数 A 和 B 的联立方程组。求解该方程组，可得到 A 和 B 的如下表达式。

$$A = \frac{-2\xi\Omega/\omega}{\left[1-(\Omega/\omega)^2\right]^2 + \left[2\xi(\Omega/\omega)\right]^2}\delta_{st} \qquad (2.65)$$

$$B = \frac{1-(\Omega/\omega)^2}{\left[1-(\Omega/\omega)^2\right]^2 + \left[2\xi(\Omega/\omega)\right]^2}\delta_{st} \qquad (2.66)$$

对于待定系数 C 和 D，将式（2.63）和式（2.64）组合起来代回运动方程式（2.59），再利用初始位移和初始速度等初始条件，可以求解待定系数 C 和 D，如式（2.67）和式（2.68）所示。其中 ω_d 参见式（2.43）。

$$C = x_0 - A \tag{2.67}$$

$$D = \frac{1}{\omega_d}[\dot{x}_0 + \xi\omega(x_0 - A) - B\Omega] \tag{2.68}$$

B. 以能量形式表达的运动方程

对式（2.59）左右分别乘以位移微分 $\mathrm{d}x = \dot{x}\mathrm{d}t$，从时间 0 到 t 积分，可得如下能量平衡方程。

$$E_k + E_{nd} + E_s = E_{ext} \tag{2.69}$$

将运动方程的解（式 2.62）对时间求一次导数可得到体系的运动速度。

$$\dot{x} = \dot{x}_1 + \dot{x}_2 \tag{2.70}$$

$$\dot{x}_1 = -A\Omega\sin\Omega t + B\Omega\cos\Omega t \tag{2.71}$$

$$\dot{x}_2 = -\omega e^{-\xi\omega t}[\xi(C\cos\omega_d t + D\sin\omega_d t)$$
$$+ \sqrt{1-\xi^2}(C\sin\omega_d t - D\sin\omega_d t)] \tag{2.72}$$

对上式再求一次导数，则可得到体系运动的加速度。将位移、速度与加速度分别代入上文式（2.18）、式（2.19）和式（2.50），则可得到体系的动能、势能与阻尼耗能。

（a）动能 E_k

$$E_k = E_{k1} + E_{k2} + E_{k3} \tag{2.73}$$

$$E_{k1} = \frac{1}{2}m\Omega^2(-A\sin\Omega t + B\cos\Omega t)^2 \tag{2.74}$$

$$E_{k2} = \frac{1}{2}m\omega^2 e^{-\xi\omega t}\{[\xi^2(C^2 - D^2) - 2\xi CD\sqrt{1-\xi^2}]\cos2\omega_d t$$
$$+ [CD(2\xi^2 - 1) + \xi\sqrt{1-\xi^2}(C^2 + D^2)]\sin2\omega_d t$$
$$+ C^2\sin^2\omega_d t - D^2\cos^2\omega_d t\} \tag{2.75}$$

$$E_{k3} = m\Omega\omega e^{-\xi\omega t}(A\sin\Omega t - B\cos\Omega t)$$
$$\{\xi[C\cos\omega_d t + D\sin\omega_d t] + \sqrt{1-\xi^2}[C\sin\omega_d t - D\cos\omega_d t]\} \tag{2.76}$$

（b）势能 E_s

$$E_s = E_{s1} + E_{s2} + E_{s3} \tag{2.77}$$

$$E_{s1} = \frac{1}{2}k(A\sin\Omega t + B\cos\Omega t)^2 \tag{2.78}$$

$$E_{s2} = \frac{1}{2}ke^{-2\xi\omega t}(C\cos\omega_d t + D\sin\omega_d t)^2 \tag{2.79}$$

$$E_{s3} = ke^{-\xi\omega t}(A\cos\Omega t + B\sin\Omega t)(C\cos\omega_d t + D\sin\omega_d t) \tag{2.80}$$

（c）阻尼耗能 E_{nd}

$$E_{nd} = E_{nd1} + E_{nd2} + E_{nd3} \tag{2.81}$$

$$E_{nd1} = \frac{\xi\Omega k}{\omega}\left[\Omega t(A^2 + B^2) - \frac{1}{2}(A^2 - B^2)\sin 2\Omega t - 2AB\sin^2\Omega t\right] \tag{2.82}$$

$$\begin{aligned}
E_{nd2} = &\frac{1}{2}k(C^2 + D^2)(1 - e^{-2\xi\omega t}) \\
&+ \frac{k}{2(2\xi^2 - 1)}\Big\{e^{-2\xi\omega t}\sin 2\omega_d t\left[-\xi\sqrt{1-\xi^2}(C^2 - D^2) - 2\xi^2 CD\right] \\
&+ (1 - e^{-2\xi\omega t}\cos 2\omega_d t)\left[\xi^2(C^2 - D^2) - 2\xi\sqrt{1-\xi^2}CD\right]\Big\}
\end{aligned} \tag{2.83}$$

$$\begin{aligned}
E_{nd3} = &\frac{2\xi\Omega\omega k}{(\xi\omega)^2 + (\Omega + \omega_d)^2}\Big\{e^{-2\xi\omega t}\sin(\Omega + \omega_d)t\left[(BD - AC)\right. \\
&\left(\frac{\Omega}{\omega} + 1\right) - \xi(AD + BC)\frac{\Omega}{\omega}\Big] + \left[1 - e^{-\xi\omega t}\cos(\Omega + \omega_d)t\right] \\
&\left[(AD + BC)\left(\frac{\Omega}{\omega} + 1\right) + \xi(AC - BD)\right]\frac{\Omega}{\omega}\Big\} + \\
&\frac{2\xi\Omega\omega k}{(\xi\omega)^2 + (\Omega - \omega_d)^2}\Big\{e^{-2\xi\omega t}\sin(\Omega - \omega_d)t \\
&\left[(AC + BD)\right]\left(\frac{\Omega}{\omega} - 1\right) + AD\xi\left(2\sqrt{1-\xi^2} - \frac{\Omega}{\omega}\right) - BC\xi\frac{\Omega}{\omega}\Big] \\
&- \left[1 - e^{-\xi\omega t}\cos(\Omega - \omega_d)t\right] \\
&\left[(AD + BC)\right]\left(1 - \frac{\Omega}{\omega}\right) + AC\xi\left(2\sqrt{1-\xi^2} - \frac{\Omega}{\omega}\right) - BD\xi\frac{\Omega}{\omega}\Big]\Big\}
\end{aligned} \tag{2.84}$$

（d）外部输入能量 E_{ext}

式（2.69）等号右边由简谐荷载输入的能量可按下式计算。

$$E_{ext} = \int_0^t p_0\sin\Omega t\dot{u}dt = E_{ext1} + E_{ext2} \tag{2.85}$$

$$E_{ext1} = -\frac{1}{2}p_0\Omega(At - B\sin^2\Omega t) + \frac{1}{4}p_0 A\sin 2\Omega t \tag{2.86}$$

$$\begin{aligned}
E_{ext2} = &\frac{\omega^2 p_0}{2\left[(\xi\omega)^2 + (\Omega + \omega_d)^2\right]}\Big\{e^{-\xi\omega t}\sin(\Omega + \omega_d)t \\
&\left[2\xi(\xi C - D\sqrt{1-\xi^2}) - C - \frac{\Omega}{\omega}(\xi D + C\sqrt{1-\xi^2})\right]
\end{aligned}$$

$$+ (e^{-\xi\omega t}\cos(\Omega+\omega_{\mathrm{d}})t - 2)$$

$$\left[2\xi(\xi D + C\sqrt{1-\xi^2}) - D + \frac{\Omega}{\omega}(\xi C - D\sqrt{1-\xi^2})\right]$$

$$+ \frac{\omega^2 p_0}{2[(\xi\omega)^2 + (\Omega-\omega_{\mathrm{d}})^2]}\left\{e^{-\xi\omega t}\sin(\Omega-\omega_{\mathrm{d}})t\right.$$

$$\left[2\xi(\xi C - D\sqrt{1-\xi^2}) - C + \frac{\Omega}{\omega}(\xi D + C\sqrt{1-\xi^2})\right]$$

$$+ (2 - e^{-\xi\omega t}\cos(\Omega-\omega_{\mathrm{d}})t)$$

$$\left.\left[2\xi(\xi D + C\sqrt{1-\xi^2}) - D - \frac{\Omega}{\omega}(\xi C - D\sqrt{1-\xi^2})\right]\right\}$$

$$(2.87)$$

C. 共振

通过考察共振现象可以更好地理解阻尼在抑制振动方面的作用。当简谐荷载的周期与结构自振周期相等，即 $\Omega=\omega$ 时，将发生共振（图 2.14）。当初始位移 x_0 与初始速度 $\dot{x}_0$ 均为零时，振动方程解的四个待定系数 A、B、C 和 D 可分别表示如下。

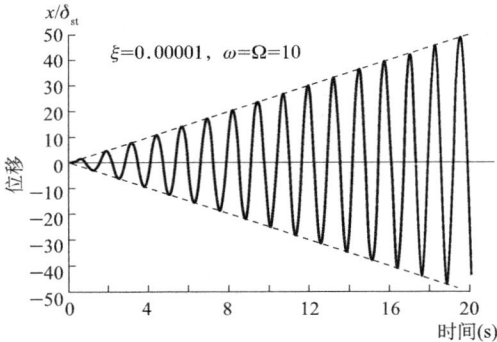

图 2.14　无阻尼体系的共振

$$C = \frac{p_0}{2k\xi} = \frac{\delta_{\mathrm{st}}}{2\xi}$$

$$D = \frac{p_0}{2k\sqrt{1-\xi^2}} = \frac{\delta_{\mathrm{st}}}{2\sqrt{1-\xi^2}}$$

$$(2.88)$$

$$A = -\frac{p_0}{2k\xi} = -\frac{\delta_{\mathrm{st}}}{2\xi}$$

$$B = 0$$

　　将式（2.88）代回式（2.63）和式（2.64）并得到式（2.59）的解为

$$x(t) = \frac{\delta_{st}}{2\xi}\Big[e^{-\xi\omega t}\Big(\cos\omega_d t + \frac{\xi}{\sqrt{1-\xi^2}}\sin\omega_d t\Big) - \cos\omega t\Big] \quad (2.89)$$

　　当阻尼比 ξ 为 5% 时，其解 $x(t)$ 如图 2.15 所示。由于阻尼比 ξ 往往很小，可将式（2.89）简化为式（2.90）。

$$x(t) = \frac{\delta_{st}}{2\xi}\big[\cos\omega t\,(e^{-\xi\omega t} - 1)\big] \quad (2.90)$$

$$\dot{x}(t) = \frac{\delta_{st}\omega}{2\xi}\big[\sin\omega t - e^{-\xi\omega t}(\sin\omega t + \xi\cos\omega t)\big] \quad (2.91)$$

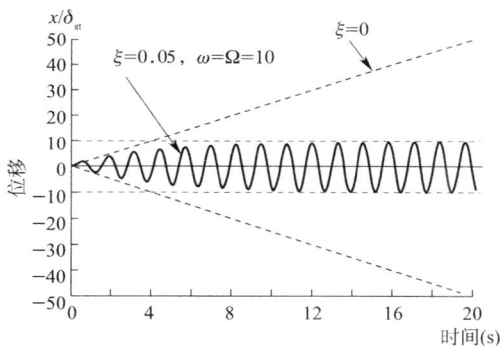

图 2.15　阻尼比为 5% 体系的共振

　　图 2.16 给出了具有不同阻尼比体系在强迫荷载作用下的位移反应。可见，阻尼比越小，位移随时间增长得越快。

　　体系的弹性恢复力 F_s 与黏性阻尼力 F_{nd} 可分别表示为式（2.92）和式（2.93）。对于阻尼比为 5% 和 20% 的两种情况，图 2.17 和图 2.18 给出了 F_s 和 F_{nd} 随时间的变化。

$$F_s = kx = \frac{p_0}{2\xi}\cos\omega t\,(e^{-\xi\omega t} - 1) \quad (2.92)$$

$$F_{nd} = c\dot{x} = -\xi p_0\Big[\frac{1}{\xi}\sin\omega t\,(e^{-\xi\omega t} - 1) + e^{-\xi\omega t}\cos\omega t\Big] \quad (2.93)$$

　　当阻尼比 ξ 很小时，弹性恢复力与黏性阻尼力的最大值可表示如下：

$$F_{s,max} = \frac{p_0}{2\xi}, \qquad F_{nd,max} = p_0 \quad (2.94)$$

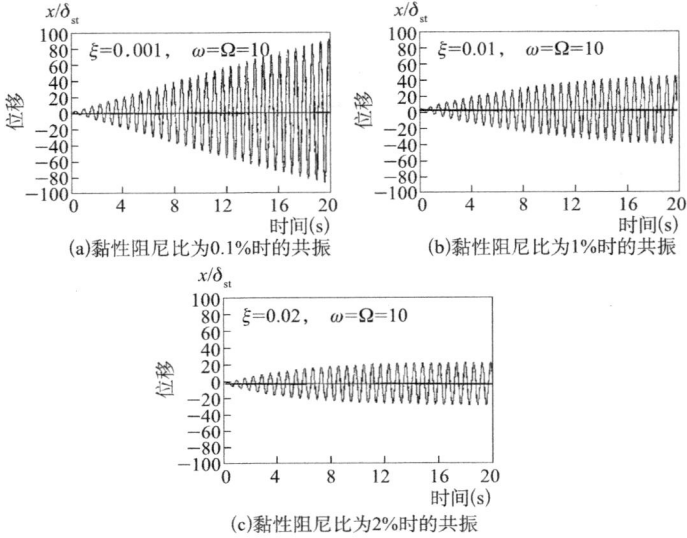

图 2.16　具有不同阻尼比体系的位移反应

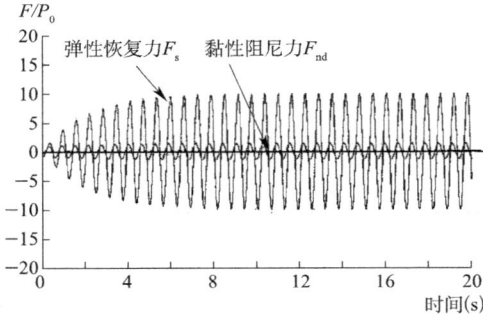

图 2.17　恢复力和阻尼力的时程反应（阻尼比 5%）

D. 共振时的能量平衡

将共振时的位移反应（式 2.90）和速度反应（式 2.91）代入相应的能量表达式，可得到动能、势能、阻尼耗能以及外部输入能量的表达式如下。

（a）动能 E_k

$$E_k = E_{k1} + E_{k2} + E_{k3} \tag{2.95}$$

$$E_{k1} = \frac{m\omega^2}{8\xi^2}\delta_{st}^2\,\sin^2\omega t \tag{2.96}$$

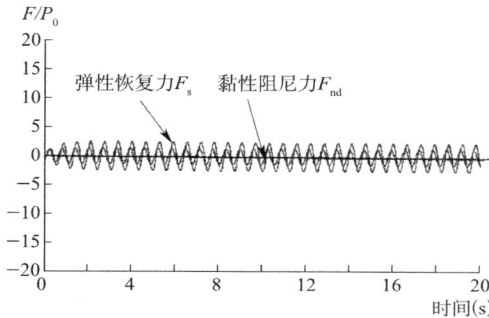

图 2.18　恢复力和阻尼力时程反应（阻尼比 20%）

$$E_{k2} = \frac{m\omega^2}{8\xi^2}\delta_{st}^2 e^{-2\xi\omega t}\left[\sin^2\omega t - \xi\sin^2\omega t + \xi^2\sin^2\omega t\right] \qquad (2.97)$$

$$E_{k3} = -\frac{m\omega^2}{4\xi^2}\delta_{st}^2 e^{-\xi\omega t}\sin\omega t\left[\sin\omega t - \xi\cos\omega t\right] \qquad (2.98)$$

(b) 势能 E_s

$$E_s = E_{s1} + E_{s2} + E_{s3} \qquad (2.99)$$

$$E_{s1} = \frac{1}{8\xi^2}m\omega^2\delta_{st}^2\cos^2\omega t \qquad (2.100)$$

$$E_{s2} = \frac{m\omega^2\delta_{st}^2}{8\xi^2}e^{-2\xi\omega t}\cos^2\omega t \qquad (2.101)$$

$$E_{s3} = -\frac{m\omega^2\delta_{st}^2}{4\xi^2}e^{-\xi\omega t}\cos^2\omega t \qquad (2.102)$$

(c) 阻尼耗能 E_{nd}

$$E_{nd} = E_{nd1} + E_{nd2} + E_{nd3} \qquad (2.103)$$

$$E_{nd1} = \frac{1}{8\xi^2}k\delta_{st}^2\left[4\omega t - \sin2\omega t\right] \qquad (2.104)$$

$$E_{nd2} = -\frac{k\delta_{st}^2}{8\xi^2} - e^{-2\xi\omega t}\left[1 + \xi^2 + \xi\sin^2\omega t - \frac{\xi^2(3-\xi^2)}{1+\xi^2}\cos^2\omega t\right] \qquad (2.105)$$

$$E_{nd3} = -\frac{k\delta_{st}^2}{4\xi^2}e^{-2\xi\omega t}\left\{1 + \frac{\xi}{4+\xi^2}\left[(2-\xi^2)\sin2\omega t - 3\cos2\omega t\right]\right\} \qquad (2.106)$$

(d) 外部输入能量 E_{ext}

$$E_{ext} = E_{ext1} + E_{ext2} \qquad (2.107)$$

$$E_{\text{ext1}} = \frac{\delta_{\text{st}}^2 \omega^2}{8\xi} [2\omega t - \sin 2\omega t] \tag{2.108}$$

$$E_{\text{ext2}} = \frac{\delta_{\text{st}}^2 \omega^3}{4\xi} e^{-\xi\omega t} \left\{ \frac{1}{\xi\omega} - \frac{\omega}{\xi^2\omega^2 + 4\omega^2} [3\xi\cos 2\omega t - (2-\xi^2)\sin 2\omega t] \right\} \tag{2.109}$$

上文在图 2.15 中给出了阻尼比 ξ 为 5% 时强迫振动体系的位移反应，与之相应，该体系的阻尼力与位移的关系如图 2.19 所示。

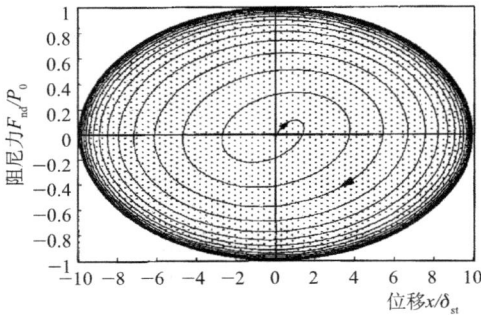

图 2.19　阻尼比 5% 时阻尼力和位移之间的关系

2.4.2　阶跃荷载作用下的强迫振动

下面讨论在时间 $t=0$ 时刻体系在静止状态突然受到大小为 P 的恒定力作用时的动力反应（图 2.20）。这种外力形式通常称为"阶跃荷载"。

此时运动方程可以写为：

$$m\ddot{x} + c\dot{x} + kx = P \tag{2.110}$$

或

$$\ddot{x} + 2\xi\omega\dot{x} + \omega^2 x = \omega^2 \delta_{\text{st}} \tag{2.111}$$

该方程的通解为：

$$x = \delta_{\text{st}} + e^{-\xi\omega t}(A\cos\omega_{\text{d}} t + B\sin\omega_{\text{d}} t) \tag{2.112}$$

当初始位移与初始速度均为零时，式（2.112）中的待定参数 A 和 B 可按下式计算：

$$A = -\delta_{\text{st}} \tag{2.113}$$

$$B = -\frac{\xi}{1-\xi^2}\delta_{\text{st}} \tag{2.114}$$

因此

$$x = \delta_{\mathrm{st}}\left[1 - e^{-\xi\omega t}\left(\cos\omega_{\mathrm{d}}t - \frac{\xi}{\sqrt{1-\xi^2}}\sin\omega_{\mathrm{d}}t\right)\right] \quad (2.115)$$

对于无阻尼体系（$\omega_{\mathrm{d}}=\omega$），式（2.115）可写为：

$$x = \delta_{\mathrm{st}}(1 - \cos\omega t) \quad (2.116)$$

$$\dot{x} = \delta_{\mathrm{st}}\omega\sin\omega t \quad (2.117)$$

图 2.21 比较了有阻尼和无阻尼体系在阶跃荷载作用下的位移反应。

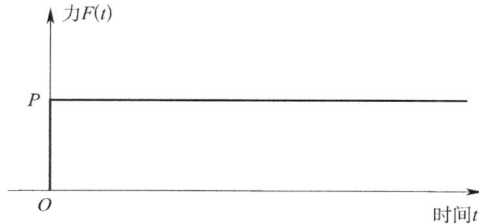

图 2.20　阶跃荷载

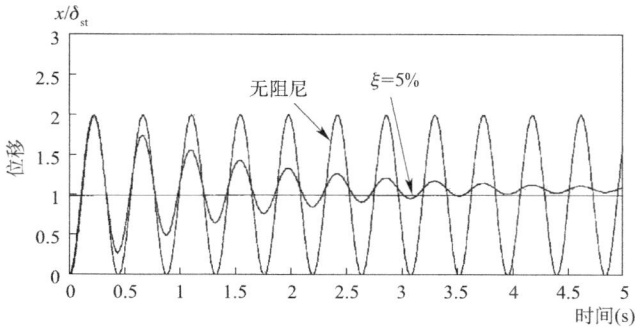

图 2.21　阶跃荷载作用下的位移反应

2.4.3　矩形脉冲荷载作用下的强迫振动

下面简单介绍图 2.22 所示的矩形脉冲荷载作用下的强迫振动。

设矩形脉冲的持续时间为 t_0，动力分析可分两个阶段进行。

$t < t_0$ 时，解与阶跃荷载作用下的解相同：

$$x = \delta_{\mathrm{st}}\left[1 - e^{-\xi\omega t}\left(\cos\omega_{\mathrm{d}}t - \frac{\xi}{\sqrt{1-\xi^2}}\sin\omega_{\mathrm{d}}t\right)\right] \quad (t < t_0) \ (2.118)$$

$t \geqslant t_0$ 时，解与具有以下初始条件的有阻尼自由振动的解相同：

$$x\big|_{t=t_0} = \delta_{\rm st}\left[1 - e^{-\xi\omega t_0}\left(\cos\omega_{\rm d}t_0 - \frac{\xi}{\sqrt{1-\xi^2}}\sin\omega_{\rm d}t_0\right)\right] \quad (2.119)$$

$$\dot{x}\big|_{t=t_0} = \frac{\delta_{\rm st}}{\sqrt{1-\xi^2}}e^{-\xi\omega t_0}\left[\xi(\omega_{\rm d}+1)\cos\omega_{\rm d}t_0 + (\omega(1-\xi^2)-\xi)\sin\omega_{\rm d}t_0\right]$$

$$(2.120)$$

$$x = e^{-\xi\omega t}\left[x\big|_{t=t_0}\cos\omega_{\rm d}t + \frac{\dot{x}\big|_{t=t_0} + \xi\omega\, x\big|_{t=t_0}}{\omega_{\rm d}}\sin\omega_{\rm d}t\right] \quad (t \geqslant t_0)$$

$$(2.121)$$

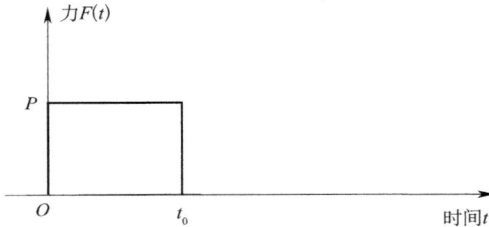

图 2.22　矩形脉冲荷载

参考文献

[1] 梅棹忠夫監修：日本語大辞典，講談社，1990
[2] 田治見宏：建築振動学，コロナ社，1965
[3] 柴田明德：最新耐震構造解析，森北出版社，1981
[4] Clough, Ray W. & Penzien, Joseph：Dynamics of Structures，McGraw-Hill, Inc.，1982
[5] Chopra, Anil K.：Dynamics of Structures，Theory and Applications to Earthquake Engineering，Prentice Hall，1995

第 3 章　损伤控制结构的基本原理

3.1　什么是损伤控制设计

3.1.1　损伤控制设计与风险应对

　　日本的抗震设计采用两个不同的地震动水准，并分别对应于一定的抗震界限状态。在建筑使用年限内发生概率较大的中等地震作用下，建筑不应超越"使用界限状态"，该界限状态下要求保证建筑能够继续正常使用。具体地说，对于钢筋混凝土结构允许发生一定程度的混凝土开裂；对于钢结构则要求结构不得屈服。在建筑可能遭遇的强烈地震作用下，建筑不应超越"最终界限状态①"。在这一状态下，只要不危及人身生命，允许建筑发生较严重的损伤。

　　损伤控制设计的基本想法是在"使用界限状态"和"最终界限状态"之间设置新的"损伤界限状态"（图3.1）。

　　损伤界限状态应充分考虑建筑的社会性与经济性。根据损伤界限状态可以合理评价地震作用下的建筑在保护财产安全方面的表现。以往的设计方法并不关注使用界限与最终界限之间的损伤状态。而在损伤控制

译注：

① 日本建筑基准法规定"使用界限状态"的最大层间位移角为 1/200，对于"最终界限状态"，虽然建筑基准法没有明确规定层间位移角限值，但一般认为不应超过 1/100。作为参考，1997 年日本建筑学会出版的《鉄筋コンクリート造建物の靭性保証型耐震設計指針》对于"最终界限状态"给出的层间位移角限值的建议是：框架结构不超过 1/80；框架剪力墙结构不超过 1/100。

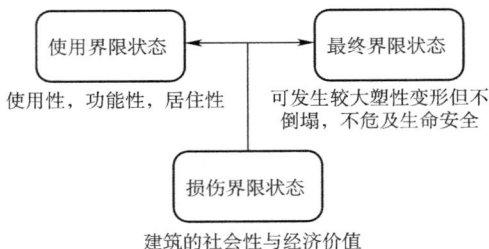

图 3.1　损伤界限状态

设计中，虽然最终界限状态可能与以往设计是一样的，但从使用界限到最终界限之间的发展变化过程将更加明确。若希望建造的是资产价值很高的建筑，可通过技术手段保证建筑结构即使临近最终界限状态也不发生损伤，或者即使发生损伤也可以通过适当修复而继续使用。另一方面，只要业主认可，也可以在以往设计方法的基础上进一步压低成本，其代价则可能是建筑一旦超越使用界限状态就会发生严重的损伤。无论如何，都应在设计时首先设定预期的损伤状态。

在损伤控制设计中，可以在设计时通过考察建筑的结构可靠性和地震发生概率来估计建筑损伤可能造成的损失。业主可根据预期损失采取相应措施保障建筑的资产安全。

下面从风险管理的角度探讨损伤控制设计的基本思想。通常有两种手段应对损伤风险。一是"风险控制"，即在损伤发生前对可能造成损伤的原因和可能发生损伤的部位采取有效的控制手段，以最大限度地降低风险；二是"风险融资"，即在损伤发生后通过一定的经济手段来弥补损失（图 3.2）。

风险管理应以风险评估为基础。根据风险发生的频率和损失的大小，通常可按图 3.3 选择合适的风险管理方法。

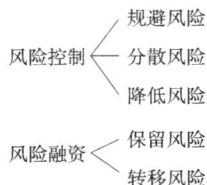

图 3.2　应对风险的手段　　　　图 3.3　应对风险的方法选择

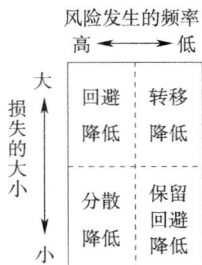

　　风险控制包括规避风险、分散风险与降低风险等三种做法。比如在不会发生地震的场地上建造房屋就是一种风险规避行为。这对于纽约来说或许是可行的，但对于东京，即使明明知道一定会发生地震，还是不得不在这里建造房屋。这样就很难有效地规避风险。分散风险则是将功能分散到不同的地方，即使一个地方出了问题，别的地方还可以正常发挥作用。电力公司的输电系统就是这样。即使一个发电站出现故障，仍可以通过别的发电站保障送电。最后，降低风险则主要是抗震设计与防灾对策等方面的问题。

　　另一方面，风险融资也适用于损伤控制设计。经常说的地震保险是转移地震风险的一种手段。目前已经有面向私人住宅的地震保险业务，但如何对预期发生巨大损失的高层建筑进行地震保险还是一个需要研究的课题。现在暂时还只能做到让业主明确地了解建筑的预期损失，风险还是要自己承担。无论如何，最重要的是需要有一套有助于准确估计损失的结构设计方法。为使损伤控制设计成为一种实用的结构设计方法，需要将该方法进一步具体化。

3.1.2　损伤状态与损失[1]

　　损伤状态与地震动烈度等级的关系如图 3.4 所示。下面考虑 A 与 B 两个不同的建筑抗震设计方案。

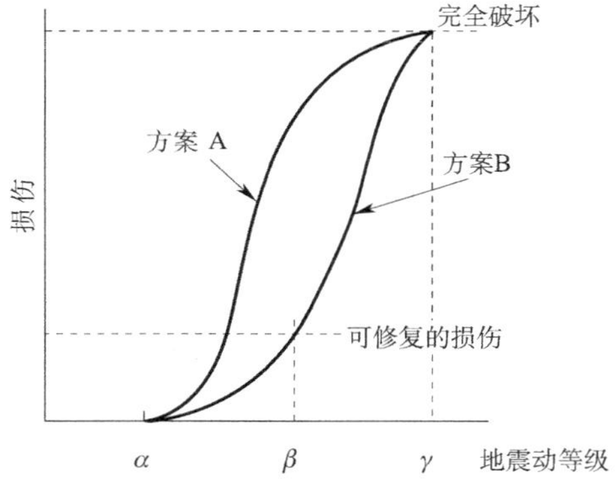

图 3.4　建筑损伤与地震动等级的关系

　　在方案 A 中，建筑一旦在地震作用下超越使用界限 α，其损伤便迅速增大，损失也随之迅速增加。而在方案 B 中，建筑若在地震作用下超越了使用界限 α 但尚未达到预定的损伤界限 β，其损伤程度则比较轻微且易于修复。但一旦超越了损伤界限 β，建筑损伤会迅速增大。在最终界限状态 γ，方案 B 与方案 A 均达到完全破坏的状态。损伤控制设计应像方案 B 那样在设计时考虑一定的损伤界限并预估修复所需的费用。

建筑地震损伤包括：（1）结构构件的损伤；（2）墙面及各种装修的损伤、机械设备故障和非结构构件的损伤；（3）家具、物品等倾覆引起的损伤。这些损伤除造成直接损失外还有可能造成建筑使用中断而带来间接的经济损失。此外，人身生命的损失，燃气、电力、给排水等系统的中断以及城市交通瘫痪等也会妨碍建筑的正常使用并造成一定的间接经济损失。如果能有效控制上述（1）～（3）项的损伤，则基本可以避免人身生命损失。这里暂且把上述因素排除在外，将（1）～（3）项的损伤引起的损失之和作为总损失。从这个角度出发，抗震设计流程可如图3.5 所示。以往的抗震设计主要关注结构在一定的地震动和其他外力作用下与结构安全相关的承载力、延性等设计要素。今后在抗震设计中还应在综合考虑地震活动性等地震动特征、建筑用途、社会功能以及建筑结构动力特性等各方面因素的基础上分析建筑非结构构件和建筑内部物品的地震反应，并在设计中充分考虑建筑各部分可能出现的损伤以及相应的经济损失。

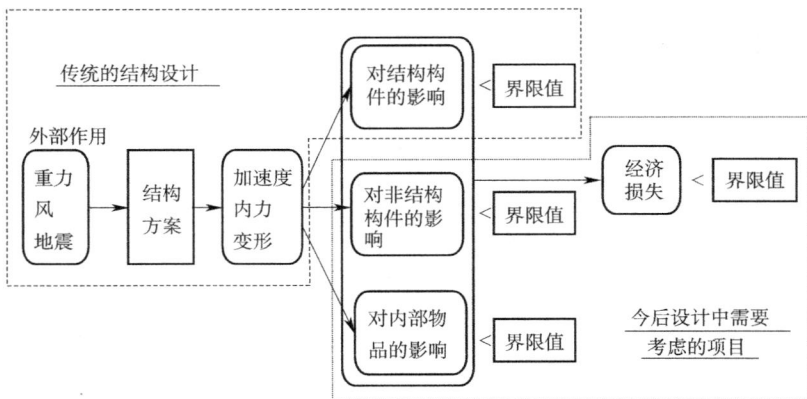

图 3.5　结构设计流程以及需要进一步考虑的项目

建筑结构设计通常需要满足一定的性能目标，比如为了确保建筑安全，以结构在一定外力作用下不发生损伤或者不倒塌为目标来进行设计。基于可靠度的设计则以超越某一性能目标的概率小于某一限值为目标。当设计目标和性能等级比较明确时，这些传统设计方法往往是行之有效的。但如果要进一步明确包括经济性在内的建筑性能等级，则不能只简单地考虑建筑结构在具有某一重现期的外力作用下的反应，而应以建筑在全生命周期或一定时间段内的全过程反应为基础，全面评价其累积经济损失。

下面以某一建筑周边地区的历史地震数据为基础，考察该建筑在一定期间内的总经济损失。某场地遭遇的地震动烈度等级 I 与发生频率 $p(I)$ 之间的关系通常可表示为一个连续函数（图 3.6）。其中小规模地震的发生频率较高，大地震的发生频率则较低。

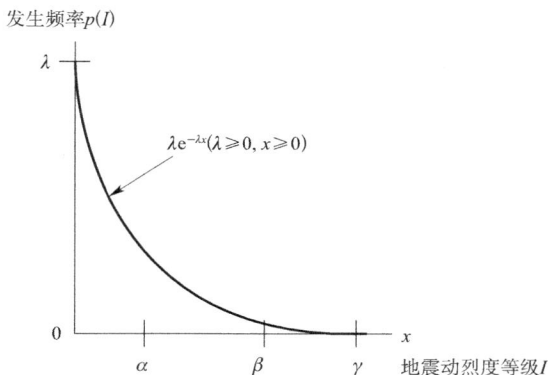

图 3.6　地震发生频率

另一方面，通过分析建筑结构在不同烈度等级地震动作用下的反应，可以得到地震动烈度等级 I 和建筑反应 R 之间的关系函数 $f(I)$，如图 3.7 所示。

需要注意的是，这里所谓的地震动烈度等级不应简单地用某一地面运动峰值来表示，而应能够反映不同特性地震动作用的剧烈程度。

在结构反应方面，最大层间位移往往在地震动达到一定烈度等级之前随烈度等级的增大而按比例增加，烈度等级超过某一水准后，则由于结构逐渐进入塑性导致最大层间位移迅速增大。最大速度反应有所不同，基本上始终按一定的比例随着烈度等级的增大而逐渐增大。最大加速度反应则在达到一定烈度等级之前基本成比例增大，超越某一烈度等级后则由于结构进入塑性且周期延长而渐趋稳定。

下面考察如图 3.8 所示的建筑结构反应 R 与一定损伤程度对应的损失 D 之间的关系 $h(R)$。

这里将损伤程度表示为所有构件完全破坏时的损伤程度的一个比

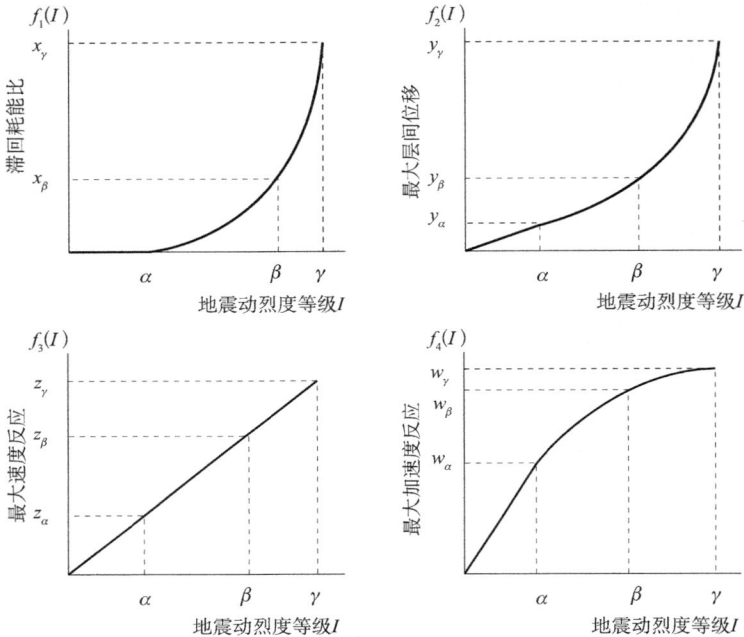

图 3.7　地震动烈度等级与结构反应之间的关系

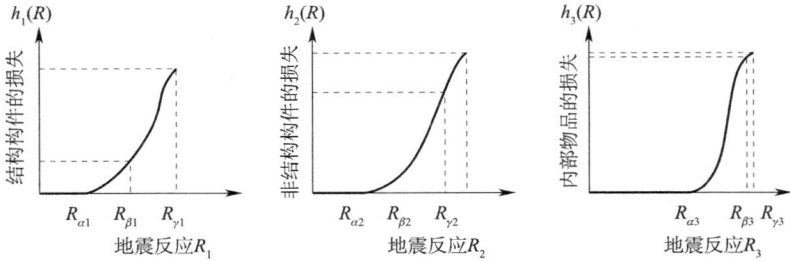

图 3.8　损失与建筑地震反应之间的关系

率。柱、梁等结构构件的损伤总伴随着结构的塑性化，因此其损伤程度
往往与滞回耗能或者层间位移有关。外墙、窗户玻璃等非结构构件以及
管道设备等的损伤则往往由结构变形引起，因此其损伤程度与最大层间
位移有关。此外，电梯、空调等机器设备的损伤往往与结构变形产生的
外力和加速度产生的惯性力有关。计算机、家具等物品则主要由于在地
震作用中受到剧烈振动或发生倾覆而发生损伤。这些振动和倾覆均与最

大速度和最大加速度反应密切相关。如果能够确定结构反应 R 与结构构件、非结构构件和其他物品的损伤程度之间的关系 h，则可以通过式（3.1）计算建筑物在其使用寿命内的预期损失 D_T。当预期损失越过一定的限值，则认为完全破坏。

$$
\begin{aligned}
D_T &= \sum D_S + \sum D_N + \sum D_C \\
&= \sum \int_a^\beta h_1(f_1, f_2, f_3, f_4) p(I) \mathrm{d}I + \sum \int_a^\beta h_2(f_1, f_2, f_3, f_4) p(I) \mathrm{d}I \\
&\quad + \sum \int_a^\beta h_3(f_1, f_2, f_3, f_4) p(I) \mathrm{d}I
\end{aligned}
\tag{3.1}
$$

式中 D_S——结构构件的预期损失；

D_N——非结构构件的预期损失；

D_C——建筑内其他物品的预期损失；

$h_1(x)$、$h_2(x)$、$h_3(x)$——分别为损失函数；

$f_1(x)$、$f_2(x)$、$f_3(x)$、$f_4(x)$——分别为地震反应函数；

$p(x)$——地震发生频率；

I——地震动烈度等级。

3.1.3 建筑物使用寿命内的总地震损失[2]

A. 基于历史地震数据的办公楼建筑地震反应分析

以市中心某办公楼为例，假设其周边地区的地震发生频率与过去一段时间内观察到的地震发生频率相同，通过分析其在预期地震作用下的地震反应，可以估算一定时期内的总地震损失，其中包括：

（1）结构构件的损失；

（2）非结构构件的损失；

（3）建筑内部物品的损失。

（a）分析对象与分析模型

以 5 层和 20 层钢结构建筑为分析对象。建筑参数如表 3.1 所列。

各模型的阻尼比和楼层重量均相同，不同之处在于基底剪力系数 C_b。按 A_i 分布①分配各层的抗侧承载力。20 层的建筑模型的基本周期 T 和刚度均随基底剪力系数 C_b 的变化而变化。其中以 20-C 作为标准模型。

译注：

① A_i 分布为日本建筑抗震设计规范中规定的侧力分布模式，其定义详见本书式（4.88）和式（4.89）。

建筑结构各种参数　　　　　　　　表 3.1

模型名称	层数	楼层重量 （kN/m²）	层高 （m）	基底剪力系数 C_b	阻尼比 h	自振周期 T（s）
5-A	5	9.6	4	0.100	0.02	0.35
5-B	5	9.6	4	0.250	0.02	0.35
5-C	5	9.6	4	0.500	0.02	0.35
20-A	20	9.6	4	0.050	0.02	3.22
20-B	20	9.6	4	0.075	0.02	2.20
20-C	20	9.6	4	0.100	0.02	1.93
20-D	20	9.6	4	0.300	0.02	1.50
20-E	20	9.6	4	∞	0.02	1.50

20-E 的基底剪力系数 C_b 无穷大，即始终保持弹性。所有 5 层建筑模型均具有相同的基本周期，并以 5-B 作为标准模型。分析采用等效剪切层模型，假设各层具有三线型恢复力行为，结构固有阻尼与结构切线刚度成比例。

（b）地震动输入

为分析建筑结构非线性地震反应，根据历史地震数据的反应谱特征，对各个地震事件生成地震动记录。图 3.9 给出了历史地震的发生频率与相应的地震动烈度等级。生成的地震动记录的个数随地震动烈度等级的增大而呈指数减少，并以能量谱值表示地震动烈度等级。

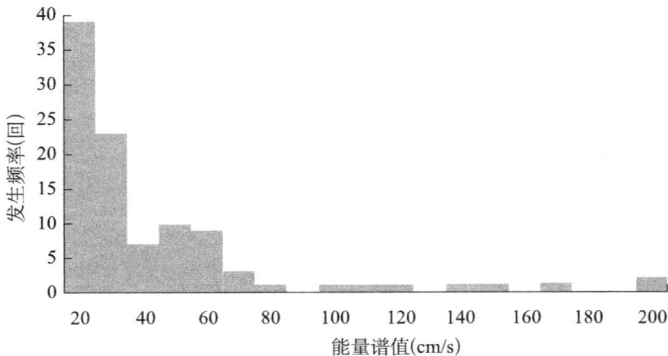

图 3.9　历史地震的发生频率与地震动等级

对于 20 层建筑物，结合地震事件的有关参数并假设能量谱在长周期范围内（$T=0.6$s 以上）为定值，采用匹配能量等效速度谱 V_E 的方法生成地震动记录①。设历史地震事件中烈度等级最大的地震的 $V_E = 200$ cm/s，其他地震的 V_E 按照与最大地震的基岩速度成比例确定。

对于 5 层建筑物，为考虑短周期范围内的反应谱特性，采用与核电站设施相同的设计方法，设基岩处的剪切波速约为 700 m/s 并假设一定的场地土模型，通过一维波动理论分析从基岩传播到地表的地震动并作为建筑的地震动输入。

（c）地震反应分析结果

以 20 层建筑为例，采用 ART-E 地震波，地震动烈度等级从 $V_E = 20.0$ cm/s 分 19 级逐渐增大至 200.0 cm/s。分析得到的地震动烈度等级与结构反应之间的关系如图 3.10 所示。图中建筑为标准模型，即表 3.1 中的 20-C 模型。

图 3.10（a）中的滞回耗能比 E 的定义如式（3.2），为结构各个楼层滞回耗能 E_i 与单调荷载作用下结构达到第 2 折点时的耗能 E_p 之比（图 3.11）。

$$E = E_i/E_p \qquad (3.2)$$

式中　E——滞回耗能比；

　　　E_i——第 i 层的累积滞回耗能；

　　　E_p——单调加载至第 2 折点时的塑性耗能。

从图 3.10（a）和（b）可以看出，随着地震动烈度等级 V_E 的逐渐增大，滞回耗能比 E 和最大层间位移均呈快速增大的趋势。与之相比，图 3.10（c）中的最大速度反应则基本与 V_E 成比例增长。图 3.10（d）中最大加速度随 V_E 的增长则渐趋缓慢。由此可以看出建筑物从弹性范围逐渐进入塑性范围的过程。

B. 损失

（a）损失的计算

为计算地震作用下建筑的总损失，下面根据以上得到的结构地震反应分析结果，计算结构构件、非结构构件和建筑内部物品的损失费用率。这里将损失费用率定义为修复费用与建造成本的比率。计算中不考虑物价变化，并要求修复后的结构与地震前具有相同的性能。在以下分析中，对柱、梁等结构构件暂不考虑构件承载力退化对滞回耗能的影响，假设结构构件的损失费用率与累积滞回耗能之间的关系如图 3.12 所示。

译注：

① 见下文式 3.6。

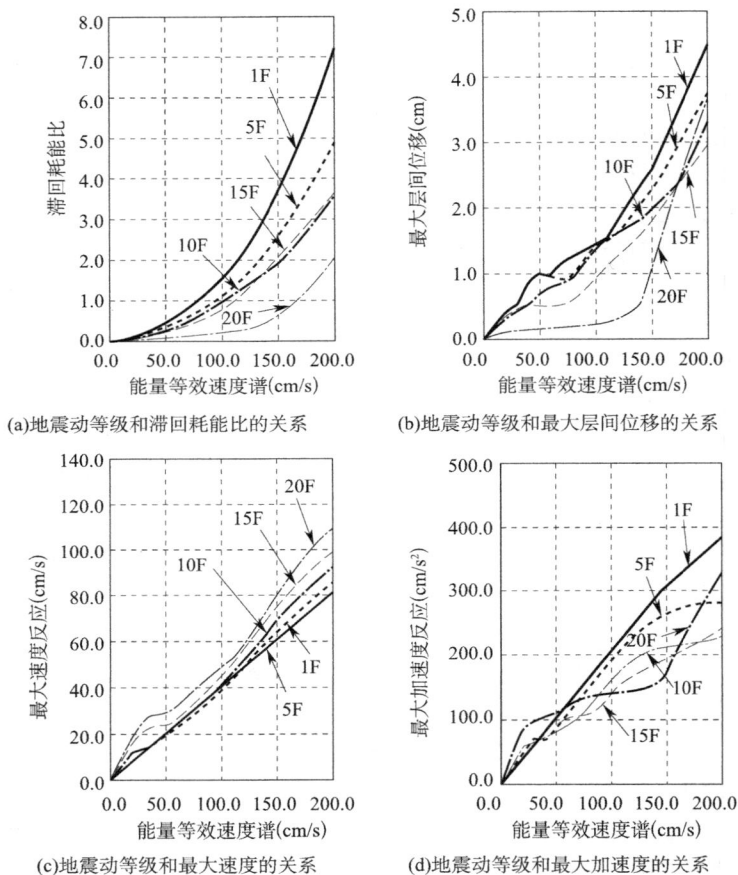

(a)地震动等级和滞回耗能比的关系

(b)地震动等级和最大层间位移的关系

(c)地震动等级和最大速度的关系

(d)地震动等级和最大加速度的关系

图 3.10　地震输入能量与各地震反应量之间的关系

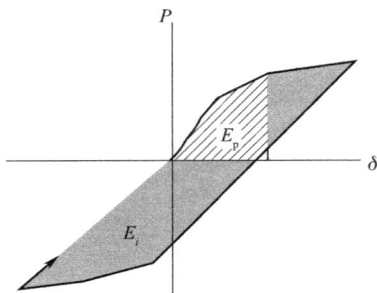

图 3.11　滞回耗能比

非结构构件的损失费用率本应与层间位移角、速度以及加速度反应等多种因素有关，这里暂假设其只与层间位移角有关。如图 3.13 所示，非结构构件在层间位移角大于 0.0025 时开始发生损伤，当层间位移角为 0.02 时损失费用率达到 1.0。

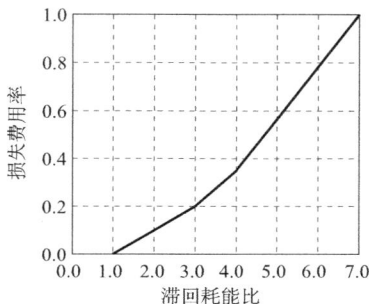

图 3.12　滞回耗能比和结构
构件损失费用率的关系

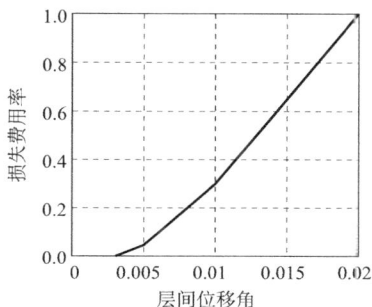

图 3.13　层间位移角和非结构
构件损失费用率的关系

对于建筑内部物品，按其损失费用率对物品倾覆的敏感程度分为两类，一类如计算机等，记为 C_s；另一类如桌子与书架上放置的物品等，记为 C_{ns}。式（3.3）和式（3.4）分别定义了使物品倾覆所需的最小加速度 a_o 和速度 v_o。

$$a_o = Bg/H \quad (\text{cm/s}^2) \tag{3.3}$$

$$v_o = 10B/\sqrt{H} \quad (\text{cm/s}) \tag{3.4}$$

式中　a_o——使物品倾覆所需的最小加速度（cm/s²）；

　　　v_o——使物品倾覆所需的最小速度（cm/s）；

　　　B——物品的宽度；

　　　H——物品的高度。

根据式（3.3）和式（3.4）规定的限值，可在图 3.14 中得到倾覆区 C 和摇摆区 B 等不同区域。在以下分析中，假设办公室内的两类物品 C_s 和 C_{ns} 的高度和高宽比在图 3.14 所示的各自范围内均匀分布。按照图 3.14 给出的物品形状分布，将物品的损失费用率表示为倾覆区面积与摇摆区面积的一半之和与总面积之比。

（b）损失费用率的计算结果

图 3.15（a）～（d）分别给出了所考察时间段内（约 400 年）20 层建筑的结构构件、非结构构件和建筑内部物品的累积损失费用率，其中

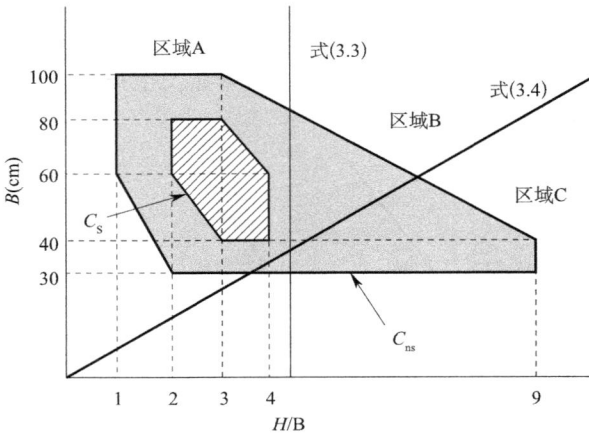

图 3.14 地震作用下建筑内部物品发生倾覆的条件

横轴是按地面峰值速度（PGV）从大到小排序的地震动编号。编号越小，地震动的 PGV 越大。

从图 3.15（a）和（d）可以看出，结构的承载力 C_b 越大，结构构件和非结构构件的累积损失费用率越小。其中 20-E 模型为弹性，故其结构构件的损失率始终为 0.0。另一方面，从图 3.15（c）和（d）可见，C_b 越大，建筑内部物品的累积损失率 C_s 和 C_{ns} 均越大。受加速度与速度反应增大的影响，弹性的 20-E 模型的内部物品的损失率在各个模型中最大。此外，结构构件和非结构构件分别在第 10 号和第 15 号之后的中小规模地震中基本不再发生损失。而建筑内部物品即使在较小的地震作用下也会有一定程度的损失。

（c）总损失

总损失是建筑在一定时间段内遭受的结构构件、非结构构件以及内部物品损失的总和。在本算例中，机械设备等物品以及结构、非结构构件所占建造成本的比例按照图 3.16 确定。此外，对于建筑内部物品，假设 C_s 为建造成本的 10.0%，C_{ns} 为 1.0%。

图 3.17（a）和（b）分别给出了 5 层和 20 层建筑在 1 至 25 号地震作用下的总损失费用率的累积值。

对于 20 层建筑物，承载力较低的 20-A 和 20-B 模型的总损失较高。指定期间内总损失最低的是承载力和刚度均较为适中的 20-C 模型以及始终保持弹性的 20-E 模型。对于 5 层建筑物，与承载力较低的 5-A 模

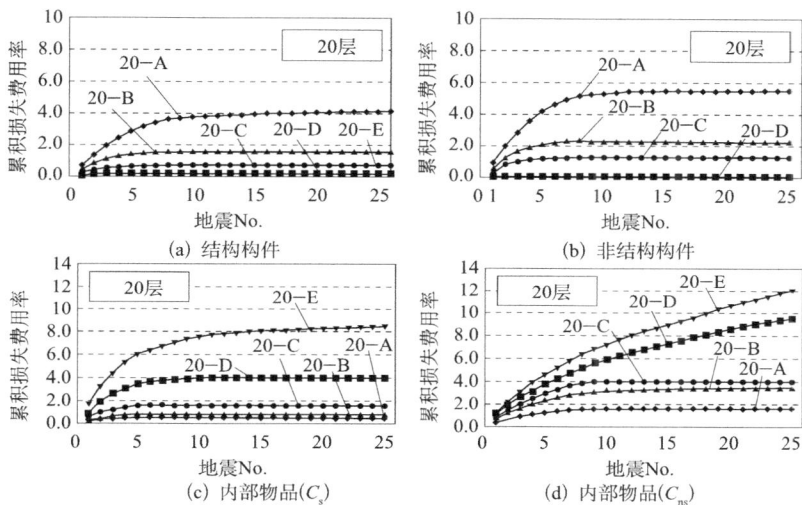

(a) 结构构件

(b) 非结构构件

(c) 内部物品(C_s)

(d) 内部物品(C_{ns})

图 3.15　20 层建筑物的累积损失费用率

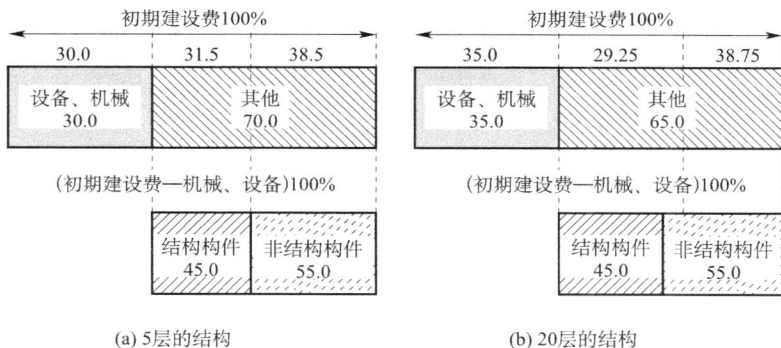

(a) 5层的结构

(b) 20层的结构

图 3.16　建造成本内各部分的比例

型相比,承载力较高的 5-B 和 5-C 模型反而因为内部物品的损伤较大而导致总损失偏大。

(d) 间接经济损失的影响

办公楼在地震作用下发生损伤后,在其评估、修复期间会对楼内公司业务造成影响,从而可能对业主造成如下经济损失:(1)利润损失;(2)必须支付的员工工资;(3)租用临时办公室的费用;(4)为保证公司业务正常进行而支付的通信费用;(5)为恢复临时中断的业务所需的

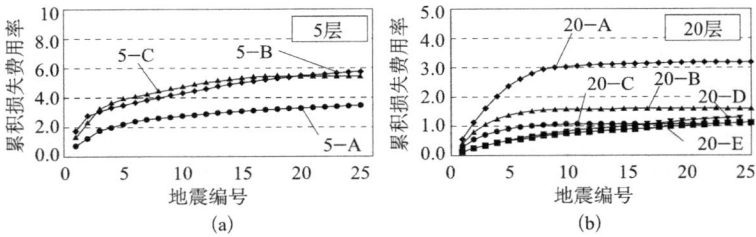

图 3.17　5 层与 20 层建筑物的总损失费用率

费用等。其中第（2）项往往可以从失业保险中获得一定的补偿，评价起来比较困难。此处仅讨论上述经济损失中的第（1）项。

对于结构构件、非结构构件和内部物品等不同类型的损伤，损失费用率与修复所需天数之间的关系如图 3.18 所示。这里假设修复所需天数在损失费用率为 0.2 到 1.0 的区间内随损失费用率的增大而线性增长。

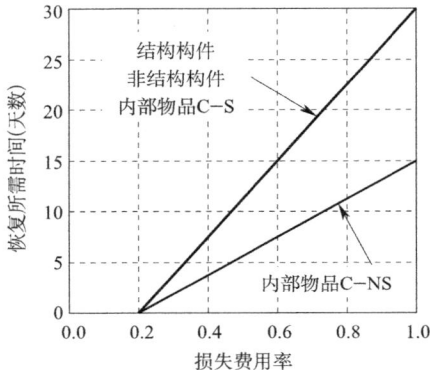

图 3.18　损失费用率和修复所需天数之间的关系

假设日均经济损失为每天必须支付的员工工资的 2 倍。对于本算例，建筑的办公面积、单位面积内的员工人数以及人均工资按表 3.2 取值。5 层和 20 层建筑的累积经济损失如表 3.3 所示。

对于 20-A 模型，其滞回耗能比较显著，结构构件损伤较大，其经济损失也主要集中在第 10 号地震动之前的规模较大的地震中。与之相比，20-D 和 20-E 模型的加速度反应比较显著，内部物品的损伤较大，因此不仅在较大的地震中会发生损伤，较小的地震同样会造成损失。这使得 20-E 模型的损失费用率很高。对于 5 层建筑物，与结构和非结构构件相比，内部物品的损失更加显著，因此 5-B 和 5-C 模型的损失费用率较大。

办公楼规模与员工工资　　　　　　　　　表 3.2

层数（层）	建筑面积（m²）	员工人数（人/m²）	工资（日元/人·月）
5	2000.0	0.1	450000
20	20000.0	0.1	450000

经济损失（亿日元）　　　　　　　　　表 3.3

模型名称	5-A	5-B	5-C	20-A	20-B	20-C	20-D	20-E
经济损失（亿日元）	15	21	24	85	65	50	95	235

（e）阻尼比的影响

为考察阻尼对建筑地震损失的影响，在 20-C 模型中，分别设阻尼比为 $h=2.0\%$ 和 $h=10.0\%$。其总损失费用的比较如图 3.19 所示。较大的 h 可以有效降低各类构件的损失费用率，特别是对于非结构构件，$h=10.0\%$ 时的损失费用仅为 $h=2.0\%$ 时的一半左右。总损失费用也随着 h 的增大而减小，$h=2.0\%$ 时的总损失费用约为 $h=10.0\%$ 时的 1.5 倍。由此可见，提高建筑结构的阻尼可以显著降低建筑的损失。

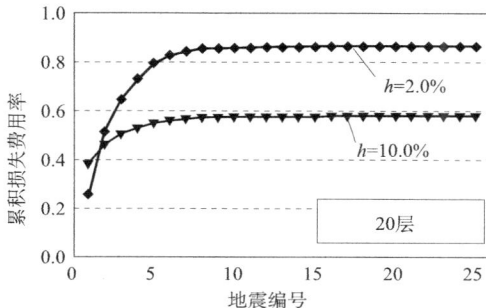

图 3.19　阻尼比和累积损伤费用率的关系

C. 小结

以上介绍了在建筑设计中评价一定时间段内建筑总地震损失的方法。在设定建筑模型参数、地震动参数以及损失费用率等参数的基础上，评价了建筑的总地震损失并考察了建筑性能与其损伤程度之间的关系。从以上讨论可以得出以下结论。

（i）对于上述建筑模型，结构构件的损伤主要发生在规模较大的 No. 1～No. 5 地震作用下，而建筑物内部物品则在 No. 10 以后的规模较小的地震作用下也会发生损失。对于内部物品的损失，指定时间段内除最大地震以外的地震造成的累积损失远远大于最大地震作用造成的损失。换句话说，对于满足抗震设计规范要求且具有较高承载力的建筑结构，即使能够保证地震安全性，仍可能发生较大的损失。此外，随着抗侧刚度和承载力的提高，建筑楼层加速度反应随之增大，这可能加重建筑内部物品的损失，从而使总损失增大。

（ii）损失的大小在很大程度上取决于损失函数。若能在设计时对各项细节加以认真考虑，降低损失函数的取值，则可以抑制非结构构件和内部物品的损失。

（iii）损失的大小受建筑阻尼比的影响较大。若能在建筑内设置减震装置以有效吸收地震输入能量，则可以减小结构的变形、速度和加速度等各项地震反应，从而达到减小损失的目的。

3.2 什么是损伤控制结构

3.2.1 损伤控制结构的形式

建筑往往具有较大的抗侧刚度，相比之下，材料强度则并不很高。为此，以允许主体结构在地震作用下进入塑性为前提，地震工程界在过去 30 年间在提高结构的塑性变形能力方面投入了巨大的精力，并基于概率统计和可靠度方法发展出考虑建筑的各种界限状态的设计方法，包括以建筑抗震最终极限状态为目标的设计方法。

1985 年前后，随着控制技术领域研究的兴起，建筑结构领域出现了将地震或风荷载的输入能量集中于特殊装置的损伤控制设计的概念，并开发了诸如 TMD、AMD、TLD①、黏性阻尼器、滞回型阻尼器等多种专门的消能减震构件。但直到最近才出现了以提高建筑舒适度为主要

译注：
① 分别指质量调谐阻尼器（Tuned Mass Damper，TMD）、主动控制质量阻尼器（Active Mass Damper，AMD）和液体调谐阻尼器（Tuned Liquid Damper，TLD），常用于超高层建筑的风反应控制。

目标，将建筑损伤集中于减振装置以减小建筑整体损伤程度的观点。

以往以"梁屈服耗能机制"为目标的抗震设计方法是提高主体结构耗能能力的典型做法。对于框架结构而言，以梁屈服机制耗散地震能量不失为一种有效的方法。然而考虑到梁与楼板的组合以及与建筑物主轴呈 45°角方向输入的地震作用等因素的影响，在实际结构中实现梁屈服机制并非易事。此外，框架梁首先是承受竖向荷载的构件。在钢结构中，提高钢梁的截面利用率同时也意味着削弱其变形能力。在美国北岭地震和日本阪神地震的实际震害中都有很多集中于梁柱节点附近的梁端翼缘破坏（图 3.20）。

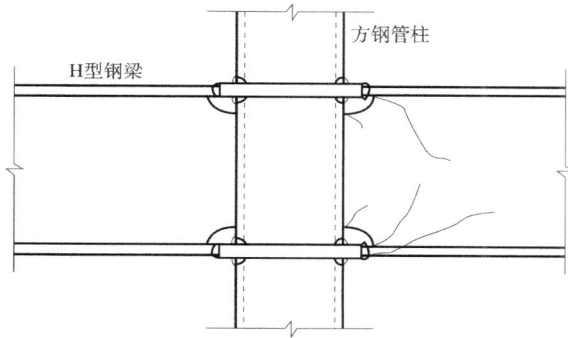

图 3.20　梁端翼缘的破坏

当建筑受到侧向荷载作用时，与梁应力分布相对应的塑性应变往往集中于梁端翼缘（图 3.21）。此外，在方钢管柱与钢梁的连接部位，由于钢管壁易于发生面外变形，钢梁腹板难以有效传力，这进一步加剧了梁端翼缘处的应力及塑性应变的集中。与此同时，梁端翼缘往往也是焊接部位，因此不可避免地存在焊接缺陷和热应力等的不良影响。

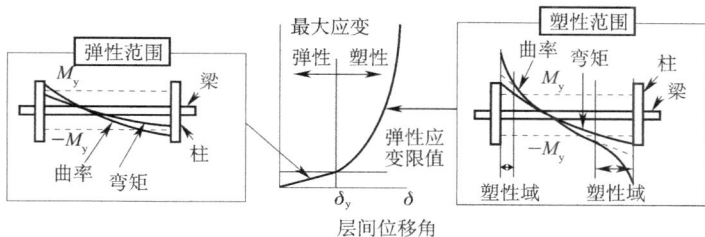

图 3.21　梁端部塑性变形的集中

　　若能从建筑结构损伤控制设计的角度出发，使柱、梁构件保持弹性，而采用专门的减震装置耗散地震能量，则有可能最大限度地减小损伤。基于这一概念减小结构损伤的结构体系即可称为损伤控制结构。

　　可以认为损伤控制结构包括由柱梁等构件在内的主体结构和包括消能减震装置的子结构等两个相对独立的部分组成（图 3.22）[3,4]。主体结构用于抵抗常遇荷载并在地震作用下保持弹性。减震子结构用于耗散地震能量。性能化设计的一个理念是"合理的设计应使单一设计参数只对单一设计目标负责"，这与上述损伤控制结构的理念是一致的（表 3.4）[4]。

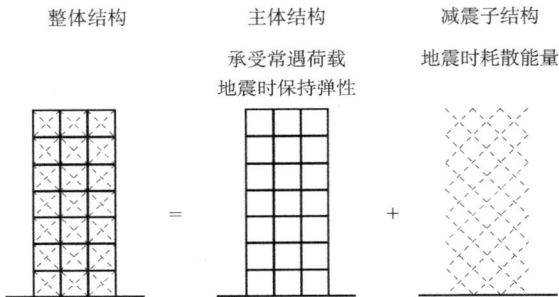

图 3.22　损伤控制结构体系

设计目标和设计参数　　　　　　　　　　表 3.4

(a) 传统设计

设计目标	设计参数	
	主体结构	减震子结构
常遇荷载下的安全性	○	—
地震作用下的安全性	○	○

* 地震作用下主体结构也进入塑性
* 设计比较复杂

(b) 性能化设计

设计目标	设计参数	
	主体结构	减震子结构
常遇荷载下的安全性	○	—
地震作用下的安全性	—	○

* 地震作用下主体结构不进入塑性
* 地震作用下利用减震子结构耗散能量
* 可以对主体结构和减震子结构分别进行设计

　　以往的抗震设计要求建筑结构在使用界限状态内保持弹性，超过使用界限状态后允许主体结构中的梁进入塑性。损伤控制结构中的主体结构则无论在使用界限状态还是损伤界限状态均保持弹性，减震子结构在使用界限和损伤界限状态下则均进入塑性（表 3.5）[5]。这样，即使损伤控制结构在强烈地震作用下超越使用界限状态，其主体结构在震后仍无需修复即可正常使用，减震装置则可以根据其损伤程度采取相应的修复措施或者直接更换，并不影响建筑物的继续使用。

水平力和变形的关系　　　　　　　　　　　　　　　表 3.5

	使用界限	损伤界限
传统抗震结构	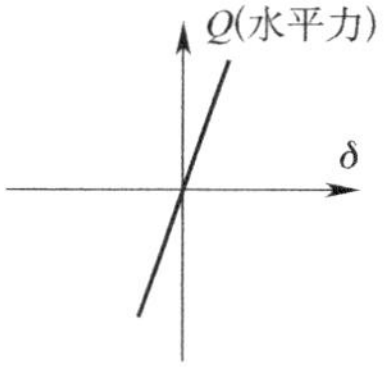 整体结构	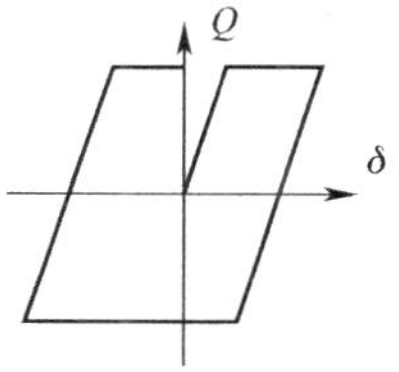 整体结构
损伤控制结构	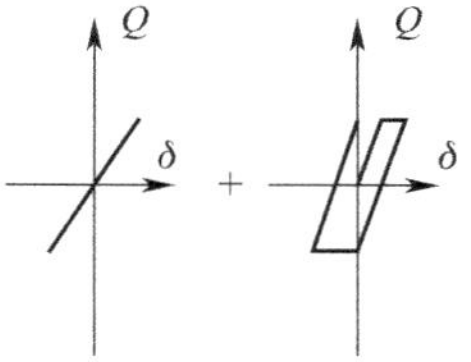 主体结构　减震子结构	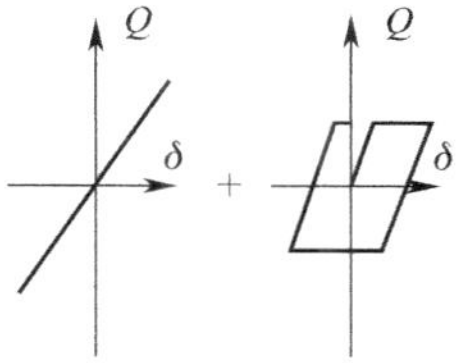 主体结构　减震子结构

3.2.2　主体结构的特性

　　由柱、梁构件组成的高层框架结构在地震、风等侧向作用下的变形可分为整体弯曲变形和框架剪切变形两部分。整体弯曲变形可理解为由结构左右两侧的框架柱伸缩引起的变形，建筑整体就像一根悬臂柱。框架剪切变形则如图 3.23 所示，又可进一步分为柱的弯曲、剪切变形，梁的弯曲、剪切变形以及梁柱节点的剪切变形等五部分。

　　在高层框架结构中，底部楼层的层间位移以框架剪切变形为主，而上部楼层的层间位移则受整体弯曲变形影响较大。整体弯曲变形与框架剪切变形所占的比例关系不仅沿建筑高度变化，而且与建筑的高宽比和结构形状有关。

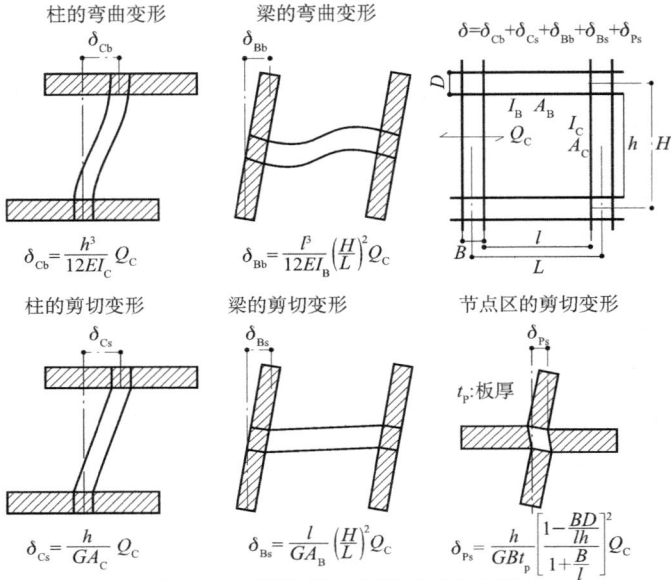

图 3.23　框架剪切变形的五个来源

A. 梁端转角

　　高层框架结构中部楼层的层间位移可分为框架剪切变形和与柱轴向伸缩有关的整体弯曲变形两部分。对于一般的钢结构，这两部分变形的比例约为 7∶3 至 9∶1。框架剪切变形又可进一步分解为柱、梁的变形和梁柱节点区的剪切变形等部分。在柱、梁构件的变形中，梁变形的贡献大致占 60%～70%。因此梁变形对层间位移的贡献大约在 42%（＝60%×0.7）～63%（＝70%×0.9）之间。进一步，梁变形中弯曲变形与剪切变形的比例亦为约 7∶3 至 9∶1，因此梁弯曲变形对层间位移的贡献约为 30%（＝42%×0.7）～60%（＝63%×0.9）。

　　据此，假设地震作用下建筑结构的使用界限状态对应的层间位移角为 1/200，梁的弯曲变形角可达层间位移角的约 60%，即 3/1000，而此时梁应保持在弹性范围内。若采用传统的抗震设计方法，梁在强烈地震作用下将进入塑性。假设强烈地震作用下结构的层间位移角为 1/100，其中约 80% 是弯曲变形[①]，即梁端变形角可达 8/1000（如图 3.24 中的 A 点）。

译注：

① 梁弯曲屈服后，柱的弯曲变形和梁、柱剪切变形的贡献均基本不再增长，因此这里将梁弯曲变形所占的比例适当提高至 80%。

所用钢材①

名称	屈服强度（MPa）	抗拉极限强度（MPa）
SN400	235	400
SN490	320	490
HT590	472	590
HT780	624	780

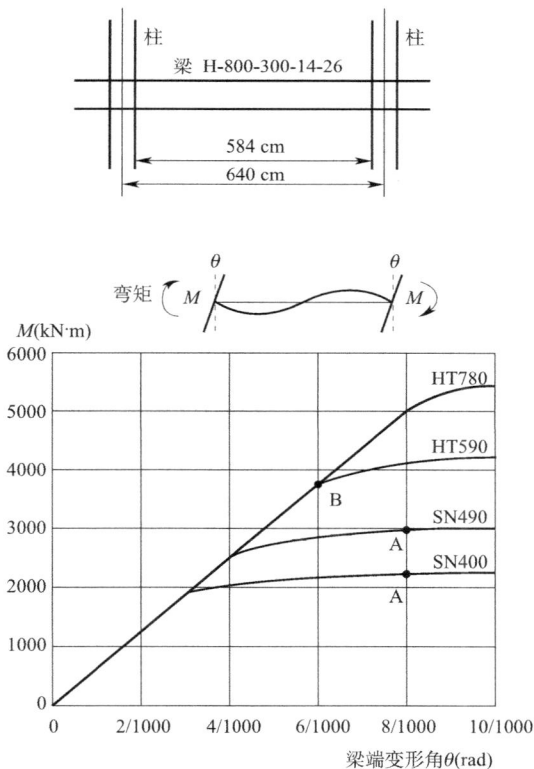

柱　　　梁 H-800-300-14-26　　　柱

584 cm
640 cm

弯矩

M(kN·m)

HT780
HT590
B
SN490
A
SN400
A

0　2/1000　4/1000　6/1000　8/1000　10/1000

梁端变形角 θ(rad)

图 3.24　梁端弯矩与变形角的关系

译注：

① 与我国通常以屈服强度标示建筑结构用钢钢号不同，日本建筑结构用钢通常采用抗拉极限强度来标示钢号。SN 系列钢材于 1994 年推出，并在 1995 年阪神地震后取代之前的 SS和 SM 系列钢材成为最主要的建筑结构用钢。SN 系列钢材符合《JIS G3136 建筑结构用热轧钢材》标准，其中较常用的 SN400 和 SN490 分别大致相当于我国的 Q235 和 Q345 级建筑用钢。此外，HT 系列钢材是一种具有高抗拉强度和较高屈强比的钢材。

　　而在损伤控制结构中，柱、梁构件在损伤界限状态下仍应保持弹性。假设损伤界限状态对应的层间位移角为 1/100，其中约 60% 来自梁的弯曲变形，则梁的变形角约为 1/100×0.6＝6/1000。采用具有较高屈服强度和较大屈服应变的钢材，可以容易的实现 6/1000 的弹性变形角（如图 3.24 中的 B 点）。此外，只要合理设计梁的高跨比，采用普通建筑钢材也可以实现 6/1000 的弹性变形角。与传统抗震设计中要求保证 8/1000 的变形角且要求具有耗能能力相比，损伤控制结构降低了对梁的要求。

B. 梁端最大应变

　　在非常强烈的地震作用下，损伤控制结构也可能超越其损伤界限状态，其梁端也可能发生塑性变形。下面考察在巨大地震作用下保证主体结构整体性的必要条件。假设梁端塑性区域长度为梁高的 1/4，梁端塑性转角 θ_p 与梁端翼缘塑性区的平均应变 ε_a 有如下关系。

$$\varepsilon_a = \varepsilon_y + \varepsilon_p$$
$$\varepsilon_y = \sigma_y/E$$
$$\varepsilon_p = (D/2) \times \theta_p/(D/4) = 2\theta_p \qquad (3.5)$$

式中　　σ_y——屈服强度；

　　　　E——弹性模量。

　　以 SN490 钢材为例，其屈服应变 $\varepsilon_y = 320/210000 = 0.0016$。若塑性转角 $\theta_p = 3/1000$，则 $\varepsilon_a = 7.6/1000$（$\approx 0.8\%$）（图 3.25）。这样，当主体结构中的梁采用 SN490 钢材时，如果梁端能承受应变幅值为 0.8% 左右的往复荷载作用，则即使有一定的残余变形，主体结构在巨大地震作用下仍是安全的。

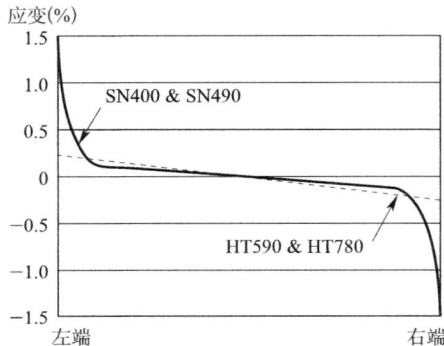

图 3.25　梁的应变分布

3.2.3 减震装置的特性

建筑结构中如果只有主体结构，则在弹性范围内其固有阻尼较小，当结构基本周期与地震动卓越周期接近时地震反应会非常大。因此，在损伤控制结构中通过减震装置耗散地震输入能量以减小结构地震反应是必不可少的。下面考察作为消能减震装置的阻尼器的特性。

A. 阻尼器的布置形式

在主体结构中布置阻尼器可以有图 3.26 所示的串联和并联两种形式[6]。

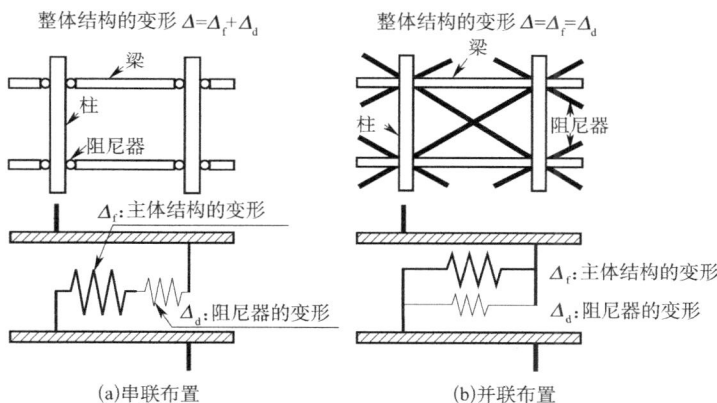

图 3.26 阻尼器的布置方式

串联式适用于主体结构刚度较大且缺乏塑性变形能力的结构体系，如钢筋混凝土剪力墙结构。将变形集中于阻尼器，一方面可延长结构基本周期，另一方面可提高结构的变形能力并防止主体结构发生破坏。但是，如果对钢结构等主体结构刚度较小的结构体系采用串联式布置，结构整体刚度则会进一步降低，并不合适。

并联式布置适用于主体结构刚度较小、弹性变形范围较大的情况。在损伤控制结构中也适宜采用并联式布置。此时整体结构的初始刚度则为主体结构与阻尼器两部分刚度之和，这样一来有助于增大变形较小时结构的刚度；二来使结构变形更有效地传递给阻尼器，有助于充分发挥阻尼器的消能减震效果。更为重要的是，在遭受强烈地震作用后，进入塑性的阻尼器易于更换，而处于弹性的主体结构则可恢复到原来的状态。这一特性是损伤控制结构得以成立的基础（图 3.27）。

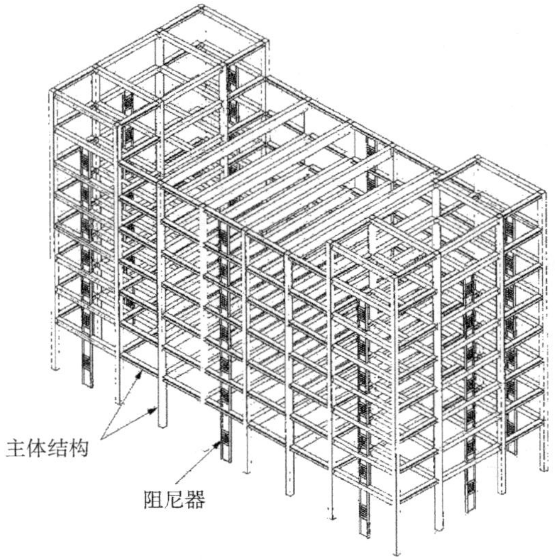

主体结构

阻尼器

图 3.27 损伤控制结构示例

损伤控制结构成功实施的关键在于如何通过合理的设计将结构体系的耗能集中于阻尼器。下面列举一些设计上的关键点。

- 使各楼层剪力最小的优化设计
- 主体结构与消能减震装置的侧向力分配比例
- 消能减震装置的最优布置
- 减小层间位移（楼层剪切变形）
- 减小整体弯曲变形
- 用于减轻主体结构损伤的消能减震装置的
  - 屈强比的影响
  - 刚度比的影响

B. 阻尼器的种类

总的来说，阻尼器可分为滞回型阻尼器与黏性阻尼器两大类（图 3.28）。

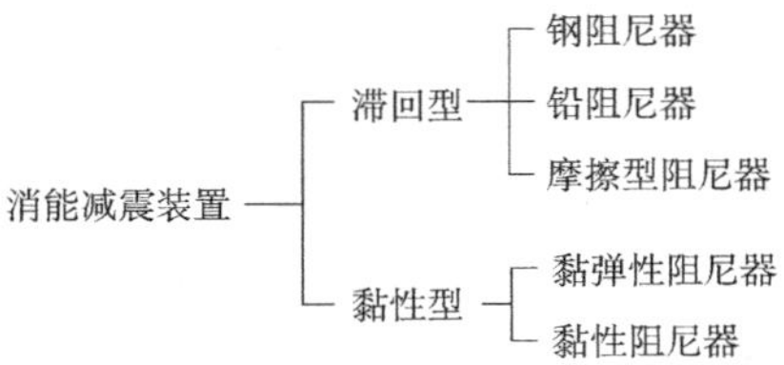

图 3.28 消能减震装置

滞回型阻尼器主要通过钢材的塑性应变耗散地震能量。目前常见的建筑钢材有性能稳定的 SN400 钢材、SN490 钢材以及屈服强度较低的低屈服点钢材等[1]（图 3.29）。

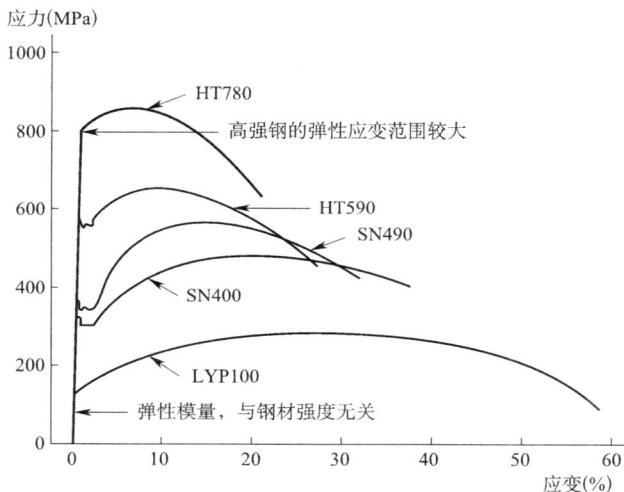

图 3.29 各种钢材的应力-应变曲线

除此之外，也有使用铅或其他金属的塑性应变来耗散地震能量的滞回型阻尼器，还有利用与滞回行为类似的摩擦行为的摩擦型阻尼器。对于滞回型阻尼器，由于随振幅大小的不同减震效果也在变化，所以有必要根据相应的目标位移合理设定阻尼器参数。

黏性阻尼器的阻尼力与变形速率成比例。这类阻尼器在小振幅下即可发挥减震效果，但其工作性能往往与工作温度有关。常见的黏性阻尼器包括利用流体阻尼的油阻尼器、利用硅油等黏性流体的黏性阻尼器，以及利用高分子材料等黏弹性材料的剪切变形的黏弹性阻尼器等（图 3.30）。

译注：
[1] 新日本制铁开发的 LYP 系列钢材是常见的低屈服点钢材，主要用于滞回型钢阻尼器。有 LYP100 和 LYP225 两种规格，钢号中的数字表示钢材的名义屈服强度。这种钢材的特点在于：（1）强度管理更加严格，离散性更小；（2）延伸率较大，LYP100 和 LYP225 的延伸率分别可达 50% 和 40% 以上。此外，LYP100 钢材没有明显的屈服点，常用 2% 残余应变对应的强度作为屈服强度，且屈强比较小。这在第 5 章还会讨论。

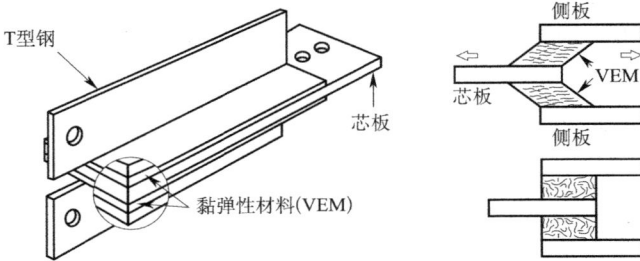

图 3.30　黏弹性阻尼器示例

C. 滞回型钢阻尼器的性能

　　滞回型钢阻尼器的性能通常可从最大变形能力、累积塑性变形能力和疲劳特性等方面来衡量。以往的阻尼器损伤评估往往只针对在地震作用下发生较大塑性变形的情况，以最大变形能力和累积塑性变形能力作为评价指标。但与传统建筑结构体系相比，损伤控制结构中的阻尼器在发生概率较高的中等地震作用下也会有较大的应变。此外，在风等外部作用下，高层建筑结构中的阻尼器在弹性或轻微塑性范围内由高周疲劳引起的损伤也不容忽视。为此，有必要将弹塑性疲劳特性也考虑进来以综合评价阻尼器的损伤。

　　最大变形能力可通过最大塑性变形率（即最大塑性变形与弹性界限变形之比值）来衡量。例如，SN400 钢材的屈服应变约为 0.1％，达到极限抗拉强度时的应变为 20％，则其最大塑性变形率为 20÷0.1＝200。低屈服点钢材 LYP100 的屈服应变为 0.05％，达到极限抗拉强度时的应变为 30％，则其最大塑性变形率为 30÷0.05＝600。这样看来，低屈服点钢材 LYP100 更适合用于滞回型阻尼器。

　　累积塑性变形能力往往通过累积塑性变形率 η 来评价。累积塑性变形率 η 是塑性变形增量与弹性界限变形之比的累积值。累积塑性变形率 η 的定义如图 3.31 所示。该指标的优点在于，通过一般的地震反应分析便可比较容易地求得地震作用下阻尼器的累积塑性变形率。一次地震对建筑的输入能量是比较稳定的，地震输入能量被阻尼器以滞回耗能的形式耗散，则阻尼器的累积塑性变形率也是比较稳定的值。

　　然而阻尼器的累积塑性变形率的极限值受塑性化程度的影响很大。比如采用低屈服点钢材 LYP100 以及坡口焊接制成的轴向屈服型阻尼器的试验研究表明，当最大塑性变形率为 1 时，η 约可达 400 000，而当最

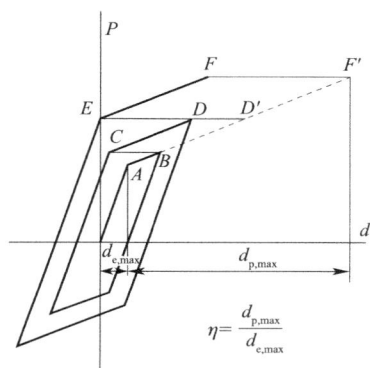

图 3.31　累积塑性变形率（η）的计算方法

大塑性变形率为 10 时，η 仅约为 80 000。可见，最大塑性变形率增大 10 倍，单圈加载造成的损伤将为原来的 50 倍，即单圈加载对阻尼器造成的损伤并非与最大塑性变形率成比例。如果以最大振幅对应的极限累积塑性变形率来评价阻尼器的损伤，则对于包含较多小振幅成分的地震动，可能过高估计阻尼器的损伤。此外，在加载循环数非常多的风荷载作用下，阻尼器也可能经历较高的应力水平并因为高周疲劳而出现开裂和裂缝扩展。因此，累积塑性变形率无法全面评价地震作用下由阻尼器塑性变形引起的和由高周疲劳引起的两方面的损伤。

　　若从疲劳特性的角度进行阻尼器的损伤评估，则可兼顾从低周作用到高周作用的各种情况。与地震反应和风反应类似，对于包含各种振幅成分的随机振动反应下疲劳损伤的评估，可利用 Miner 准则[1]将不同振幅对应的损伤累加起来。但是，涵盖从低周到高周作用的广阔范围的疲劳曲线目前仍不完善。对于不同振幅随机出现的情况，目前往往根据线性累加法则得到累积损伤，再考虑一定的安全系数加以修正，其中的一个考虑便是不同振幅对应的损伤程度与振幅出现的顺序有关。此外，由于在地震中阻尼器发生疲劳损伤的事例还非常少见，地震动频谱成分对损伤离散性的影响等问题还有待进一步研究。

　　此外，如果阻尼器上有焊缝，则其最大变形能力、累积塑性变形能力、疲劳强度等指标均会降为钢材本身的十分之一左右，有时甚至更

译注：
① Miner's Law，即线性累积损伤准则。

低。受焊缝局部状态及施工条件等的影响，阻尼器性能可能存在较大的离散性。另一方面，对于像梁柱节点那样在大变形下发生局部屈曲的情况，构件的疲劳强度往往取决于局部屈曲处钢板的应力。这时其疲劳强度可能不足钢材本身疲劳强度的百分之一。在选用阻尼器时应对以上问题有充分的认识，阻尼器的制作也应尽量在工厂完成以确保加工质量。

D. 风反应特性

现在的抗风设计往往要求结构在预期最大风荷载作用下仍保持弹性。为此，滞回型钢阻尼器也应保持在弹性范围，与此同时在抗风设计中经常采用黏性阻尼器来减轻结构的风反应。但另一方面，如果使滞回型阻尼器较早地进入塑性，则不但可以提高其在地震作用下的耗能能力，而且在风荷载作用下也可以进入塑性并耗散能量。虽然该方向的研究尚在进行中[7]，但希望能够更加积极地探索将滞回型钢阻尼器用于风反应控制的可能性，而不必担心滞回型钢阻尼器在风荷载作用下就进入塑性。

风荷载在顺风向上既有平均风压，又有以低频成分为中心的频谱范围较宽的脉动风压，在横风向上则基本没有平均风压，而主要是频谱范围较窄的脉动风压。这些风荷载成分都应予以考虑。这时有必要考察平均风压作用下结构的弹塑性反应以及钢材的累积疲劳损伤等问题。同时还应考虑结构进入塑性后因周期增长而导致的风反应增大的效应。

当建筑中的阻尼器按照地震作用下屈服剪力的最优分布配置时，风荷载作用下的剪力分布可能会有所不同。这时应与按风荷载设计的结构进行比较，确保结构变形与能量耗散不会集中在特定的楼层。

3.3　地震荷载与风荷载

不论是损伤控制结构的设计还是其损失评估，都需要首先确定建筑可能遭遇的地震、风等外部作用的大小与其重现周期之间的关系。对地震、强风等外部作用的记录历史尚不长，但关于其作用机理的研究却非常活跃。这些研究有助于在实际工程应用中确定外部荷载。下面就地震与风这两种外部作用加以说明。

3.3.1　地震荷载

通常从以下几个方面来描述地震动：

（1）地面峰值加速度、峰值速度和峰值位移

通过地面运动峰值来表征地面运动的大小，常用于表示某一特定地

震动记录的剧烈程度。但该方法不能体现地震动的频谱特性，即难以体现地震的"个性"。地面运动峰值指标经常用于对以往地震动记录进行调幅处理。

（2）加速度和速度反应谱

反应谱描述的是单自由度体系在地震动作用下的最大反应与体系自振周期的关系。它可以同时反映地震动的大小与频谱特性。若将自振周期和拟速度反应以对数坐标表示，则可以在一张图上同时表示出拟加速度、拟速度与位移反应谱（Tripartite logarithmic plot）。该方法经常用于评价地震动特性、生成人工地震波以及估算设计地震反应。

（3）地震输入能量谱（或能量等效速度谱[①]）

地震输入能量谱描述的是单自由度体系在地震动作用下的总能量输入与体系自振周期的关系。由于能量与质量成比例，因此可将地震输入能量换算为下式所示的"能量等效速度"。

$$V_{\mathrm{E}} = \sqrt{2E/M} \tag{3.6}$$

其中 M 为结构质量，E 为地震输入能量。

研究表明，弹塑性体系的地震输入能量受结构本身特性的影响较小，是一个相对比较稳定的值，因此该指标和反应谱一样已经作为一种一般化的指标而被广泛接受。

可以将地震波的传播过程分为图 3.32 所示的不同阶段，以便于考察传播路径上不同因素对地震波特性的影响，包括：

①震级和地震动衰减规律；

②场地基岩处的地震动烈度等级与特性；

③地表土层的地震动放大效应及对地震动特性的改变；

④地表处的地震动烈度等级与特性；

⑤地表土层与建筑物相互作用对地震动烈度等级的影响及能量逸散；

⑥结构的地震反应特性与等效地震荷载。

目前在结构抗震设计中往往以上述②、④或⑥项的形式给出地震作用，并且往往需要对一些问题作一般化处理，比如忽略小区域场地特性

译注：

① 能量等效速度 V_{E} 直接表示地震输入能量的大小，同时又具有速度的单位，与其他常压的地震动烈度指标（如加速度反应谱值、地面峰值速度等）成比例，便于用于调整地震动幅值的大小。日本建筑学会（AIJ）出版的《隔震结构设计指南》（2001）和日本建筑中心（BCJ）出版的《基于能量平衡的抗震设计技术指南》（2006）均以 V_{E} 谱的形式给出设计地震动。

等因素的影响，设计地震作用也总是以最大值的形式给出。对于损伤控制设计，则有必要针对特定场地更加具体地评价预期地震作用及其特性。下面分别讨论上述各项内容。

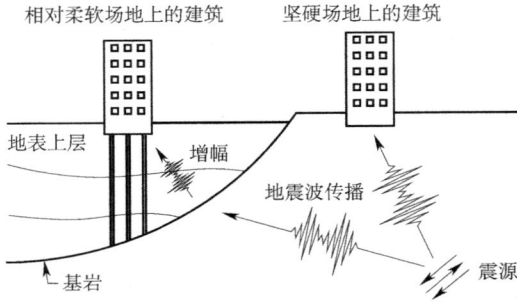

图 3.32　地震动的传播路径

A. 地震震级与衰减规律

地震是一定规模的断层发生破裂的现象。地震规模与断层破裂面的大小和断层滑移量有关。根据文献 [10]、[11]，地震矩 M_0（dyne·cm）、年均释放率 M_{0g} 和活断层长度 L（km）之间有如下经验关系。

$$\log M_0 = 1.94 \log L + 23.5 \tag{3.7}$$

$$M_{0g} = m \cdot \dot{u} \cdot S \tag{3.8}$$

式中　　m——地层剪切模量（4.5×10^{11} dyne/cm²）；

$\dot{u}$——与活断层的活动性有关的平均位移速率（cm/年），A级：0.5 cm/年，B级：0.05 cm/年，C级：0.005 cm/年；

S——断层面积，$S = L^2/2$。

震级 M 与地震矩 M_0 之间的关系通常可表示为下式。

$$\log M_0 = 1.5M + 16.1 \tag{3.9}$$

根据地震动衰减规律，可估计出地震波从震源开始传播一定距离后的最大振幅，文献 [12] ~ [16] 对此有详细的讨论。式（3.10）给出的金井模型是一个常见的衰减模型。

$$\log V = 0.61M - (1.66 + 3.6/X)\log X - (0.631 + 1.83/X) \tag{3.10}$$

式中　　V——地震动幅值；

M——震级；

X——震源距离。

　　根据上述文献，当场地距离震源很近时，基于以往观测记录推测的峰值加速度和峰值速度分别可达近 1000 cm/s² 和 100 cm/s 左右。这些峰值包含了下文将要述及的地表土层的放大效应。此外，地震动的竖向振幅与水平振幅之比在距离震源 10 km 以外的地方约为 0.5（即一半），但在距离震源很近的地方，这一比例可能高达 1.0[17—19]。

B. 场地基岩处的地震动烈度等级与特性

　　场地基岩处的地震动特性往往最为稳定，因此在设计中经常以基岩处的反应谱作为地震动输入。图 3.33 为文献［9］给出的基岩处的设计速度反应谱①。图 3.34 为文献［8］给出的基岩处的能量谱形。在周期 1～5s 范围内，上述文献给出的对应于第 2 水准的基岩处的速度反应谱值约为 100 cm/s，能量等效速度谱值约为 $V_E=120$ cm/s。

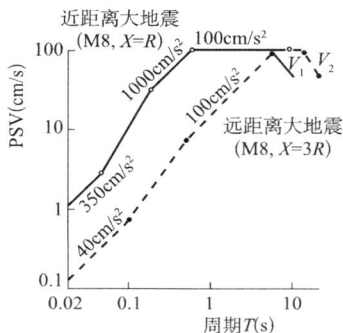

图 3.33　基岩处的设计速度反应谱　　　图 3.34　基岩处的能量等效速度谱

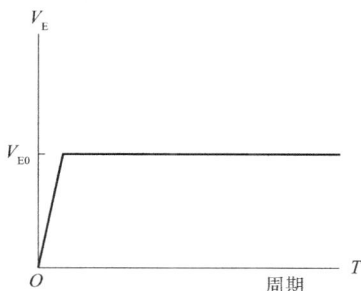

　　在估算建筑损伤程度时，最好能基于基岩处的指标确定地震动烈度等级。但如上文所述，地震动烈度等级往往是对一般化区域设定的标准化地震作用。在评估预期损伤程度时，有必要对所考察场地附近可能发生的地震作更具体的分析。具体来说，应根据特定场地与周边活断层的距离以及这些活断层的活动性，采用上文 A 中的方法对该场地设定放大或折减系数，从而对一般化的基岩处地震动烈度等级加以调整。这样方可体现出不同场地上建筑的预期地震作用的差别，比如活断层上的建筑和距活断层有一定距离的建筑。

————————————

译注：
① 图中预设了 8.0 级地震中距离震源较近（$X=R$）和较远（$X=3R$）的两种情况，其中 X 为震源距，$R=10^{0.5M-2.28}$。此外，反应谱的阻尼比均为 0.05。

C. 地表土层的地震动放大效应与地震动特性的变化

除了非常坚硬的场地（如剪切波速在 400 cm/s 以上）之外，基岩上方相对柔软的地表土层会对基岩地震波产生放大效应。针对建筑基准法规定的第 1 类至第 3 类场地，文献 [9] 和文献 [8] 给出的速度反应谱和能量谱的放大系数分别如图 3.35 和图 3.36 所示。

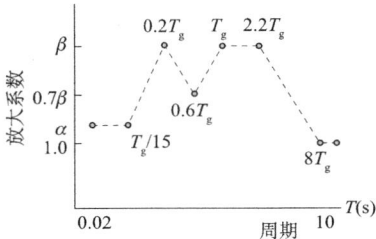

图 3.35　反应谱放大系数　　　　　图 3.36　能量谱放大系数

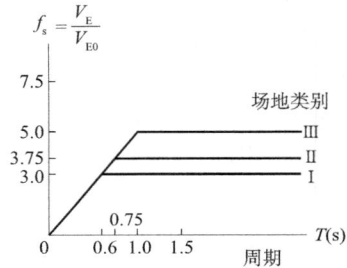

在评估结构的预期损伤程度时，简单区分场地类别还不够，最好对特定场地土层建立模型，具体评估其放大系数。此外，当场地位于山崖、丘陵、坡地时，放大系数有可能进一步增大，因此在评估时还应考虑地形的影响。

D. 地表处的地震动烈度等级与特性

许多标准化的设计地震作用均给出地表处的地震动特性。这其中已经通过为不同场地规定不同的反应谱反映了地震波在从基岩到地表传播过程中的放大效应，比如建筑基准法中的 R_t 曲线（图 3.37）以及图 3.38 中针对不同场地的能量等效速度谱。总之，在上述第②项基岩处的地震动烈度等级与特性的基础上进一步考虑第③项的地表土层放大效应，则可以反映地震波传播至地表后的特性。具体分析方法详见文献 [9]。

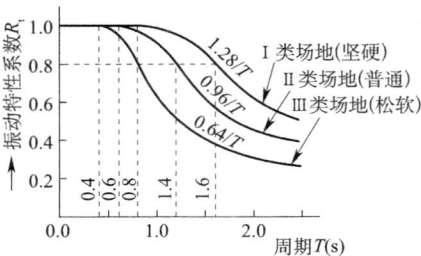

图 3.37　建筑基准法的 R_t 曲线　　　　　图 3.38　能量等效速度 V_E 谱

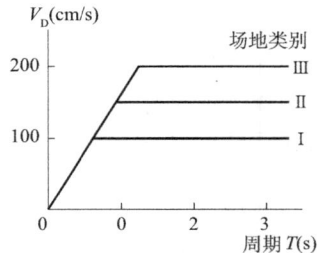

E. 地表土层与建筑结构相互作用对地震动烈度等级的影响与能量逸散

对于短周期建筑，地震输入能量在到达建筑时会向周围土层有比较明显的逸散，从而使建筑实际耗散的能量进一步减小。图 3.39 给出了能量谱受地基土逸散效应影响的一个例子。[20]

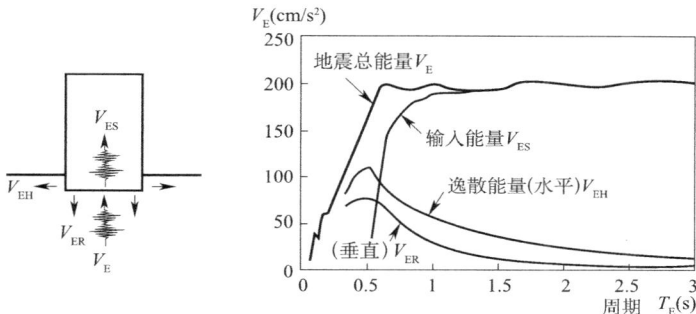

图 3.39 地基土的能量逸散效应

虽然通常认为这一效应对结构来讲是偏于安全的，因此在抗震设计中往往不予考虑，但为了准确评估建筑的预期损伤程度，最好考虑这一效应的影响。

F. 结构的反应特性与等效荷载

经过上述从 A 到 E 的传播过程，地震波始及于建筑结构本身。只要知道结构基本周期，则可根据不同场地类别的反应谱计算建筑结构的最大加速度、速度和位移反应。在实际设计中经常采用振型分解反应谱法、时程反应分析法等方法计算结构的地震反应，此外还有诸如等效线性化法、基于能量平衡的方法等简化的近似分析方法。各种方法的介绍详见 3.4 节。

在综合考虑以上各种因素的基础上，评估预期损伤程度所需的预期地震动烈度等级和重现周期的函数关系可表示如下。

$$p(x) = Z \cdot f_s \cdot f_l \cdot p_0(x) \tag{3.11}$$

式中 $p_0(x)$ ——根据以往地震记录数据得到的基岩处平均预期地震动烈度等级与重现周期的函数关系；

Z ——根据所考察场地与周边活断层的距离及其活动性等因素确定的地域系数[1]；

译注：
[1] 地域系数 Z 反映不同地域地震活动性的区别。日本国土狭小，地震区划相对简单，不同区划之间设计地震作用的差别也相对较小。根据建筑基准法，包括关东和关西在内的大多数地区 $Z=1.0$，一部分地区 $Z=0.9$ 或 $Z=0.8$，冲绳诸岛 $Z=0.7$。

f_s——所考察场地的地表土层放大系数；

f_l——考虑地基土能量逸散的折减系数。

下面通过一个例子介绍文献［11］中计算 $Z \cdot p_0(x)$ 的方法。计算中使用了两种不同的方法，分别以历史地震记录和活断层数据为基础。下文比较了两种方法的计算结果。

考察场地：　　东京和名古屋

采用的历史地震记录：1585～1884 年（新宇佐见地震列表①）

1885～1926 年（宇津地震列表②）

1925～1996 年（日本气象厅数据）

选用上述数据库中 6.0 级以上的地震，按式（3.10）估算基岩处的峰值速度。另一方面，也可通过文献［21］查找距所考察场地 150 km 范围内的活断层，按照式（3.7）～式（3.10）确定不同地震作用下所考察场地基岩处的峰值速度及其发生频率，并以其中峰值速度最大的前 30 个地震作为考察对象。以上述数据为基础，通过累积频度分析可得如图 3.40 所示的地震动烈度等级与发生频率之间的关系。

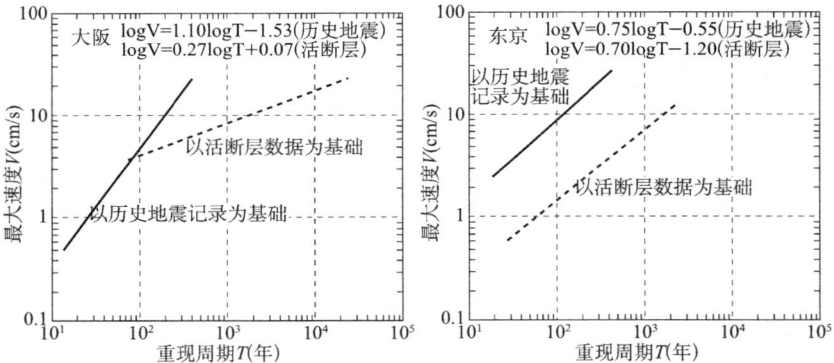

图 3.40　预期地震动烈度等级与重现周期

译注：

① 宇佐美龍夫，《最新版日本破坏性地震总览》，东京大学出版会，2003。

② 宇津德治，《世界破坏性地震列表》，1990。该列表汇集了世界范围内上迄公元前 3000 年的近万个地震。其数据已在网上公布：http：//iisee.kenken.go.jp/utsu/index.html

3.3.2　风荷载

根据文献［22］的介绍，通常采用以下指标描述建筑风荷载。

（1）设计静力风压分布和风压系数（静力风压规定：1970 年以前的英国规范、日本现行建筑基准法，但精度不佳）。

（2）考虑阵风影响的风速分布和风振系数（静力阵风法：现行英国规范，法国规范，精度尚可接受）。

（3）根据平均风速、脉动风压谱和导纳系数等计算风压谱，并根据建筑物动力特性计算风反应（导纳法：现行加拿大、美国、澳大利亚规范、AIJ 荷载规范，精度较好）。

（4）根据平均风速和边界层扰动确定用于设计的阵风风速，同时根据平均风压系数和与结构动力特性相关的风压系数确定用于设计的风压系数，并以此为基础确定设计风荷载（美国、英国、加拿大、澳大利亚规范中关于局部设计风压的规定。精度较好）。

对于建筑整体的风反应，上述第（3）项方法是最早的可以描述建筑横风向振动及其加速度反应的方法。

建筑在风荷载作用下的损伤可表现为外部围护结构的破损、结构本身的疲劳损伤以及进入塑性等行为。特别是滞回型阻尼器在风荷载作用下可能进入塑性，因此有必要对其累积塑性变形率和低周疲劳特性加以考察。为了评估预期损伤程度，需要首先确定以下函数。

- 风速等级与发生频率的函数关系：$p_w(x)$
- 阵风作用下的振幅：$G(p_w)$
- 大于某一风速的持时：$T(p_w)$

另一方面，从形成强风源到对建筑产生影响，风的传播也可分为几个过程：

（1）以不同机制形成强风源（台风或非台风）；

（2）受地形影响的放大效应；

（3）受地表粗糙度影响的风速变化和扰动增强；

（4）受建筑体形和动力特性影响产生的风压变化。

与地震一样，下面对上述过程分别加以介绍。

A. 强风源的形成

能够对建筑结构产生较大影响的强风源可分为台风与非台风两类。日本在结构设计中采用的最大风速往往是根据在台风中记录到的最大风速确定的。但根据地域不同，特别是对于重现周期较短的风荷载，也经常根据除台风外的季风年最大风速来确定设计风速。

　　与地震荷载一样，为评估预期强风作用下的结构损伤程度，首先需要确定指定地点的台风、非台风等强风作用的大小与重现周期的关系。为评估累积疲劳损伤程度，还需确定风荷载持续时间。在根据台风模型进行强风评估时，除可对以往气象记录加以分析外，还可通过蒙特卡罗方法[23]进行台风模拟。该方法从台风气压场的概率分布出发，计算指定地点的风速场概率分布，从而可以确定台风在不同方向上引起的强风极值分布（年最大风速的非超越概率）及其累积作用时间。文献［24］～［28］采用这一方法评估了钢结构的疲劳性能。

B. 地形放大效应

　　与地震荷载一样，A 中计算的标准化强风预期值受地形影响较大。比如丘陵、山崖处的风速可达平坦地区的 1.6 倍，若以重现期 100 年的风荷载为基准，考虑这一地形系数后的风荷载的重现期将约为 4 万年[29]。目前确定地形系数的最有效手段是进行风洞试验。对于比较简单的地形，各国荷载规范也给出了近似反映地形影响的修正系数。

　　只有在距离地面较高处（梯度风高度），风的运动才不受地面粗糙度的影响而呈稳定的对流形态。而在靠近地面处，受与地表树木、建筑等相关的粗糙度影响，平均风速降低，扰动成分增大。目前各国规范均针对不同的地表粗糙度类别给出风压沿高度的分布，并分别采用不同的脉动系数（turbulence factor）。

　　关于粗糙度类别的划分已经有许多研究。在实际设计中，日本建筑学会荷载规范等给出的方法已经能够满足设计需要。然而当所考察建筑周边的其他建筑可能对风荷载造成较大影响时，尚应通过风洞试验等手段作更具体的评估。

C. 风压随建筑体形与动力特性的变化

　　与地震荷载相似，建筑体形与动力特性不同时，建筑在上述 A、B 两项得到的风荷载作用下的风反应也有所不同。关于具体的建筑结构的风反应分析方法，有许多文献可供参考。总的来说，建筑结构的风反应可分为顺风向与横风向反应两部分。

　　顺风向反应主要对结构的最大应力起控制作用，最大应力又取决于平均最大风速和脉动系数两方面的影响。脉动成分则与外部作用的扰动和结构本身的动力特性有关，它往往对结构的加速度反应起控制作用。横风向反应主要与建筑物动力特性有关，往往对结构的最大加速度反应有较大影响，从而影响建筑的舒适性。除日本建筑学会荷载规范[30]外，加拿大规范（NBCC 1985）和澳大利亚规范（AS 1170.2 1989）等也对其有详细的介绍。

综合以上因素，评估预期损伤程度所需的风荷载作用等级与重现周期的函数关系可表示如下。

$$p(x) = Z \cdot f_s \cdot f_l \cdot p_0(x) \tag{3.12}$$

式中　$p_0(x)$——根据以往强风记录得到的标准粗糙度对应的平均预期强风等级与重现周期的函数关系；

　　　　Z——所考察场地的地域系数（受台风路径、季风等影响）；

　　　　f_s——所考察场地的地形系数；

　　　　f_l——考虑地表粗糙度的折减系数（粗糙度对应的标准风速与梯度风高度处的风速之比）。

下面通过一个例子介绍文献［31］中计算 $Z \cdot p_0(x)$ 的方法。

所考察地点：　千叶和那霸[①]

所采用的风速记录：气象厅观测记录，1961～1995 年[32]

采用上述风速记录中的日最大风速数据，并分别考虑台风和非台风两种风荷载工况。对于台风工况，将一年内距所考察地点 500 km 范围内出现的台风中心最大风速作为年最大风速；对于非台风工况，则将一年内无台风时的日最大风速的最大值作为年最大风速。不考虑地形的放大效应，地表粗糙度按气象台的粗糙度类别加以考虑，得到的概率分布如图 3.41 所示。

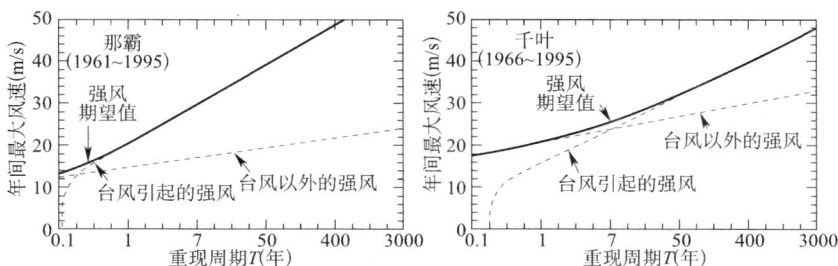

图 3.41　不同成因对应的年间最大风速概率分布

3.3.3　荷载与损伤控制

在大致确定了指定场地上的建筑可能遭遇的各种外部作用的等级及其重现周期后，还应设定相应的性能目标。日本现行抗震设计分为第 1 和第 2 两个水准。在建筑生命周期内发生概率较高的中等地震（重现周期约为十到几十年）作用下，建筑物主体结构应基本保持弹性，不影响正常使用，即所谓的"第 1 阶段设计"；而在可能发生的强烈地震（重现周期为上百年至数百年）作用下，主体结构应不至于倒塌，即所谓的"第 2 阶段设计"。这些已经写入法律，是必须实现的性能目标。此外，对于风荷载，则要求主体结构在可能发生的最大等级强风作用下保持弹性。即便如此，一般建筑结构的抗风承载力需求往往不会超过第 1 阶段抗震设计的需求。下面讨论如何在这两个性能目标之间设定以保护财产安全为目标的新的损伤限界状态。

从上文 3.1.2 节的分析可知，建筑在地震作用下的损失随结构承载力和地震动烈度等级的不同而很不相同。当建筑主体结构承载力很高时，结构本身和非结构构件的损失可能不大，但受较大加速度的影响，建筑内部物品（包括建筑内的人员）可能遭受较大的损失；另一方面，主体结构进入塑性或许有助于减轻内部物品的损伤，但结构本身的损伤将大大增加，甚至可能不得不拆除重建。要想兼顾上述两个方面并非易事，下面提出的概念或许有助于解决这一问题。

（1）承载建筑物自重的主体结构在达到最终界限状态之前保持弹性，震后可继续使用（避免拆除重建）。

（2）在建筑的适当部位设置专门的便于更换的减震构件，并使其在中等地震下即可有效耗散地震能量（将损伤集中于特定部位）。

（3）利用减震构件提供的附加阻尼减小结构在达到最终界限状态之前的变形与加速度反应，从而最大限度地减小装修、内部物品等的损伤（非结构部分的损伤控制）。

以上概念可形象地表示如图 3.42 所示。

现行日本规范规定的第 1 阶段设计对应的地震动烈度等级对于中低层建筑约为 $80\,cm/s^2$ 的地面峰值加速度；对于高层建筑物约为 $25\,cm/s$ 的地震峰值速度。在第 2 阶段设计中，对于中低层建筑物，地面峰值加速度约为 $400\,cm/s^2$；对于高层建筑物，地面峰值速度则约为

$50\mathrm{cm/s}^{①}$。根据这些规定以及上述设计理念，可设定如下设计准则：

（1）根据预期外部作用，设定建筑物损伤界限状态所对应的地震动烈度等级。相关事项应与业主协商确定。作为一般性建议，可采用目前第 2 阶段设计的地震动烈度等级。比如，当不考虑地形效应时对第 2 类场地可取地面峰值速度为 50 cm/s 左右或基岩处速度反应谱值为 100 cm/s 左右（基本周期 1～5s 范围内）。

（2）减震构件在第 1 阶段设计对应的地震动烈度等级前后即开始耗散地震能量，承载建筑自重的主体结构则在达到损伤界限状态对应的地震动烈度等级之前始终保持弹性。

（3）在损伤界限状态对应的地震动烈度等级下，结构最大变形应不足以对建筑设备及内外装饰造成严重损伤（比如层间变形角小于 1/100），各楼层最大加速度反应亦不足以对建筑内部物品和人员造成严重损伤和伤害。

（4）减震构件应能够在损伤界限状态对应的地震动烈度等级的重现周期内正常工作，即应能够经受至少 1 次该烈度等级地震动作用的考验，且在其重现周期内经受风荷载作用。减震构件的寿命也应以更换费用的形式考虑在预期损伤费用中。

（5）根据所设计建筑的性能和预期外部作用的函数关系，按式（3.1）计算损失。业主可以此为依据判断建设投资的可行性。

译注：

① 对于短周期中低层建筑结构采用地面峰值加速度规定地震动等级而对于中长周期的高层则采用地面峰值速度的做法具有一定的合理性。但在实际设计中，对于一般的中低层建筑并不需要进行地震时程反应分析，因此也不需要规定地面峰值加速度。实际上，这里给出的地面峰值加速度是将建筑基准法规定的基底剪力系数（即设计震度）按 2.5 的动力放大系数转换而来的。值得注意的是：（1）第 1 水准地震对应的地面峰值加速度仅为 $80\ \mathrm{cm/s^2}$，而在 1981 年之前日本一直是以这样的地震动水平对建筑结构进行抗震设计的（即设计震度为 0.2）。（2）两个水准的地面峰值加速度和地面峰值速度的取值并不成比例。第 2 水准地面峰值加速度是第 1 水准的 5 倍，而地面峰值速度仅是第 1 水准的 2 倍。这与二者的用途有关。地面峰值加速度或其对应的基底剪力系数是建筑基准法的强制规定，适用于大多数建筑结构的抗震设计。而地面峰值速度一般仅用于超限审查。审查机构在实践中形成了"第 1 水准地震动为第 2 水准地震动的一半"的不成文的规定，与建筑基准法相比，相当于大幅提高了第 1 水准的地震作用水平。

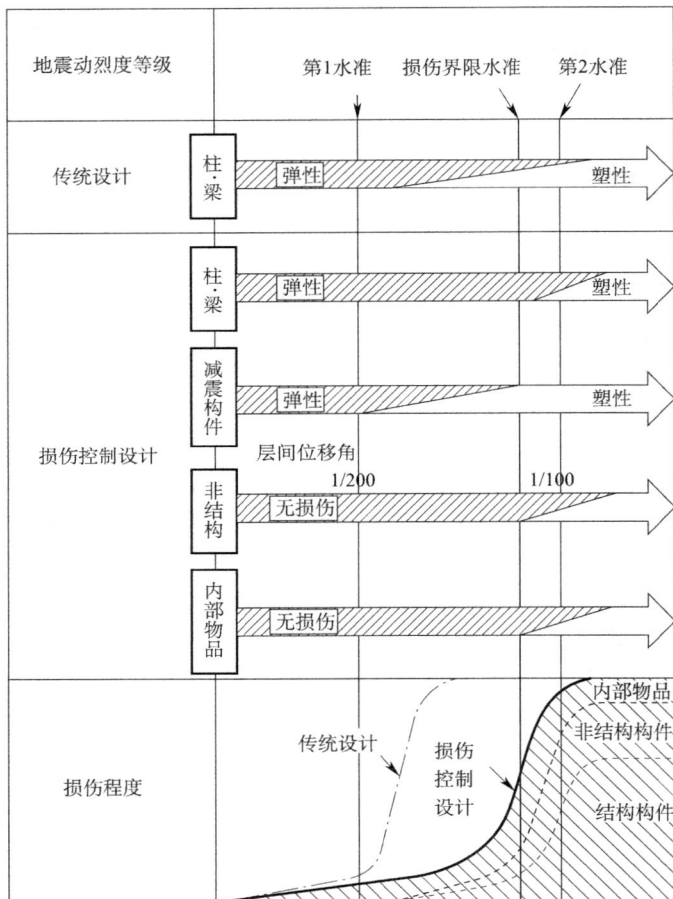

图 3.42　设计准则示例

3.4　损伤控制结构的基本分析

本节介绍损伤控制设计中结构的基本分析方法，着重介绍用于确定滞回型阻尼器最优化参数的基于等效单自由度体系的地震反应分析方法。本节以下所述阻尼器均指滞回型阻尼器。

3.4.1　分析步骤

损伤控制设计中结构分析的基本步骤如图 3.43 所示。首先设定主体结构的目标位移，然后将结构等效为单自由度或多自由度体系，并确定合适的阻尼器刚度比。当采用等效单自由度体系进行分析时，可调整各楼层主体结构与阻尼器的刚度比，并在此基础上通过构件层次的计算分析，确定主体结构构件与阻尼器的截面。

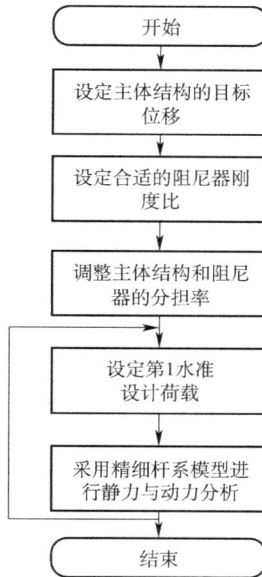

图 3.43　损伤控制结构的基本分析步骤

A. 设定主体结构的变形性能

设计损伤控制结构时，首先应设定主体结构的弹性抗侧刚度 K_F 与变形性能（包括损伤界限状态位移 δ_{DA} 和最终界限位移 δ_{AL} 等）。设定主体结构弹性抗侧刚度 K_F 时，考虑到附加阻尼器的耗能减振效果，当假设主体结构始终保持弹性时，可使结构的最大反应 δ_{max0} 略高于损伤界限状态位移 δ_{DA}。具体取值应与阻尼器的数量有关，但对于阻尼器数量接近于最优值的情况，宜使 δ_{max0} 比 δ_{DA} 大 20% 左右。从避免个别阻尼器损伤集中以及有效发挥主体结构各楼层抗震能力的角度出发，主体结构的弹性抗侧刚度沿结构高度的分布应有助于使主体结构的地震反应均匀分布。可以考虑以下两种设定主体结构抗侧刚度分布的方法。

（1）使最优剪切刚度分布 D_T 和最优弯曲刚度分布 D_B 相一致；

（2）使结构在设计层剪力分布（A_i 分布）作用下各层层间位移角

相等。

下文第 4.4 节对最优剪切刚度分布 D_T 和最优弯曲刚度 D_B 的相关内容有更详细的介绍。

B. 确定阻尼器的最优刚度比 k_{opt}

受建筑布置上的种种制约，一般建筑结构中阻尼器的布置形式比较有限。受与主体结构连接方式的限制，一旦确定了阻尼器的布置形式，阻尼器屈服时的层间位移角 R_{Dy} 也就基本确定了。利用此屈服层间位移角 R_{Dy}，可以采用包含主体结构与阻尼器两部分的集中质量剪切层模型计算阻尼器的最优刚度比，即阻尼器的抗侧刚度 K_D 与主体结构的抗侧刚度 K_F 之比（$k_{opt} = K_D / K_F$）。表 3.6 列出了集中质量剪切层模型的近似分析方法。分析方法大体分为基于等效单自由度模型的和基于多自由度模型的方法。在考察阻尼器的最优刚度比时，基于等效单自由度模型的方法相对比较简便。

确定阻尼器最优刚度比 k_{opt} 时，可以以结构在损伤界限状态对应的地震动烈度等级下的地震反应最小为目标。由于在损伤控制结构中主体结构应在达到损伤界限变形 δ_{DA} 之前保持弹性，故在讨论阻尼器的最优刚度比 k_{opt} 的计算中主体结构可使用弹性模型。此外，当阻尼器提供的附加阻尼力较小时，若采用动力时程分析方法确定最优刚度比 k_{opt}，则结构地震反应对所采用的地震波的频谱特性比较敏感。这时在确定最优刚度比 k_{opt} 时有必要采用多条地震波进行分析并作出综合评判。

确定阻尼器最优刚度比的近似分析方法   表 3.6

基于等价单自由度模型的方法	基于等效线性化的方法 基于能量平衡的方法 基于时程反应分析的方法
基于多自由度模型的方法	基于时程反应分析的方法

C. 调整主体结构与阻尼器的刚度比 k

以上述最优刚度比为依据，进一步采用多自由度体系的动力时程分析等方法，为结构各个楼层的主体结构和阻尼器确定合适的刚度比 k_i（$= K_{Di} / K_{Fi}$）。在调整刚度比 k_i 时，有必要考虑阻尼器的布置方式对减振效果的影响，比如将阻尼器连层布置或分散布置可能会有所差异。此外，在进行地震反应分析时还应考虑阻尼器性能的离散性，比如应变速率以及硬化等因素对阻尼器性能的影响。

D. 构件层次的详细设计

根据上一步确定的主体结构抗侧刚度 K_{Fi} 和阻尼器刚度 K_{Di}，可通过静力或动力分析方法进行构件层次的详细设计，并检查主体结构和阻尼器的内力、塑性率、累积塑性应变等，必要时应对构件的布置或截面进行调整。对于使用低屈服点钢材的阻尼器，受钢材应变硬化的影响，其极限承载力会远高于其屈服承载力，在设计这类阻尼器的周边构件时应充分考虑这一因素的影响。

3.4.2　将多自由度体系简化为等效单自由度体系

将损伤控制结构简化为等效单自由度体系是确定适当的阻尼器数量，即适当的阻尼器刚度比 k_{opt} 的简便方法。不少学者提出了许多将多自由度体系简化为等效单自由度体系的方法，此处以质量沿高度均匀分布的多层结构为例，介绍井上一郎等[33]提出的等效单自由度方法。

损伤控制结构中的主体结构在达到损伤界限位移 δ_{DA} 之前始终保持弹性。对于所考察的多自由度体系，可假设结构各楼层具有如图 3.44 所示的恢复力模型，其中主体结构采用弹性模型，阻尼器则简单地采用理想弹塑性模型。

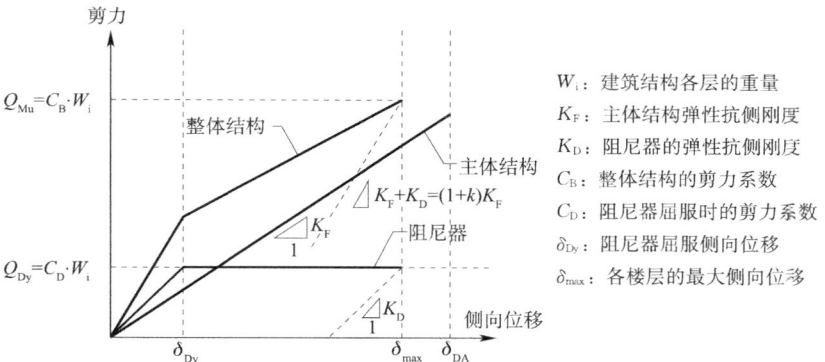

图 3.44　多自由度体系第 i 层的恢复力模型

对于多自由度体系的第 i 层，定义阻尼器的剪力系数 C_{Di} 与包含阻尼器在内的全体结构的剪力系数 C_{Bi} 之比为层剪力分担率 β_i（式 3.13）。同时，定义阻尼器的抗侧刚度 K_{Di} 与主体结构的抗侧刚度 K_{Fi} 之比为第 i 层阻尼器与主体结构的刚度比 k_i（式 3.14）。

$$\beta_i = C_{Di}/C_{Bi} \qquad (3.13)$$

$$k_i = K_{Di}/K_{Fi} \tag{3.14}$$

多自由度体系如图 3.45 所示，假设其满足以下条件：

(i) 各楼层的质量 m 和层高 h 均相等；

(ii) 各楼层的刚度比 k_i 和阻尼器层剪力分担率 β_i 均相等；

(iii) 在设计地震作用下各楼层的层间位移角相等；

(iv) 忽略柱的伸缩引起的整体结构的弯曲变形。

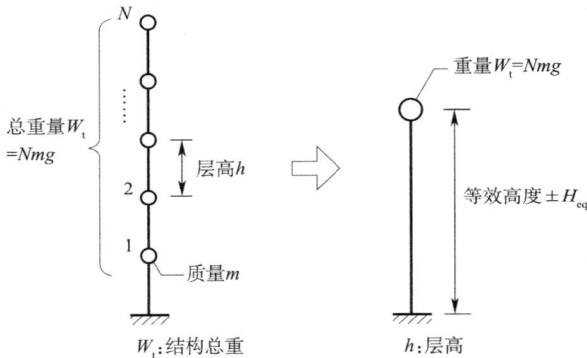

图 3.45　多自由度体系和等效单自由度体系

此外，在将多自由度体系简化为等效单自由度体系时采用以下假设：

［假设 1］单自由度体系的总质量与多自由度体系相等。

［假设 2］单自由度体系的自振周期与多自由度体系的一阶自振周期相等。

［假设 3］多自由度体系的一阶振型为一直线。

［假设 4］等效单自由度体系与多自由度体系在达到相同的层间位移时具有相同的变形能。

多自由度体系的倾覆力矩 M_N 和一阶自振周期 $_1T_N$ 可分别表示为式（3.15）和式（3.16）。

$$M_N = \sum_{i=1}^{N} Q_i \cdot h \tag{3.15}$$

$$_1T_N = 2\pi \sqrt{\dfrac{\sum\limits_{i=1}^{N} m \cdot u_i^2}{\sum\limits_{i=1}^{N} (K_{Di} + K_{Fi})(u_i - u_{i-1})^2}} \tag{3.16}$$

式中　Q_i——第 i 层剪力，即 $Q_i = C_{Bl} \cdot A_i \cdot \alpha_i \cdot W_t$ ；

　　　A_i——层剪力分布系数；

　　　a_i——第 i 层以上的重量与结构总重量之比，即 $a_i = \sum_{j=i}^{N} mg \Big/ \sum_{i=1}^{N} mg$

　　　　　$=(N-i+1)/N$ ；

　　$\{u_i\}$——一阶振型向量，即 $\{u_i\} = ih$（根据上述［假设 3］）。

　　与之相应，等效单自由度体系的倾覆力矩 M_1 和自振周期 T_1 可分别表示如下。

$$M_1 = C_{Beq} \cdot H_{eq} \cdot W_t \tag{3.17}$$

$$T_1 = 2\pi \sqrt{\frac{W_t}{(K_D + K_F)g}} \tag{3.18}$$

　　根据多自由度体系与等效单自由度体系的基底倾覆力矩相等以及上述［假设 2］中的二者自振周期相等的原则，等效单自由度体系的等效高度 H_{eq} 可表示为式（3.19）。

$$H_{eq} = \sqrt{\frac{(N+1)(2N+1)}{6}}\, h \tag{3.19}$$

　　同样，等效单自由度体系的等效基底剪力系数 C_{Beq} 与多自由度体系基底剪力系数 C_{Bl} 具有如式（3.20）所示的关系。从等效单自由度体系的基底剪力系数 C_{Beq} 可求出多自由度体系的基底剪力系数 C_{Bl}。

$$C_{Bl} = \sqrt{\frac{(N+1)(2N+1)}{6}} \cdot \frac{C_{Beq}}{\sum_{i=1}^{N} A_i \alpha_i} \tag{3.20}$$

3.4.3　基于能量平衡的弹性最大地震反应预测

　　在损伤控制结构的基本分析中，经常需要将由主体结构与阻尼器两部分组成的整体结构或者主体结构本身简化为弹性单自由度体系并计算其最大地震反应。下面介绍基于能量平衡原理计算弹性单自由度体系最大地震反应的近似方法。

　　对于由完全弹性的主体结构和滞回型阻尼器共同组成的损伤控制结构，其能量平衡一般可表示如式（3.21）所示。

$$W_e + W_d + W_\xi = E \tag{3.21}$$

式中　E——地震输入能量；

　　　W_e——弹性振动能；

　　　W_d——滞回耗能；

W_ξ——阻尼耗能。

设结构的总质量为 M，则与地震输入能量对应的等效速度 V_E 可定义如式（3.22）。

$$V_E = \sqrt{2E/M} \qquad (3.22)$$

对于完全弹性体系，滞回耗能 $W_d = 0$，因此式（3.21）可改写为：

$$W_e = E - W_\xi \qquad (3.23)$$

根据秋山宏的研究[34]，对结构损伤有贡献的能量部分（$E-W_\xi$）可表示为能量等效速度 V_E 与结构阻尼比 ξ_0 的函数，如式（3.24）所示。

$$E - W_\xi = \frac{MV_E^2}{2} \cdot \left(\frac{1}{1+3\xi_0+1.2\sqrt{\xi_0}}\right)^2 \qquad (3.24)$$

另一方面，完全弹性体系的弹性振动能 W_e 可以表示为剪切刚度 K 与结构最大位移反应 S_d 的函数如下。

$$W_e = K \cdot S_d^2 \qquad (3.25)$$

因此，完全弹性体系的最大位移反应 S_d 可按下式计算。

$$K \cdot S_d^2 = \frac{MV_E^2}{2} \cdot \left(\frac{1}{1+3\xi_0+1.2\sqrt{\xi_0}}\right)^2 \qquad (3.26)$$

$$S_d = \sqrt{\frac{M}{K}} \cdot \frac{V_E}{1+3\xi_0+1.2\sqrt{\xi_0}} \qquad (3.27)$$

此外，最大加速度反应可以通过最大位移反应 S_d 和剪切刚度 K 近似计算如下。

$$S_a = K \cdot \frac{S_d}{M} \qquad (3.28)$$

3.4.4　等效线性化法

为考察阻尼器的最优刚度比 k_{opt}，可采用等效单自由度体系计算结构的地震反应，即首先计算简化为弹性单自由度体系的主体结构的地震反应，再在此基础上考虑阻尼器的减振效果对地震反应加以修正。这便是笠井和彦等[35]提出的等效线性化法的基本思路。

下面考察如图 3.46 所示的具有双线型恢复力模型的单自由度体系。它由剪切刚度为 K_F 的完全弹性的主体结构和初期刚度为 K_D、屈服位移为 δ_{Dy} 的理想弹塑性的阻尼器两部分组成。根据笠井和彦等[35]的研究，该单自由度体系的最大位移反应 δ_{max} 可以在只有完全弹性的主体结构时的最大位移反应 δ_{max0} 的基础上，通过考虑：（1）附加阻尼器对结构周期的影响；（2）附加滞回耗能对结构反应的降低效果；（3）地震动的速度反应谱值的变化等三种修正，按式（3.29）计算。

$$\delta_{\max} = (T_{\text{eq}}/T_{\text{F}}) \cdot D_\xi \cdot (S_{\text{Veq}}/S_{\text{VF}})\delta_{\max 0} \tag{3.29}$$

式中　　T_{eq}——单自由度体系的等效周期；

　　　　T_{F}——主体结构本身的自振周期（完全弹性体系）；

　　　　D_ξ——附加滞回耗能引起的地震反应降低率；

　　　　S_{Veq}——代表包括阻尼器在内的整体结构的单自由度体系对应的速度反应谱值；

　　　　S_{VF}——主体结构的速度反应谱值。

图 3.46 中的单自由度体系的恢复力特性如图 3.47 所示。图中给出了主体结构的抗侧刚度 K_{F} 和只有主体结构时的最大位移反应 $\delta_{\max 0}$，以及阻尼器的初始刚度 K_{D}、屈服位移 δ_{Dy}，以及结构整体的最大位移反应 $\delta_{\max}$ 和最大剪力 $Q_{\max}$。

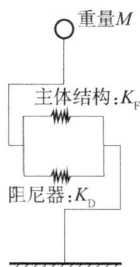

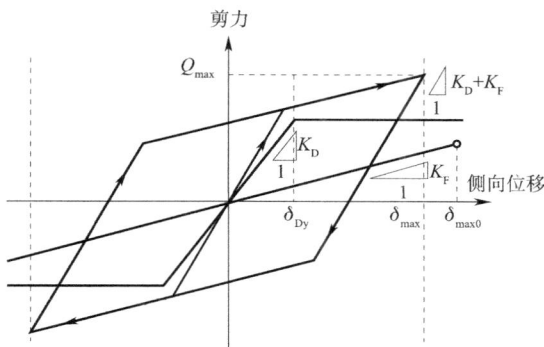

图 3.46　单自由度体系　　　图 3.47　单自由度体系的双线型恢复力模型

A. 考虑自振周期变化的修正（$T_{\text{eq}}/T_{\text{F}}$）

单自由度体系的自振周期 T 由剪切刚度 K 和质量 M 确定，如式（3.30）所示。

$$T = 2\pi\sqrt{\frac{M}{K}} \tag{3.30}$$

与之类似，对于由阻尼器和主体结构组成的结构体系，其最大地震反应对应的等效周期 T_{eq} 可以通过结构的总质量 M 和最大地震反应时的等效剪切刚度 K_{eq} 来计算，如式（3.31）所示。

$$T_{\text{eq}} = 2\pi\sqrt{\frac{M}{K_{\text{eq}}}} \tag{3.31}$$

其中，等效刚度 K_{eq} 按下式计算。

$$
\begin{aligned}
K_{eq} &= \frac{Q_{max}}{\delta_{max}} \\
&= \frac{(K_F + K_D)\delta_{Dy} + K_F(\delta_{max} - \delta_{Dy})}{\delta_{max}} \\
&= \frac{K_D\delta_{Dy} + K_F\delta_{max}}{\delta_{max}}
\end{aligned} \tag{3.32}
$$

因此，整体结构与主体结构自身的周期之比（T_{eq}/T_F）可通过阻尼器与主体结构的弹性剪切刚度比 k（$=K_D/K_F$）表示为式（3.33）。

$$
\begin{aligned}
\frac{T_{eq}}{T_F} &= \sqrt{\frac{K_F}{K_{eq}}} \\
&= \sqrt{\frac{K_F\delta_{max}}{K_D\delta_{Dy} + K_F\delta_{max}}} \\
&= \sqrt{\frac{\delta_{max}}{k\delta_{Dy} + \delta_{max}}}
\end{aligned} \tag{3.33}
$$

B. 考虑滞回耗能减振效果的地震反应降低率（D_ξ）

当具有图 3.47 所示的恢复力特性的单自由度体系作等幅振动时，可通过一个加载循环内的耗能 W_p 和最大位移对应的弹性变形能 W_E 按式（3.34）计算等效阻尼比 ξ。

$$
\xi = \frac{W_p}{4\pi W_E} \tag{3.34}
$$

其中

$$
W_E = \frac{1}{2} \cdot Q_{max} \cdot \delta_{max} \tag{3.35}
$$

$$
W_P = 4 \cdot Q_{Dy}(\delta_{max} - \delta_{Dy}) \tag{3.36}
$$

其中，阻尼器的屈服剪力 Q_{Dy} 和整体结构的最大剪力 Q_{max} 可表示如下：

$$
Q_{Dy} = K_D \cdot \delta_{Dy} \tag{3.37}
$$

$$
Q_{max} = (K_F + K_D)\delta_{Dy} + K_F(\delta_{max} - \delta_{Dy}) \tag{3.38}
$$

为此，包含阻尼器在内的整体结构的等效阻尼比 ξ_{eqc} 可表示为：

$$
\xi_{eqc} = \{2k\delta_{Dy} \cdot (\delta_{max} - \delta_{Dy})\}/\{\pi\delta_{max} \cdot (k\delta_{Dy} + \delta_{max})\} \tag{3.39}
$$

在随机振动中，位移反应 δ 在 0 到 δ_{max} 之间变化。考虑到阻尼器在位移为 0 到 δ_{Dy} 之间时处于弹性阶段，振动过程中的等效阻尼比的平均值 ξ_{eq} 可表示为

$$
\xi_{eq} = \xi_0 + \frac{1}{\delta_{max}} \cdot \int_{\delta_{Dy}}^{\delta_{max}} \frac{2k\delta_{Dy}(\delta - \delta_{Dy})}{\pi(k\delta_{Dy} + \delta)\delta} d\delta
$$

$$= \xi_0 + \frac{2k\delta_{\mathrm{Dy}}}{\pi\delta_{\max}}\ln\frac{\left(\frac{\delta_{\max}}{\delta_{\mathrm{Dy}}} + k\right)\left(1 + \frac{k\delta_{\mathrm{Dy}}}{\delta_{\max}}\right)^{1/k}}{(1+k)^{1+1/k}} \qquad (3.40)$$

利用初始阻尼比 ξ_0，地震反应降低率 D_{ξ} 可表示如式（3.41）。

$$D_{\xi} = \sqrt{\frac{1 + 25\xi_0}{1 + 25\xi_{\mathrm{eq}}}} \qquad (3.41)$$

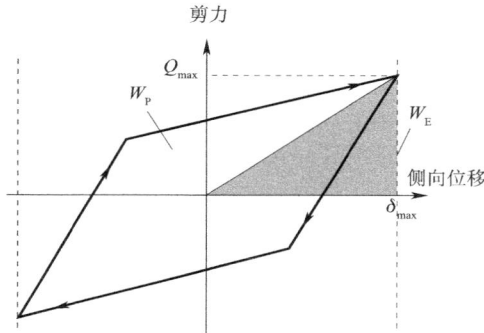

图 3.48　整体结构的恢复力特性

C. 地震速度反应谱值的修正（$S_{\mathrm{Veq}}/S_{\mathrm{VF}}$）

由于结构弹塑性反应造成的结构周期变化会影响单自由度体系的地震输入能量。这一影响可以通过线弹性拟速度反应谱在周期 T_0 到 T_{eq} 间的平均值与主体结构本身所对应的拟速度谱值之比来反映，如下式所示，其中 S_{V} 为周期为 T 时的拟速度谱值。

$$\frac{S_{\mathrm{Veq}}}{S_{\mathrm{VF}}} = \frac{\displaystyle\int_{T_0}^{T_{\mathrm{eq}}} S_{\mathrm{V}}\,\mathrm{d}T}{(T_{\mathrm{eq}} - T_0)S_{\mathrm{VF}}} \qquad (3.42)$$

对于周期较长的中高层结构，速度反应基本不随周期变化，因此式（3.42）中的比值可设为 1，即

$$\frac{S_{\mathrm{Veq}}}{S_{\mathrm{VF}}} = 1 \qquad (3.43)$$

这样，对于周期较长的中高层结构，由于其速度反应基本不随周期变化，具有图 3.46 所示的恢复力模型的单自由度体系的最大位移反应 $\delta_{\max}$ 可以通过求解式（3.44）来计算。

$$\delta_{\max} - \sqrt{\frac{\delta_{\max}}{k\delta_{\mathrm{Dy}} + \delta_{\max}}} \cdot \sqrt{\frac{1 + 25\xi_0}{1 + 25\xi_{\mathrm{eq}}}} \cdot \delta_{\max 0} = 0 \qquad (3.44)$$

其中，

$$\xi_{eq} = \xi_0 + \frac{2k\delta_{Dy}}{\pi\delta_{max}}\ln\frac{\left(\frac{\delta_{max}}{\delta_{Dy}} + k\right)\left(1 + \frac{k\delta_{Dy}}{\delta_{max}}\right)^{1/k}}{(1+k)^{1+1/k}}$$

此时，最大剪力 Q_{max} 可按下式计算。

$$Q_{max} = K_D\delta_y + K_F\delta_{max}$$
$$= (1+k)K_F\delta_{max} \tag{3.45}$$

3.4.5 基于能量平衡的地震反应分析

与上节相同，考察具有如图 3.46 所示的具有双线型恢复力模型的单自由度体系。根据秋山宏的研究，滞回型阻尼器在地震作用下的耗能总量大约为最大位移反应对应的单圈滞回耗能的 2 倍。设该体系的总质量为 M，能量等效速度为 V_E，则该体系的能量平衡方式可表示如下式。

$$Q_{Fmax}\delta_{max}/2 + 8Q_{Dy}(\delta_{max} - \delta_{Dy}) = MV_E^2/2 \tag{3.46}$$

另一方面，只有主体结构时的能量平衡方程如式（3.47）所示。

$$Q_{Fmax0}\delta_{max0}/2 = MV_E^2/2 \tag{3.47}$$

式中　δ_{max0}——仅有主体结构时的最大位移反应；

Q_{Fmax0}——仅有主体结构时的最大剪力。

此处，对于主体结构有

$$Q_{Fmax0} = K_F\delta_{max0} \tag{3.48}$$

对于阻尼器与主体结构组成的整体结构则有

$$\left.\begin{array}{l} Q_{Dy} = K_D \cdot \delta_y \\ Q_{Fmax} = K_F \cdot \delta_{max} \end{array}\right\} \tag{3.49}$$

因此有

$$\delta_{max}^2 + 16k\delta_{Dy}\delta_{max} - (16k\delta_{Dy}^2 + \delta_{max0}^2) = 0 \tag{3.50}$$

这样即可以通过阻尼器与主体结构的刚度比 k（$=K_D/K_F$）来估计整体结构的最大位移反应。这时可以与上一节一样，按式（3.45）计算结构的最大剪力 Q_{max}。

以上简要介绍了确定阻尼器最优刚度比的方法。在确定阻尼器与主体结构的刚度比 k（$=K_D/K_F$）时，虽然只要保证主体结构保持弹性且位移小于损伤界限位移 δ_{DA} 即可，但考虑到震后残余变形过大可能带来的不利影响，往往需要对刚度比有所限制。笠井和彦等采用 17 条地震波进行了算例分析，并讨论了残余变形的大小，其主要结论包括：

（1）在不同地震作用下，残余变形 δ_R 的分布与抗侧刚度比 k 以及阻尼器的塑性率 μ 关系不大，基本呈以原点为中心的正态分布。

（2）当剪切刚度比 $k < 4$ 时，残余变形为 $0.3\delta_y$ 以下的概率为 68％。

由此可见，为防止震后出现过大的残余变形，最好将阻尼器与主体结构的抗侧刚度比限制在 4 以下。

参考文献

[1] 岩田衛：材料の多様性，生産研究別冊，論説特集 V，pp.12-26，東京大学生産技術研究所，1993

[2] 小波佐和子，岩田衛，田村和夫，和田章：建築物の寿命中の受ける総地震被害に注目した耐震設計に関する一考察，日本建築学会構造系論文集，第 502 号，pp.165-171，1977

[3] J. J. Connor, A. Wada：Performance Based Design Methodology for Structures, International Workshop on Recent Development in Base-Isolation Techniques for Buildings, Tokyo, pp.57-70, 1992. 4.

[4] 岩田衛：被害レベル制御設計法，建築雑誌，Vol.109，No.1352，pp.42-44，1994.1.

[5] 秋山宏：免震構造の現状と意義，Structure，No.59，pp.25-28，日本建築構造技術協会，1996.7.

[6] A. Wada, M. Iwata, Y. H. Huang：Seismic design trend of tall steel buildings after the Kobe earthquake, Post-SMiRT Conference Seminar on Seismic Isolation, Taormina, Italy, 1997. 8.

[7] 辻田修，早部安弘，丹羽秀聡，大熊武司，和田章：弾塑性構造物の風応答性状並びにその予測に関する研究，その4，日本建築学会構造系論文集，第 499 号，pp.39-45，1997.9.

[8] 秋山宏，楊志勇，北村春幸：岩盤，地盤条件を考慮した設計用エネルギースペクトルの提案，構造系論文報告集，第 450 号，1993.

[9] 設計用地震動作成手法技術指針（案），建設省建築研究所・日本建築センター，1992.

[10] Wesnousky, et al.：Integration of Geological and Seismological Data for the Analysis of Seismic Hazard, A Case Study of Japan, BSSA, Vol.74, No.2, 1984.

[11] 境茂樹，井上超：歴史地震および活断層資料に基づく最大速度期待値に関する一考察，大会梗概集，1997.

[12] I. M. Idriss：Characteristics of earthquake ground motions, Earthquake Engineering and Soil Dynamics, ASCE, pp.1151—1263, 1978.

[13] K. W. Campbell：Strong motion attenuation relation relations, A ten-year perspective, Earthquake Spectra, Vol.1.1, pp.759-804, 1985.

[14] W. B. Joyer and D. M. Boore：Measurement, characterization, and prediction of strong ground motion, Earthquake Engineering and Soil Dynamics II, ASCE, pp.43-102, 1988.

[15] 福島美光：地震動強さの距離減衰式に関する最近の研究動向，地震，第 46 巻，pp.315-328.1993.

[16] S. Iai et al.：Comparison of attenuation relations and response spectra for various religion in the world, Proceedings of IWSMD Vol.1, pp.17-37, 1993.

[17] A. F. Shakal, et al.：Interpretation of significant ground-response and structure strong motions recorded during the 1994 Northridge earthquake, Bull. Seism. Soc. Am., Vol.16, 1996

［18］K. Irihara and Y. Fukushima: Attenuation characteristics of peak amplitude in the Hyogoken-nambu earthquake, Journal of Natural Disaster Science, Vol. 16, 1995.

［19］N. A. Abrahamson and J. J. Litehiser: Attenuation of·vertical peak acceleration, Bull. Seis. Soc. Am. 1989.

［20］秋山宏，楊志勇：表層地盤との相関，動的外乱に対する設計の展望，pp. 55-60. 1996.

［21］東京大学出版会：新編日本の活断層分布図と資料，1990.

［22］N. J. Cook: "The Designer's Guide to Wind Loading of Building Structures" Butterworths 1985.

［23］Russell L. R. : Probability distributions for hurricane effects, J. of the Waterways, Harbor and Coastal Engineering Division, ASCE, Vol. 97, No. WW1, pp. 139-154, Feb. 1971.

［24］南美隆，松永稔：台風による鉄塔の累積疲労損傷期待値の評価法に関する研究（その1，モデル台風による強風継続時間の推定について），大会梗概集，1985.

［25］吉田正邦，近藤宏二，他：風振動による鋼製部材の疲労損傷評価の試み，第12回風工学シンポジウム，1992.

［26］松井正宏，矢部喜堂，他：風応答による鋼構造部材の疲労評価，鋼構造年次論文報告集，Vol. 1，日本鋼構造協会，1993.

［27］大熊武司，中込忠男，他：強風による鋼構造骨組の累積疲労損傷（その1，強風の発生頻度の推定），大会梗概集，1988.

［28］成原弘之，泉満，他：風荷重に対する高層鋼構造骨組の疲労設計，構造系論文報告集，第465号，1994.

［29］田村幸英：風の構造，動の外乱に対する設計—現状と展望，pp. 263-266，日本建築学会，1999.

［30］日本建築学会：建築物荷重指針，1993.

［31］松井正宏，孟岩，他：日本における複数の成因を考慮した年最大風速確率分布の特性，大会梗概集，1997.

［32］気象庁：地上気象観測編集データ，1961—1995.

［33］井上一郎，桑原進，多田元英，中島正愛：履歴型ダンパーを用いた架構の地震応答と設計耐力，鋼構造論文集，第3巻第11号，1996.9

［34］秋山宏：耐震性能の多様化に対応した耐震設計，日本建築学会構造系論文集，第472号，1995.6

［35］日本建築学会：動の外乱に対する設計—現状と展望，pp. 153-165，日本建築学会，1999.

第4章 损伤控制结构基本分析中的结构动力学

4.1 基于能量的抗震设计理论

自 1985 年前后建筑结构抗震设计中引入地震能量的概念[1]~[14]以来的十几年间，通过能量的形式表示地震作用的抗震设计方法已逐渐得到普及。下面对基于能量的抗震设计理论作简要介绍。

在地震等外部作用下，建筑结构的能量平衡可表示为下式。

$$E_e + E_{nd} + E_{add} + E_p = E_{ext} \tag{4.1}$$

式中　E_e——结构的弹性振动能量；

　　　E_{nd}——结构固有阻尼耗能；

　　　E_{add}——附加阻尼器耗能；

　　　E_p——结构的累积滞回耗能；

　　　E_{ext}——地震输入能量。

地震输入能量 E_{ext} 又可通过式（4.2）转化为能量等效速度 V_E（图4.1）。

$$E_{ext} = \frac{MV_E^2(T)}{2} \tag{4.2}$$

式中　M——结构总质量；

　　　T——结构基本周期；

　　　V_E——能量等效速度。

由图 4.1 可见，能量等效速度 V_E 是结构周期的函数。对于周期比较长的高层建筑，地震输入能量基本不再随周期变化，而仅与结构总质

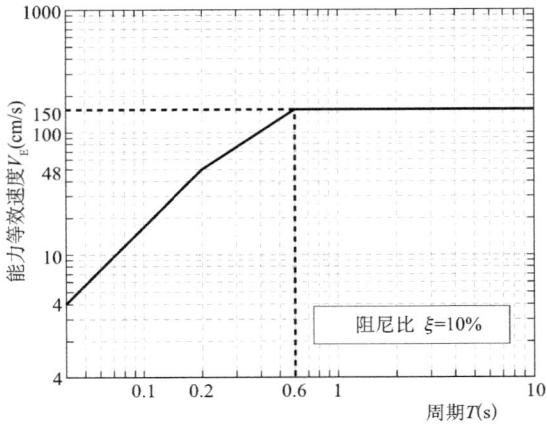

图 4.1   能量等效速度 V_E 谱

量成比例。

结构的弹性振动能 E_e 在地震结束建筑停止晃动后随即消失。对于没有附加耗能减震装置（如滞回型阻尼器、黏性阻尼器、黏弹性阻尼器等）的建筑，可根据秋山宏[1]·[14]建议的式（4.3）估算对建筑结构造成损伤的那部分地震能量。

$$E_p = E_{ext} - E_{nd} = \frac{MV_E^2}{2}\left(\frac{1}{1+3\xi+1.2\sqrt{\xi}}\right)^2 \tag{4.3}$$

根据式（4.1），如果在结构中附加耗能减震装置，则可在抗震设计中使建筑主体结构即使在较强烈地震的作用下也不受损伤（$E_p=0$）。换句话说，如果 $E_{add}=E_{ext}-E_{nd}$，则可以使 E_p 为零。

4.2 损伤控制结构的抗震设计方法

损伤控制结构的抗震设计中非常重要的是使主体结构的剪切刚度和弯曲刚度较一般建筑物小一些，从而实现较柔的主体结构。在此基础上通过附加阻尼器等装置耗散地震输入能量，将结构的最大加速度和最大层间位移等地震反应控制在设计允许范围之内。附加阻尼器带来的额外成本可通过降低主体结构刚度予以弥补，某些情况下损伤控制结构的建造成本甚至可能低于一般抗震结构。

以下针对高层钢结构的损伤控制设计，提出如图 4.2 所示的设计流程。

　　根据建筑用途等要求确定了建筑高度、楼层数、平面尺寸等基本设计参数后，应首先设定建筑沿长边和短边方向的基本周期。根据经验，可假设建筑结构的基本周期与结构高度 H 成比例，对于钢结构约为 $0.03H$，对于钢筋混凝土结构约为 $0.02H$。因为建筑结构基本周期与结构刚度直接相关，在设计刚度较大的建筑时可设定较短的基本周期；反之，可选用较长的基本周期。

　　在建筑结构的初步设计阶段通常可采用能量等效速度 V_E 谱或拟速度谱 S_v 来量化地震动烈度等级。对于已设定预期最大层间位移角 γ^* 的情况，也可按文献 [20] 建议的式（4.4）估算高层建筑的基本周期。

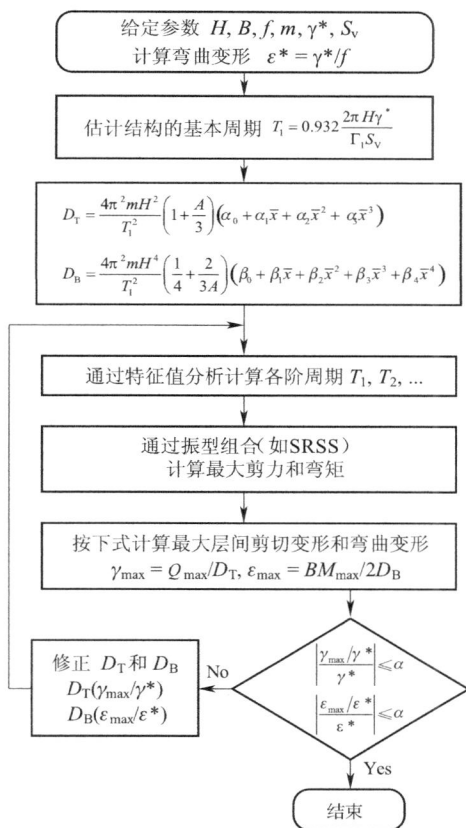

给定参数 H, B, f, m, γ^*, S_v
计算弯曲变形 $\varepsilon^* = \gamma^*/f$

估计结构的基本周期 $T_1 = 0.932\dfrac{2\pi H \gamma^*}{\Gamma_1 S_v}$

$$D_T = \frac{4\pi^2 mH^2}{T_1^2}\left(1+\frac{A}{3}\right)\left(\alpha_0 + \alpha_1\bar{x} + \alpha_2\bar{x}^2 + \alpha_3\bar{x}^3\right)$$
$$D_B = \frac{4\pi^2 mH^4}{T_1^2}\left(\frac{1}{4}+\frac{2}{3A}\right)\left(\beta_0 + \beta_1\bar{x} + \beta_2\bar{x}^2 + \beta_3\bar{x}^3 + \beta_4\bar{x}^4\right)$$

通过特征值分析计算各阶周期 T_1, T_2, ...

通过振型组合(如SRSS)
计算最大剪力和弯矩

按下式计算最大层间剪切变形和弯曲变形
$\gamma_{max} = Q_{max}/D_T$, $\varepsilon_{max} = BM_{max}/2D_B$

修正 D_T 和 D_B
$D_T(\gamma_{max}/\gamma^*)$
$D_B(\varepsilon_{max}/\varepsilon^*)$

$\left|\dfrac{\gamma_{max}/\gamma^*}{\gamma^*}\right| \leqslant \alpha$

$\left|\dfrac{\varepsilon_{max}/\varepsilon^*}{\varepsilon^*}\right| \leqslant \alpha$

No

Yes

结束

图 4.2　高层钢结构损伤控制设计流程

$$T_1 = 0.932 \frac{2\pi H \gamma^*}{\Gamma_1 S_v} \tag{4.4}$$

式中　T_1——建筑基本周期；

　　　γ^*——预期最大层间位移角[①]；

　　　S_v——表示地震动烈度等级的拟加速度谱值；

　　　Γ_1——一阶模态的振型参与系数（参见式 4.70）。

进一步，可按下式计算建筑沿高度的最优剪切刚度 D_T 和弯曲刚度 D_B 的分布。

$$D_T = \frac{4\pi^2 m H^2}{T_1^2} \left(1 + \frac{A}{3}\right) (\alpha_0 + \alpha_1 \bar{x} + \alpha_2 \bar{x}^2 + \alpha_3 \bar{x}^3) \tag{4.5}$$

$$D_B = \frac{4\pi^2 m H^4}{T_1^2} \left(\frac{1}{4} + \frac{2}{3A}\right) (\beta_0 + \beta_1 \bar{x} + \beta_2 \bar{x}^2 + \beta_3 \bar{x}^3 + \beta_4 \bar{x}^4) \tag{4.6}$$

下文第 4.4 节将详细介绍以上式（4.4）～式（4.6）的推导过程。

4.3　基于弯剪型集中质量模型的高层建筑动力反应分析

高层建筑的动力反应分析可采用多种分析模型，比如多自由度体系的剪切层模型、弯剪层模型、基于有限元分析的杆系模型等。随着计算机性能的提高，以前即使在大型计算机上也要几天才能完成的结构分析，现在在个人计算机上只需几分钟就可完成。构件层次的三维杆系模型也越来越多地被用于地震反应分析。越来越多的结构工程师也开始在设计中直接采用杆系模型进行结构的动力分析。

但是，在对结构的梁、柱等构件进行详细设计之前，有必要在初步设计阶段就对建筑结构整体的楼层刚度、最大剪力与层间位移角等沿建筑高度的分布进行考察，以保证其处于设计允许的范围之内。在这一阶段，与复杂的杆系模型相比，集中质量的等效剪切层模型或者弯剪型模型等简化模型更为合适。

本节介绍等效剪切型和弯剪型多自由度集中质量模型。

4.3.1　集中质量剪切层模型

采用多自由度剪切层模型是进行多层建筑结构动力分析的简便方

译注：

① 预期最大层间位移角 γ^* 和地震动烈度等级 S_v 均为预设的设计条件。比如要求在 $S_v =$ 100 cm/s 的地震动作用下最大层间位移角 $\gamma^* = 1/100$。当计算分析得到的最大层间位移角与预设值出入较大时，尚应对用于估算结构周期的 γ^* 值作出调整。

法。该模型成立的前提条件是在建筑侧向变形中，由柱的伸缩引起的结构整体弯曲变形成分与剪切变形成分相比所占比例很小。图 4.3 给出了忽略结构整体弯曲变形成分的建筑示例。由于在剪切层模型中忽略了柱的轴向变形，楼面仅在水平方向运动且不会发生扭转。图 4.4 为剪切层模型示意图。

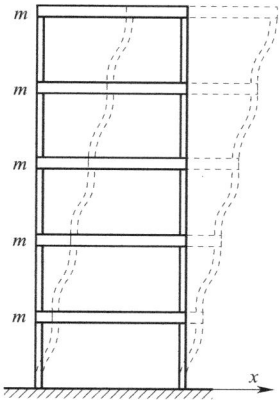

图 4.3　多层建筑结构的水平位移　　　图 4.4　多层建筑结构的剪切层模型

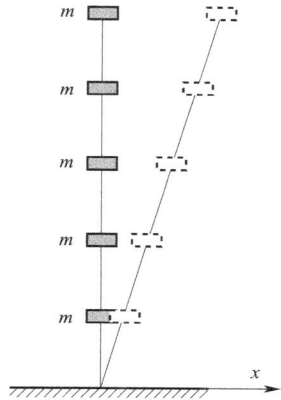

建立剪切层模型时，各楼层刚度以及作用于某一楼层的剪力与层间位移之间的关系如下式所示。

$$Q_j = \sum_{i=1}^{n_c} Q_i = \frac{12}{h_j^3} \left(\sum_{i=1}^{n_c} (E_{i,j} I_{i,j}) \right) \delta_j \tag{4.7}$$

$$k_{sj} = \frac{12}{h_j^3} \left(\sum_{i=1}^{n_c} (E_{i,j} I_{i,j}) \right) \tag{4.8}$$

式中　j——楼层编号；

$\quad\quad i$——第 j 层第 i 根柱的编号；

$\quad\quad n_c$——第 j 层柱子总数；

$\quad\quad Q_j$——作用在第 j 层的总剪力；

$\quad\quad Q_i$——作用在第 j 层第 i 根柱子的剪力；

$\quad\quad \delta_j$——第 j 层的层间位移；

$\quad E_{i,j}$——第 j 层第 i 根柱子的材料弹性模量；

$\quad\ I_{i,j}$——第 j 层第 i 根柱子的截面惯性矩；

$\quad\quad h_j$——第 j 层层高；

$\quad\quad k_{sj}$——第 j 层剪切刚度。

4.3.2　集中质量弯剪层模型

图 4.5 所示为一般的弯剪层模型。第 i 层弯剪弹簧两端作用的剪力、弯矩与相应变形的关系如式（4.9）所示。

$$
\left\{
\begin{array}{c}
X_i \\
M_i \\
X_{i+1} \\
M_{i+1}
\end{array}
\right\}
=
\frac{D_{Bi}}{1+\phi}
\left[
\begin{array}{cccc}
\dfrac{12}{h_i^3} & \dfrac{6}{h_i^2} & -\dfrac{12}{h_i^3} & \dfrac{6}{h_i^2} \\[8pt]
\dfrac{6}{h_i^2} & \dfrac{4+\phi}{h_i} & -\dfrac{6}{h_i^2} & \dfrac{2-\phi}{h_i} \\[8pt]
-\dfrac{12}{h_i^3} & -\dfrac{6}{h_i^2} & \dfrac{12}{h_i^3} & -\dfrac{6}{h_i^2} \\[8pt]
\dfrac{6}{h_i^2} & \dfrac{2-\phi}{h_i} & -\dfrac{6}{h_i^2} & \dfrac{4+\phi}{h_i}
\end{array}
\right]
\left\{
\begin{array}{c}
u_i \\
\theta_i \\
u_{i+1} \\
\theta_{i+1}
\end{array}
\right\}
\tag{4.9}
$$

式中　h_i——第 i 质点和第 $i+1$ 质点之间的距离；

u_i——第 i 质点水平位移；

θ_i——第 i 质点的转角；

X_i——作用在第 i 质点的剪力；

M_i——作用在第 i 质点的弯矩；

ϕ——弯曲刚度和剪切刚度之比（$12D_{Bi}/D_{Ti}h_i^2$）；

D_{Bi}——第 i 质点和第 $i+1$ 质点之间弹簧的等效弯曲刚度；

D_{Ti}——第 i 质点和第 $i+1$ 质点之间弹簧的等效剪切刚度。

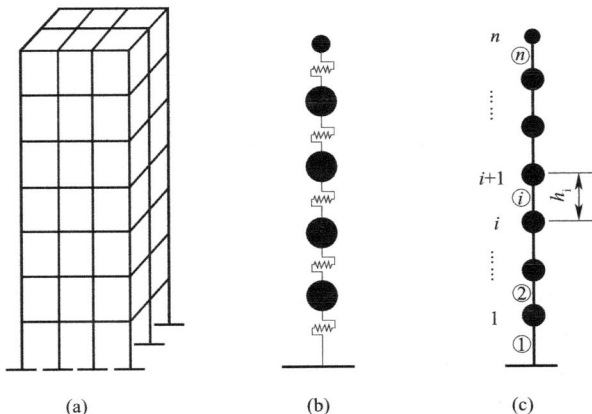

(a)　　　　　　(b)　　　　　　(c)

图 4.5　弯剪层模型

（a）结构模型；（b）剪切层模型；（c）弯剪层模型

4.3.3 修正的集中质量弯剪层模型

在损伤控制结构中，附加阻尼器只在剪切变形下发挥作用，因此在结构动力反应分析中有必要将弯剪层模型中的剪切变形成分与弯曲变形成分分开考虑。

修正的弯剪层模型如图 4.6 所示。该模型在楼层中央设置剪切与弯曲弹簧，将楼层的总水平变形分为剪切变形和弯曲变形两部分，从而可以更方便地考虑阻尼器的影响，如图 4.7 所示。

图 4.6 所示的模型中第 i 与第 $i+1$ 质点间弹簧的弯曲刚度 $k_{\mathrm{b}j}$ 与剪切刚度 $k_{\mathrm{s}j}$ 分别如式（4.10）和式（4.11）所示。

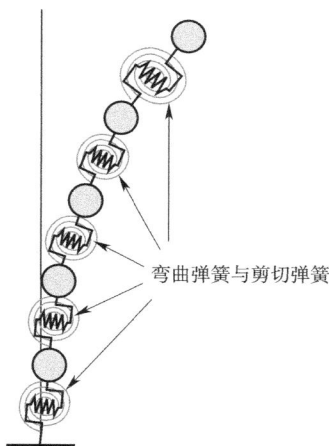

图 4.6 修正的弯剪层模型

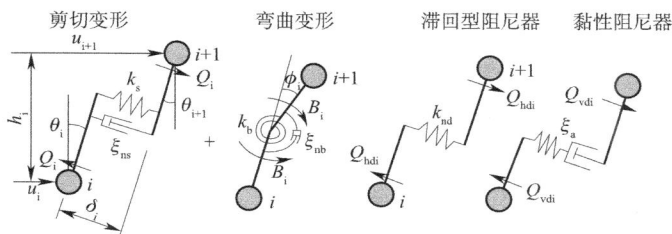

（a）弯曲和剪切变形的分离 （b）附加的消能减震装置（阻尼器）

图 4.7 含有阻尼器的弯剪层模型

$$k_{bi} = \frac{D_{Bi}}{h_i} \tag{4.10}$$

$$k_{si} = \frac{Q_i}{\delta_i} = \frac{1}{\dfrac{h_i}{D_{Ti}} + \dfrac{h_i^3}{12D_{Bi}}} \tag{4.11}$$

作用于质点 i 与质点 $i+1$ 之间的弹簧的剪力与弯矩分别如式 (4.12) 和式 (4.13) 所示。

$$Q_i = k_{si}\delta_{si} = k_{si}\left[u_{i+1} - u_i - \frac{h_i}{2}(\theta_{i+1} + \theta_i)\right] \tag{4.12}$$

$$B_i = k_{bi}\phi_i = k_{bi}(\theta_{i+1} - \theta_i) \tag{4.13}$$

式中　Q_i——作用于第 i 质点和第 $i+1$ 质点间弹簧的剪力；

B_i——作用于第 i 质点和第 $i+1$ 质点间弹簧的弯矩。

将上述式 (4.12) 和式 (4.13) 写成矩阵形式，如式 (4.14) 所示。

$$\begin{Bmatrix} Q_i \\ B_i \end{Bmatrix} = \begin{bmatrix} -k_{si} & -\dfrac{h_i k_{si}}{2} & k_{si} & -\dfrac{h_i k_{si}}{2} \\ 0 & -k_{bi} & 0 & k_{bi} \end{bmatrix} \begin{Bmatrix} u_i \\ \theta_i \\ u_{i+1} \\ \theta_{i+1} \end{Bmatrix} \tag{4.14}$$

第 i 楼层上下两端的剪力 $\{X_i, X_{i+1}\}^T$ 和弯矩 $\{M_i, M_{i+1}\}^T$ 与该楼层中央的弹簧的剪力 Q_i 和弯矩 B_i 的关系如式 (4.15) 所示。

$$\begin{Bmatrix} X_i \\ M_i \\ X_{i+1} \\ M_{i+1} \end{Bmatrix} = \begin{bmatrix} -1 & 0 \\ -\dfrac{h_i}{2} & -1 \\ 1 & 0 \\ -\dfrac{h_i}{2} & 1 \end{bmatrix} \begin{Bmatrix} Q_i \\ B_i \end{Bmatrix} \tag{4.15}$$

将式 (4.14) 代入式 (4.15) 可得式 (4.16)。

$$\begin{Bmatrix} X_i \\ M_i \\ X_{i+1} \\ M_{i+1} \end{Bmatrix} = \begin{bmatrix} k_{si} & \dfrac{h_i k_{si}}{2} & -k_{si} & \dfrac{h_i k_{si}}{2} \\ \dfrac{h_i k_{si}}{2} & \dfrac{h_i^2 k_{si}}{4} + k_{bi} & -\dfrac{h_i k_{si}}{2} & \dfrac{h_i^2 k_{si}}{4} - k_{bi} \\ -k_{si} & -\dfrac{h_i k_{si}}{2} & k_{si} & -\dfrac{h_i k_{si}}{2} \\ \dfrac{h_i k_{si}}{2} & \dfrac{h_i^2 k_{si}}{4} - k_{bi} & -\dfrac{h_i k_{si}}{2} & \dfrac{h_i^2 k_{si}}{4} + k_{bi} \end{bmatrix} \begin{Bmatrix} u_i \\ \theta_i \\ u_{i+1} \\ \theta_{i+1} \end{Bmatrix} \tag{4.16}$$

因此第 i 楼层的刚度矩阵 $[K_i]$ 如式 (4.17) 所示。

$$[K_i] = \begin{bmatrix} k_{si} & \dfrac{h_i k_{si}}{2} & -k_{si} & \dfrac{h_i k_{si}}{2} \\[2mm] \dfrac{h_i k_{si}}{2} & \dfrac{h_i^2 k_{si}}{4} + k_{bi} & -\dfrac{h_i k_{si}}{2} & \dfrac{h_i^2 k_{si}}{4} - k_{bi} \\[2mm] -k_{si} & -\dfrac{h_i k_{si}}{2} & k_{si} & -\dfrac{h_i k_{si}}{2} \\[2mm] \dfrac{h_i k_{si}}{2} & \dfrac{h_i^2 k_{si}}{4} - k_{bi} & -\dfrac{h_i k_{si}}{2} & \dfrac{h_i^2 k_{si}}{4} + k_{bi} \end{bmatrix} \tag{4.17}$$

若将式（4.10）和式（4.11）代入式（4.16），则可以推导出与式（4.9）形式相同的方程式。

4.3.4　考虑滞回型和黏滞型阻尼器影响的刚度矩阵

阻尼器通常只在剪切变形方向发挥作用，即使在弯曲变形方向上设置阻尼器，也基本上没有减振效果。在结构动力反应分析中宜只在剪切变形方向上考虑阻尼器的影响。

可将式（4.17）的刚度矩阵分解为剪切刚度和弯曲刚度两部分，如式（4.18）所示。

$$[K_i] = k_{si} [G_s]_i + k_{bi} [G_b] \tag{4.18}$$

$$[G_s]_i = \begin{bmatrix} 1 & \dfrac{h_i}{2} & -1 & \dfrac{h_i}{2} \\[2mm] \dfrac{h_i}{2} & \dfrac{h_i^2}{4} & -\dfrac{h_i}{2} & \dfrac{h_i^2}{4} \\[2mm] -1 & -\dfrac{h_i}{2} & -1 & -\dfrac{h_i}{2} \\[2mm] \dfrac{h_i}{2} & \dfrac{h_i^2}{4} & -\dfrac{h_i}{2} & \dfrac{h_i^2}{4} \end{bmatrix} \tag{4.19}$$

$$[G_b] = \begin{bmatrix} 0 & 0 & 0 & 1 \\ 0 & 1 & 0 & -1 \\ 0 & 0 & 0 & 0 \\ 0 & -1 & 0 & -1 \end{bmatrix} \tag{4.20}$$

建筑结构的总刚度矩阵可写为下式。

$$[K] = \sum_{i=1}^{n} [K_i] = \sum_{i=1}^{n} (k_{si} [G_s]_i + k_{bi} [G_b]) \tag{4.21}$$

假设结构的阻尼与刚度成比例，则阻尼矩阵可写为式（4.22）。

$$[C] = \sum_{i=1}^{n} \left(\dfrac{2\xi_{ns}}{\omega_1} k_{si} [G_s]_i + \dfrac{2\xi_{nb}}{\omega_1} k_{bi} [G_b] \right) \tag{4.22}$$

式中　ξ_{ns}——与剪切刚度相关的阻尼比；

　　　ξ_{nb}——与弯曲刚度相关的阻尼比；

　　　ω_1——一阶圆频率。

在式（4.21）中考虑滞回型阻尼器的刚度，则有下式。

$$[K] = \sum_{i=1}^{n} [K_i] = \sum_{i=1}^{n} ((k_{si} + k_{hdi})[G_s]_i + k_{bi}[G_b]) \quad (4.23)$$

式中　k_{hdi}——质点 i 和质点 $i+1$ 间设置的滞回型阻尼器的刚度。

若要考虑附加黏性阻尼器的影响，则可以式（4.22）中加入附加黏性阻尼比，如下式所示。

$$[C] = \sum_{i=1}^{n} \left(\frac{2(\xi_{ns} + \xi_a)}{\omega_1} k_{si}[G_s]_i + \frac{2\xi_{nb}}{\omega_1} k_{bi}[G_b] \right) \quad (4.24)$$

式中　ξ_a——附加黏性阻尼器的阻尼比。

4.3.5　修正的弯剪层模型的运动方程

根据各质点上作用力的平衡，体系运动方程的一般形式如下。

$$F_I + F_S + F_{hd} + F_{nd} + F_{vd} = F_{eq} \quad (4.25)$$

$$F = \{Q_1, M_1, Q_2, M_2, \cdots, Q_n, M_n\}^T \quad (4.26)$$

式中　F_I——相对加速度引起的惯性力和惯性力矩；

　　　F_S——质点的剪切恢复力和弯矩；

　　　F_{nd}——质点在剪切方向的初始阻尼力；

　　　F_{hd}——质点剪切方向上滞回型阻尼器的力；

　　　F_{vd}——质点剪切方向上黏性阻尼器的力；

　　　F_{eq}——外部地震作用在质点剪切方向引起的力。

A. 惯性力 F_I

惯性力等于质点质量与加速度之积，与体系的动能相关。若在质量矩阵中 m_i 表示平动质量，$I_{\theta i}$ 表示转动惯量，则有

$$F_I = M\ddot{U} \quad (4.27)$$

$$\ddot{U} = \{\ddot{u}_1, \ddot{\theta}_1, \ddot{u}_2, \ddot{\theta}_2, \cdots, \ddot{u}_n, \ddot{\theta}_n\}^T \quad (4.28)$$

$$M = \begin{bmatrix} m_1 & & & & \\ & I_{\theta 1} & & & \\ & & \ddots & & \\ & & & & I_{\theta n} \end{bmatrix} \quad (4.29)$$

B. 恢复力 F_S

所谓恢复力，是指使变形后的体系恢复到变形前的状态的力。与弹

性体系的恢复力对应的能量称为弹性势能。弹性体系的恢复力等于弹性刚度与变形的乘积。恢复力向量中既有剪力成分，也有弯矩成分。与之相应，刚度矩阵中也有剪切和弯曲刚度两部分。如下式所示。

$$F_S = KU \tag{4.30}$$

$$U = \{u_1, \theta_1, u_2, \theta_2, \cdots, u_n, \theta_n\}^T \tag{4.31}$$

$$K = \begin{bmatrix} K_1 & & & \\ & K_2 & & \\ & & \ddots & \\ & & & K_n \end{bmatrix} \tag{4.32}$$

$$K_i = \begin{bmatrix} k_{si} & -\dfrac{h_i k_{si}}{2} & -k_{si} & \dfrac{h_i k_{si}}{2} \\ -\dfrac{h_i k_{si}}{2} & \dfrac{h_i^2 k_{si}}{4} + k_{bi} & \dfrac{h_i k_{si}}{2} & \dfrac{h_i^2 k_{si}}{4} - k_{bi} \\ -k_{si} & \dfrac{h_i k_{si}}{2} & k_{si} & \dfrac{h_i k_{si}}{2} \\ \dfrac{h_i k_{si}}{2} & \dfrac{h_i^2 k_{si}}{4} - k_{bi} & \dfrac{h_i k_{si}}{2} & \dfrac{h_i^2 k_{si}}{4} + k_{bi} \end{bmatrix} \tag{4.33}$$

式中 k_{si}——考虑弯曲变形影响的等效剪切刚度，可按下式计算。

$$k_{si} = \cfrac{1}{\dfrac{h_i}{D_{Ti}} + \dfrac{h_i^3}{12 D_{Bi}}} \tag{4.34}$$

$$k_{bi} = \frac{D_{Bi}}{h_i} \tag{4.35}$$

式中 D_{Ti}——层剪切刚度，即层剪力除以层间位移，其单位为力的单位除以长度单位；

D_{Bi}——层弯曲刚度，即楼层弯矩除以转角，其单位为弯矩的单位除以转角的单位（弧度）；

k_{si}——层剪力除以层间位移角，其单位为力的单位除以弧度；

k_{bi}——楼层弯曲刚度除以层高，其单位为弯曲刚度的单位除以长度单位。

C. 附加阻尼器的滞回力 F_{hd}

一般只在建筑的剪切变形方向设置耗能减振装置（阻尼器），因此对于滞回型阻尼器只考虑其剪切成分的贡献。下文述及的黏性和黏弹性阻尼器也是如此。

$$F_{hd} = \{Q_{hd1}, 0, Q_{hd2}, 0, \cdots, Q_{hdn}, 0\}^T \tag{4.36}$$

D. 初始阻尼力 F_{nd}

在体系的剪切变形和弯曲变形方向均应考虑初始阻尼力（或称结构阻尼）。建立阻尼矩阵 C 时一般采用 Rayleigh 阻尼，即阻尼矩阵 C 是质量和刚度矩阵的线性组合，如下式所示。

$$C = \alpha_1 M + \alpha_2 K \qquad (4.37)$$

系数 α_1 和 α_2 可以根据 1 阶和 2 阶振型对应的阻尼比 ξ_1 和 ξ_2 按下式确定。

$$\alpha_1 = \frac{2\omega_1\omega_2}{\omega_1^2 - \omega_2^2}(\omega_1\xi_2 - \omega_2\xi_1) \qquad (4.38)$$

$$\alpha_2 = \frac{2}{\omega_1^2 - \omega_2^2}(\omega_1\xi_1 - \omega_2\xi_2) \qquad (4.39)$$

式中　ω_1——1 阶模态的圆频率；

ω_2——2 阶模态的圆频率；

ξ_1——1 阶模态对应的阻尼比；

ξ_2——2 阶模态对应的阻尼比。

通常假设 1 阶和 2 阶模态的阻尼比 ξ_1 和 ξ_2 相等。此外，当 2 阶模态的圆频率 ω_2 与 1 阶模态的圆频率 ω_1 相比非常小时，α_1 约为零。这时阻尼矩阵只与刚度矩阵相关，体系的阻尼力向量可表示为下式。

$$F_{nd} = \frac{2}{\omega_1}\xi_N K \dot{U} \qquad (4.40)$$

$$\dot{U} = \{\dot{u}_1, \dot{\theta}_1, \dot{u}_2, \dot{\theta}_2, \cdots, \dot{u}_n, \dot{\theta}_n\}^T \qquad (4.41)$$

式中　ξ_N——体系的初始阻尼比，假设剪切变形方向与弯曲变形方向的阻尼比相等；

ω_1——1 阶模态的圆频率；

$\dot{u}_i$——第 i 质点剪切变形方向的速度；

$\dot{\theta}_i$——第 i 质点弯曲变形方向的角速度。

E. 附加黏性阻尼器的力 F_{vd}

附加黏性阻尼器的力与上文所述的滞回型阻尼器的力相同，可表示如下。

$$F_{vd} = \{Q_{vd1}, 0, Q_{vd2}, 0, \cdots, Q_{vdn}, 0\}^T \qquad (4.42)$$

F. 地震力 F_{eq}

地震力等于建筑质量与地面运动加速度的乘积。由于假设体系中的质点在转动方向不受地震力的作用，因此在地震力向量中需使用位置矩阵 E，如下所示。

$$F_{\text{eq}} = -MEa_{\text{g}} \tag{4.43}$$

$$E = \{1,0,1,0,\cdots,1,0\}^T \tag{4.44}$$

4.3.6　运动方程的数值解法

将上述作用在结构体系各质点上的各种力的表达式代入运动方程式（4.25），可得如下所示的方程。

$$M\ddot{U} + K_{\text{s}}U + F_{\text{hd}} + \frac{2}{\omega_1}\xi_{\text{N}}K_{\text{s}}\dot{U} + F_{\text{Vd}} = -MEa_{\text{g}} \tag{4.45}$$

通常采用 Newmark-β 法[21]求解式（4.45）所示的运动方程。当 β 取为 1/4 时即为平均加速度法，β 取为 1/6 时即为线性加速度法。平均加速度法是无条件稳定算法，即无论如何选取时间步长 Δt，计算都可以收敛。但如果时间步长 Δt 过大，沿时间积分得到的结果可能无法满足精度要求。对于线性加速度法，只要时间步长 Δt 小于体系最小自振周期的 0.551 倍，则计算可以收敛。

此处根据线性加速度法给出求解运动方程的基本公式。

$$\ddot{U}(\tau) = \ddot{U}(t) + \frac{\ddot{U}(t+\Delta t) - \ddot{U}(t)}{\Delta t}\tau \quad (t \leqslant \tau \leqslant t+\Delta t)$$

$$\dot{U}(t+\Delta t) = \dot{U}(t) + \frac{1}{2}\left[\ddot{U}(t) + \ddot{U}(t+\Delta t)\right]\Delta t \tag{4.46}$$

$$U(t+\Delta t) = U(t) + \dot{U}(t)\Delta t + \frac{1}{6}\left[2\ddot{U}(t) + \ddot{U}(t+\Delta t)\right]\Delta t^2 \tag{4.47}$$

将式（4.46）和（4.47）代入运动方程式（4.45）整理后可得下式。

$$\ddot{U}(t+\Delta t) = \frac{\hat{p}}{\hat{M}} \tag{4.48}$$

$$\hat{p} = -MEa_{\text{ag}} - F_{\text{hd}} - F_{\text{Vd}} - K\left[U(t) + \dot{U}(t)\Delta t + \frac{1}{3}\ddot{U}(t)\Delta t^2\right]$$

$$- \frac{2}{\omega_1}\xi_{\text{N}}K\left[U(t) + \frac{1}{2}\dot{U}(t)\Delta t\right] \tag{4.49}$$

$$\hat{M} = M + \frac{1}{6}K\Delta t^2 + \frac{1}{\omega_1}\xi_{\text{N}}K\Delta t \tag{4.50}$$

式中　K——弹性刚度矩阵。

当进行非弹性反应分析时，用瞬时刚度矩阵 K' 代替上式中的 K，式（4.49）和式（4.50）即改写为下式。

$$\hat{p} = -ME_{ag} - F_{hd} - F_{Vd} - F_{hs} - K'\left[\dot{U}(t)\Delta t + \frac{1}{3}\ddot{U}(t)\Delta t^2\right]$$

$$-\frac{2}{\omega_1}\xi_N K'\left[\dot{U}(t) + \frac{1}{2}\ddot{U}(t)\Delta t\right] \tag{4.51}$$

$$\hat{M} = M + \frac{1}{6}K'\Delta t^2 + \frac{1}{\omega_1}\xi_N K'\Delta t \tag{4.52}$$

式中　F_{hs}——t 时刻主体结构的恢复力，对于弹性体系，$F_{hs} = KU(t)$。

4.4　主体结构的最优刚度分布

在对高层建筑结构进行损伤控制设计时，要求主体结构不进入塑性。因此宜通过调整结构各楼层的刚度分布使建筑最大层间位移沿高度尽量均匀分布。本节介绍确定这样的最优刚度分布的方法。

4.4.1　高层建筑基于一阶振型的最优刚度分布

这里所谓的高层建筑是指高宽比大于 5 的建筑。可将这样的高层建筑近似等效为如图 4.8 所示的竖直的悬臂梁。设梁轴垂直方向上的作用力为 $\theta(x,t)$。若该作用力 $q(x,t)$ 为建筑受到的地震作用，则可将其表示为悬臂梁的质量与加速度的乘积。

$$q(x,t) = -m\ddot{v}(x,t) \tag{4.53}$$

$$v(x,t) = v_s + v_b = \int_0^x \gamma(x,t)\mathrm{d}x + \int_0^x \kappa(x,t)\mathrm{d}x \tag{4.54}$$

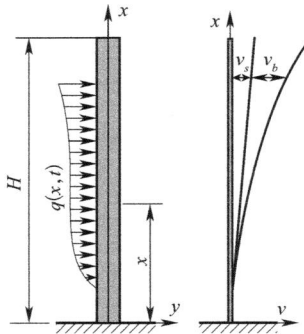

图 4.8　高层建筑物的竖向悬臂梁模型

侧向位移由剪切变形成分 v_s 和弯曲变形成分 v_b 两部分组成。由于以地震作用等动力荷载为研究对象，侧向荷载 $q(x,t)$ 和侧向位移 $v(x,t)$

均为位置 x 和时间 t 的函数。$\gamma(x,t)$ 为悬臂梁在 t 时刻高度为 x 处的剪切变形角。同样，$\kappa(x,t)$ 为悬臂梁在 t 时刻高度为 x 处的弯曲变形角。

作用在悬臂梁高度 x 处的剪力与弯矩可按下式计算。

$$V(x,t) = \int_x^H q(x,t)\,\mathrm{d}x = D_T(x)\gamma(x,t) \tag{4.55}$$

$$M(x,t) = \int_x^H V(x,t)\,\mathrm{d}x = D_B(x)\frac{\mathrm{d}\kappa(x,t)}{\mathrm{d}x} \tag{4.56}$$

式中　$D_T(x)$——高度 x 处的剪切刚度，即剪力除以剪切变形；

　　　$D_B(x)$——高度 x 处的弯曲刚度，即弯矩除以曲率；

　　　H——悬臂梁的总长，即建筑高度。

在简谐荷载作用下，悬臂梁的剪切变形 $\gamma(x,t)$ 和弯曲变形 $\kappa(x,t)$ 可表示如下。

$$\gamma(x,t) = \bar{\gamma}e^{i\omega_1 t} \tag{4.57}$$

$$\kappa(x,t) = \bar{\kappa}xe^{i\omega_1 t} \tag{4.58}$$

式中　ω_1——悬臂梁的基本圆频率。

将式（4.57）和式（4.58）代入式（4.53）和式（4.54），可将 $q(x,t)$ 表示如下。

$$q(x,t) = m\omega_1^2 e^{i\omega_1 t}\left[\bar{\gamma}x + \frac{1}{2}\bar{\kappa}x^2\right] \tag{4.59}$$

进一步将式（4.59）中的 $q(x,t)$ 代入式（4.55）和式（4.56），则悬臂梁的剪力、弯矩以及剪切刚度和弯曲刚度可表示如下。

$$V(x,t) = \frac{1}{2}m\omega_1^2 H^2 \bar{\gamma}e^{i\omega_1 t}$$
$$\left[1 + \frac{H}{3}\frac{\bar{k}}{\bar{\gamma}} - \left(\frac{x}{H}\right)^2 - \frac{H}{3}\frac{\bar{k}}{\bar{\gamma}}\left(\frac{x}{H}\right)^3\right] \tag{4.60}$$

$$M(x,t) = \frac{1}{2}m\omega_1^2 H^2 \bar{\gamma}e^{i\omega_1 t}$$
$$\left[\frac{H}{3}\left(2 - 3\frac{x}{H} + \left(\frac{x}{H}\right)^3\right) + \frac{H^2}{4}\frac{\bar{k}}{\bar{\gamma}}\left(1 - \frac{4}{3}\frac{x}{H} + \frac{1}{3}\left(\frac{x}{H}\right)^4\right)\right]$$
$$\tag{4.61}$$

$$D_T(x) = \frac{1}{2}m\omega_1^2 H^2\left(1 + \frac{A}{3}\right)$$
$$\left[1 - \frac{3}{3+A}\left(\frac{x}{H}\right)^2 - \frac{A}{3+A}\left(\frac{x}{H}\right)^3\right] \tag{4.62}$$

$$D_B(x) = \frac{1}{2}m\omega_1^2 H^4\left(\frac{1}{4} + \frac{2}{3A}\right)$$

$$\left[1-\frac{4(3+A)}{3A+8}\left(\frac{x}{H}\right)+\frac{4}{3A+8}\left(\frac{x}{H}\right)^3+\frac{A}{3A+8}\left(\frac{x}{H}\right)^4\right]$$

$$(4.63)$$

式中　　$A=2H/(fB)$——无量纲参数；

　　　　　f——剪切变形角 γ 与柱轴向应变 ε_c 之比，即 $f=\gamma/\varepsilon_c$；

　　　　　H——建筑高度，即悬臂梁的长度；

　　　　　B——建筑宽度，即悬臂梁截面的高度；

　　　　　m——建筑单位高度的质量。

$$D_T=\frac{V}{\gamma}=\frac{1}{2}m\omega_1^2 H^2\left(1+\frac{A}{3}\right)\widetilde{D}_T \tag{4.64}$$

$$D_B=\frac{M}{\kappa}=\frac{1}{2}m\omega_1^2 H^4\left(\frac{1}{4}+\frac{2}{3A}\right)\widetilde{D}_B \tag{4.65}$$

$$\widetilde{D}_T=\alpha_0+\alpha_1\overline{x}+\alpha_2\overline{x}^2+\alpha_3\overline{x}^3 \tag{4.66}$$

$$\widetilde{D}_B=\beta_0+\beta_1\overline{x}+\beta_2\overline{x}^2+\beta_3\overline{x}^3+\beta_4\overline{x}^4 \tag{4.67}$$

其中 $\widetilde{D}_T$ 和 $\widetilde{D}_B$ 分别表示剪切刚度和弯曲刚度沿建筑结构高度分布的无量纲系数。$\overline{x}=x/H$ 为沿建筑高度方向的无量纲坐标。

根据式（4.62）与式（4.63），无量纲化的分布系数如下所示。

$$\alpha_0=1,\ \alpha_1=0,\ \alpha_2=-\frac{3}{3+A},\ \alpha_3=-\frac{A}{3+A}$$

$$\beta_0=1,\ \beta_1=-\frac{4(3+A)}{3A+8},\ \beta_2=0,\ \beta_3=\frac{4}{3A+8},\ \beta_4=\frac{A}{3A+8}$$

$$(4.68)$$

为计算上述悬臂梁模型的最优刚度分布，首先需确定基本周期或圆频率。当只考虑 1 阶模态的影响时，建筑基底剪力可按 Connor 等人[6]的建议按下式计算。

$$Q(0)=\omega_1\varGamma_1 S_V(\omega_1,\xi_1)\frac{mH}{2}\left(1+\frac{A}{3}\right) \tag{4.69}$$

$$\varGamma_1=\frac{1+A/3}{2/3+A/2+A^2/10} \tag{4.70}$$

式中　　　$\varGamma_1$——一阶模态的参与系数；

　　　　　ξ_1——一阶模态的阻尼比；

　　$S_V(\omega_1,\xi_1)$——一阶模态对应的拟速度谱值。

若以如图 4.1 所示的能量谱表示设计地震动等级，对于给定基本圆频率和阻尼比，可根据秋山宏[1],[14]的建议按下式确定拟速度和能量等效速度 V_E 之间的关系。

$$S_V(\omega_i,\xi_i) = \frac{V_E(\omega_i,\xi_i)}{1+3\xi_i+1.2\sqrt{\xi_i}} \tag{4.71}$$

$$\xi_i = \xi_1\frac{\omega_i}{\omega_1} \tag{4.72}$$

式中　ω_i——第 i 阶模态的圆频率；

　　　ξ_i——第 i 阶模态的阻尼比。

将 $\bar{x}=0$ 代入式（4.64）和式（4.66），并使式（4.64）与式（4.69）相等，可得如下计算基本圆频率的近似公式。

$$\omega_1 = \frac{\Gamma_1 S_V(\omega_1,\xi_1)}{H\gamma^*} = \frac{2\pi}{T_1} \tag{4.73}$$

式中　γ^*——设计时设定的预期最大层间位移角①。

若将式（4.73）代入表示最优刚度分布的式（4.64）和式（4.65），且已知预期最大层间位移角 γ^* 和以能量谱或拟速度谱给出的设计地震动等级，则可按下式计算高层建筑的剪切刚度与弯曲刚度的最优分布。

$$D_T = \bar{D}_T\tilde{D}_T \tag{4.74}$$

$$D_B = \bar{D}_B\tilde{D}_B \tag{4.75}$$

$$\bar{D}_T = \frac{m}{2}\left(1+\frac{A}{3}\right)\left[\frac{S_V\Gamma_1}{\gamma^*}\right]^2 \tag{4.76}$$

$$\bar{D}_B = \frac{mH^2}{2}\left(\frac{1}{4}+\frac{2}{3A}\right)\left[\frac{S_V\Gamma_1}{\gamma^*}\right]^2 \tag{4.77}$$

为方便工程师参考，图 4.9 给出了一阶模态的参与系数 Γ_1 随参数 A 的变化规律，即式（4.70）。

【例】　某高层建筑的基本参数如下。

$m=100$ kN/m

$H=200$ m，$B=40$ m

$f=8$，$\gamma^*=1/200$

$\xi_N=2\%$，$V_E=1.5$ m/s

针对上述建筑物，计算下列各项。

（1）建筑的基本周期；

（2）建筑底部的剪切刚度与弯曲刚度；

（3）建筑剪切刚度与弯曲刚度的最优分布。

译注：

① 推导过程中出现的应为结构底部即 $x=0$ 处的层间位移角 γ。此处假设结构的剪切变形沿高度均匀分布。

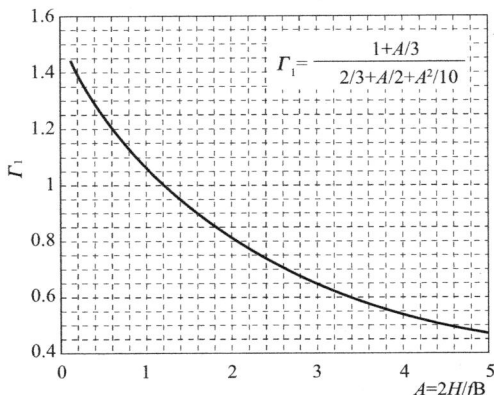

图 4.9　一阶模态的参与系数与参数 A 的关系

【解】　首先计算该建筑的基本参数。

$$A = \frac{2 \times 200}{8 \times 40} = 1.25$$

$$\Gamma_1 = \frac{1 + 1.25/3}{2/3 + 1.25/2 + 1.25^2/10} = 0.978$$

$$S_v = \frac{1.5}{1 + 3 \times 0.02 + 1.2\sqrt{0.02}} = 1.22 \text{m/s}$$

（1）计算建筑的基本周期。

$$T_1 = \frac{2\pi \times 200 \times 1/200}{0.978 \times 1.22} = 5.266 \text{s}$$

（2-1）计算建筑底部的剪切刚度。

$$Q(0) = \frac{2\pi}{5.266} \times 0.978 \times 1.22 \times \frac{100 \times 200}{2}\left(1 + \frac{1.25}{3}\right)$$

$$= 20168 \text{kN}$$

$$D_T(0) = \frac{20168}{1/200} = 4.0336 \times 10^6 \text{kN}$$

（2-1）计算建筑底部的弯曲刚度。

$$D_B(0) = \frac{100 \times 200^2}{2} \times \left(\frac{1}{4} + \frac{2}{3 \times 1.25}\right)\left[\frac{0.978 \times 1.22}{1/200}\right]^2$$

（3）计算建筑无量纲化的剪切与弯曲刚度。

$$\alpha_0 = 1, \alpha_1 = 0$$

$$\alpha_2 = -\frac{3}{3+1.25} = -0.7059$$

$$\alpha_3 = -\frac{1.25}{3+1.25} = -0.2941$$

$$\beta_0 = 1, \beta_1 = \frac{4(3+1.25)}{3 \times 1.25 + 8}$$

$$\beta_2 = 0, \beta_3 = \frac{4}{3 \times 1.25 + 8} = 0.3404$$

$$\beta_4 = \frac{1.25}{3 \times 1.25 + 8} = 0.1064$$

$$\widetilde{D}_T = 1 - 0.706\overline{x}^2 - 0.294\overline{x}^3 \tag{4.78}$$

$$\widetilde{D}_B = 1 - 1.447\overline{x} + 0.3404\overline{x}^3 + 0.106\overline{x}^4 \tag{4.79}$$

　　按式（4.78）与式（4.79）计算的建筑剪切刚度与弯曲刚度的最优分布分别如图 4.10 和图 4.11 所示。

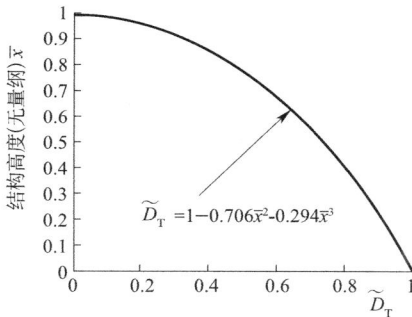

图 4.10　基于一阶模态的最优剪切刚度分布

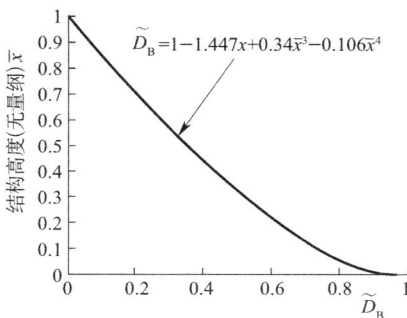

图 4.11　基于一阶模态的最优弯曲刚度分布

　　对于具有上述最优刚度分布的建筑，若已知设计地震动等级（反应谱），可根据 SRSS（Square Root of Sum of Squares）等振型组合方法考虑高阶振型的影响，并计算结构的最大剪力、弯矩以及最大层间剪切变形角、弯曲变形引起的柱的轴向变形等。

　　为便于进行振型组合，应首先将建筑结构简化为图 4.12 所示的具有剪切与弯曲变形自由度的多质点模型。

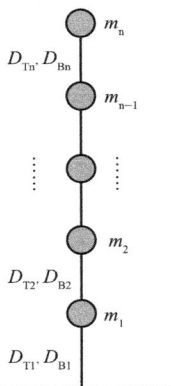

图 4.12　多自由度弯剪层模型

　　对图 4.1 给出的地震能量谱，采用模态分析或振型组合方法考虑高阶振型的影响，可按下式计算设计地震动等级下结构的最大剪力分布。

　　根据 SRSS 法，最大剪力与最大弯矩如式（4.80）和式（4.81）所示。

$$Q_{\max,i} = \sqrt{\sum_{m=1}^{N_{\mathrm{mod}}} \Big[\big(\sum_{j=i}^{n} w_j \beta_m u_{mi} \big) S_{\mathrm{V}}(T_m, h_m)/g \Big]^2} \qquad (4.80)$$

$$M_{\max,i} = \sqrt{\sum_{m=1}^{N_{\mathrm{mod}}} \Big[(H_j - H_{i-1}) \big(\sum_{j=i}^{n} w_j \beta_m u_{mi} \big) S_{\mathrm{V}}(T_m, h_m)/g \Big]^2}$$

$$(4.81)$$

$$\beta_m = \frac{\{u_m\}^T [m]\{1\}}{\{u_m\}^T [m]\{u_m\}}, h_m = h_1 \frac{T_1}{T_m} \qquad (4.82)$$

式中　β_m——第 m 阶模态的参与系数；

　　　　h_m——第 m 阶模态对应的阻尼比；

　　　　S_{V}——与第 m 阶模态的周期和阻尼比对应的拟速度谱值；

　　　　g——重力加速度，$g=980$ cm/s^2；

H_j——建筑物第 j 层的高度;

$u_{m,i}$——第 m 阶振型向量中的第 i 项;

$Q_{\max,i}$——第 i 层的最大剪力;

$M_{\max,i}$——第 i 层的最大弯矩;

N_{mod}——在 SRSS 法中考虑的模态数;

n——多自由度体系中的质点数;

w_j——第 j 层质点的重量。

将求得的最大剪力和弯矩分别除以图 4.10 和图 4.11 中的剪切刚度和弯曲刚度,则可以得到最大层间剪切变形角和弯曲变形引起的柱轴向应变沿建筑高度的分布。

4.4.2　高层建筑考虑高阶振型影响的最优刚度分布

上一节介绍了只考虑一阶模态影响的剪切刚度与弯曲刚度最优分布的推导过程和计算例题。如图 4.10 和图 4.11 所示,建筑顶部的剪切与弯曲刚度均较小,这会导致这些部位出现过大的剪切变形和由弯曲变形引起的柱的伸缩。如上文所述,所谓最优是以层间剪切变形和弯曲变形沿建筑高度均匀分布为目标的。计算地震反应时,仅考虑一阶振型的影响往往不够,还需考虑高阶振型的影响,并对基于一阶振型得出的最优刚度分布进行修正。

对式 (4.62) 和式 (4.63) 中基于一阶振型的最优刚度分布进行修正的步骤如下。

(1) 已知建筑的基本信息如 m、H、B、S_V、γ^* 等,首先计算参数 A,并根据式 (4.62) 和式 (4.63) 计算初始刚度分布。如图 4.13 和图 4.15 中的虚线所示。

(2) 将具有上述刚度分布的建筑结构置换为集中质量模型,并通过特征值分析计算各阶模态的周期和振型向量。

(3) 采用模态分析法(SRSS 法),按照式 (4.80) 和式 (4.81) 计算作用于建筑各层的最大剪力和弯矩。

(4) 将最大剪力和最大弯矩分别除以相应的剪切刚度和弯曲刚度,得到沿建筑高度的最大剪切变形和最大弯曲变形,如图 4.14 和图 4.16 中的虚线所示。

$$\gamma = \frac{Q_{\max,i}}{D_{\mathrm{T},i}}, \kappa = \frac{M_{\max,i}}{D_{\mathrm{B},i}} \tag{4.83}$$

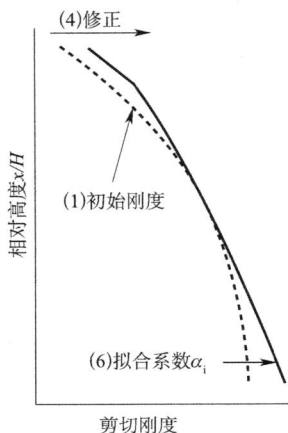

图 4.13 修正前后的剪切刚度分布

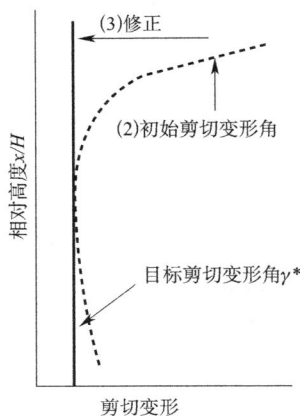

图 4.14 修正前后的最大层间剪切变形角

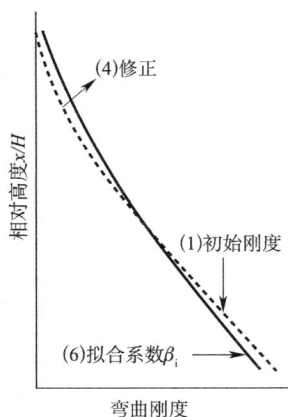

图 4.15 修正前后的弯曲刚度分布

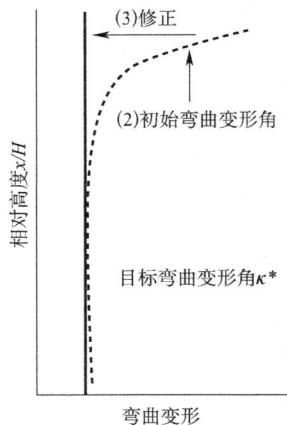

图 4.16 修正前后的最大层间弯曲变形

（5）为使最大剪切变形和最大弯曲变形沿建筑高度均匀分布，按下式对初始刚度进行修正。修正后的最优剪切刚度和弯曲刚度的分布如图 4.13 和图 4.15 中的实线所示。

$$\widetilde{D}_T \big|_{\text{modified}} = \frac{\gamma}{\gamma^*} \widetilde{D}_T \big|_{\text{initial}} \tag{4.84}$$

$$\widetilde{D}_B \big|_{\text{modified}} = \frac{\kappa}{\kappa^*} \widetilde{D}_B \big|_{\text{initial}} \tag{4.85}$$

$$\varepsilon = \frac{B}{2}\kappa, \varepsilon^* = \frac{\gamma^*}{f}, \kappa^* = \frac{2\varepsilon^*}{B} \tag{4.86}$$

式中　γ^*——设计预期的层间剪切变形角（如图 4.14 中的实线所示）；

　　　κ^*——与预期剪切变形角对应的弯曲变形角（如图 4.16 中的实线所示）。

（6）对于修正后的最优刚度分布 $\widetilde{D}_T|_{modified}$ 和 $\widetilde{D}_B|_{modified}$，利用最小二乘法，计算以多项式形式表达的最优刚度分布的多项式系数 α_0、α_1、α_2、α_3 以及 β_0、β_1、β_2、β_3、β_4。

（7）改变参数 A 的取值，重复上述（1）～（6）步。

由式（4.68）可见，高层建筑结构的最优刚度分布多项式参数只与特征参数 A 有关。通过考察上述（1）～（7）步的计算结果可知，考虑高阶振型影响后，最优刚度分布多项式系数仍只与特征参数 A 有关（如图 4.17、图 4.18、图 4.19 和图 4.20 所示）。

图 4.17 与图 4.18 所示为将 A 值固定，改变 H、B、f、γ^* 等其他参数修正前后的最优刚度分布。各种情况下最优刚度分布基本不变。

图 4.19 与图 4.20 所示为设定预期层间剪切变形角 γ^* 为 1/200，改变包括 A 在内的其他参数时修正前后的最优刚度分布。可见，对于不同的参数 A 的取值，最优刚度分布也均不相同。

为了确定考虑高阶振型影响的剪切刚度和弯曲刚度的最优分布，对几十个建筑物模型进行了分析。所考察建筑物的高度 H、宽度 B、剪切与弯曲变形比 f 等参数如表 4.1 所示。从体形细长到较矮的建筑物，共考察了 54 个建筑模型。

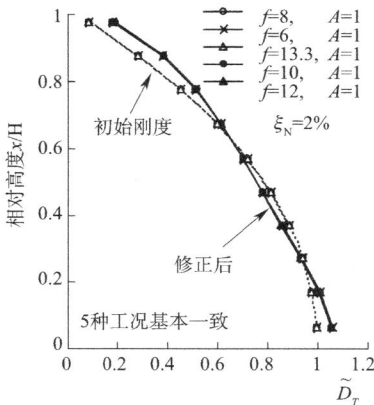

图 4.17　相同 A 值对应的剪切刚度分布

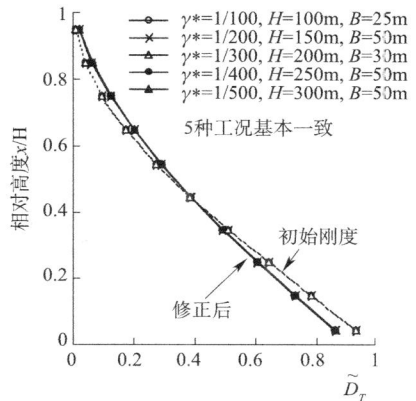

图 4.18　相同 A 值对应的弯曲刚度分布

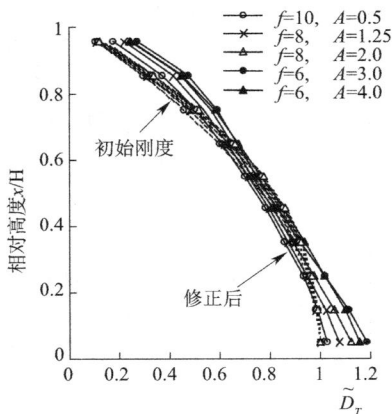

图 4.19 不同 A 值对应的剪切
刚度分布

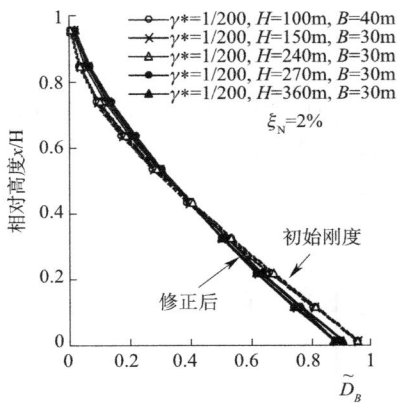

图 4.20 不同 A 值对应的弯曲
刚度分布

对于表 4.1 中具有不同 A 值的所有建筑模型,最优剪切刚度分布和最优弯曲刚度分布的多项式系数 α_0、α_1、α_2、α_3 和 β_0、β_1、β_2、β_3、β_4 分别如图 4.21 和图 4.22 所示。利用最小二乘法,将系数 α_i($i=0$,1,2,3)表达为参数 A 的 2 次函数,将系数 β_i($i=0$,1,2,3,4)表达为参数 A 的 3 次函数。

基于一阶振型的最优刚度分布系数与考虑高阶振型影响的最优刚度分布系数的比较如表 4.2 所示。

计算最优刚度分布的建筑物的 A 值 表 4.1

H (m)	f	B (m)					
		20	30	40	50	80	100
150	6	2.5	1.67	1.25	1.0	0.625	0.5
150	12	1.25	0.833	0.625	0.5	0.312	0.25
150	18	0.833	0.556	0.417	0.333	0.208	0.167
200	6	3.333	2.222	1.67	1.333	0.833	0.667
200	12	1.667	1.111	0.833	0.667	0.417	0.333
200	18	1.111	0.74	0.556	0.444	0.278	0.222
250	6	4.167	2.778	2.083	1.667	1.042	0.833
250	12	2.083	1.389	1.042	0.833	0.521	0.417
250	18	1.389	0.926	0.694	0.556	0.347	0.278

Note: $A=2H/Bf$

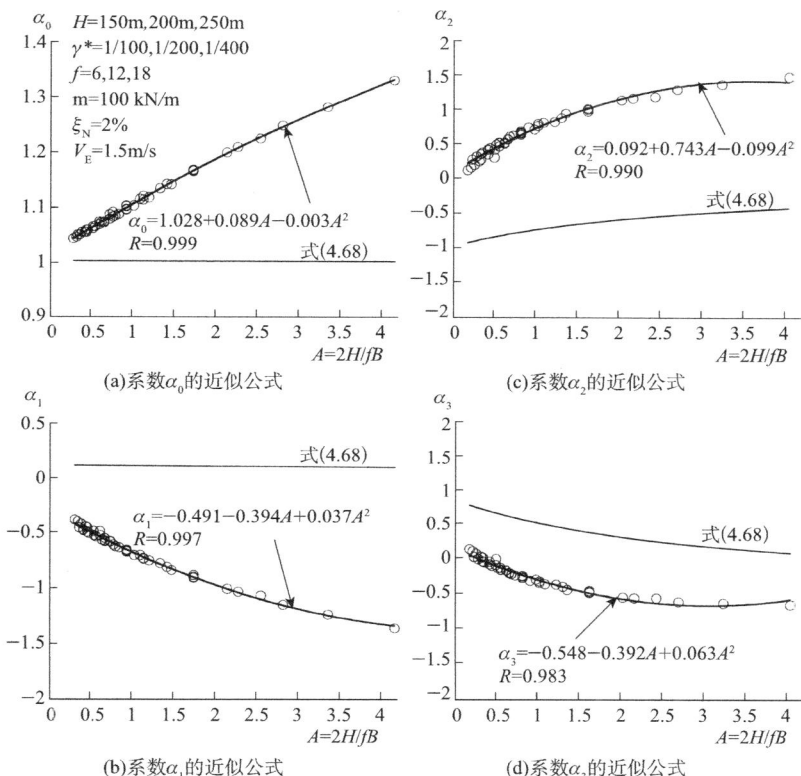

(a)系数α_0的近似公式

$H=150\mathrm{m},200\mathrm{m},250\mathrm{m}$
$\gamma^*=1/100,1/200,1/400$
$f=6,12,18$
$m=100\ \mathrm{kN/m}$
$\xi_\mathrm{N}=2\%$
$V_\mathrm{E}=1.5\mathrm{m/s}$

$\alpha_0=1.028+0.089A-0.003A^2$
$R=0.999$
式(4.68)

(c)系数α_2的近似公式

$\alpha_2=0.092+0.743A-0.099A^2$
$R=0.990$
式(4.68)

(b)系数α_1的近似公式

$\alpha_1=-0.491-0.394A+0.037A^2$
$R=0.997$
式(4.68)

(d)系数α_3的近似公式

$\alpha_3=-0.548-0.392A+0.063A^2$
$R=0.983$
式(4.68)

图 4.21　$\alpha_0 \sim \alpha_3$ 与参数 A 的关系

沿建筑物高度的最优刚度分布系数　　　　　表 4.2

系数	基于一阶模态	考虑高阶振型影响
α_0	1	$1.028+0.089A-0.003A^2$
α_1	0	$-0.491-0.394A+0.037A^2$
α_2	$3/(3+2A)$	$0.092+0.743A-0.099A^2$
α_3	$2A/(3+2A)$	$-0.548-0.392A+0.063A^2$
β_0	1	$0.946-0.015A+0.003A^2$
β_1	$2(3+2A)/(3A+4)$	$-1.443-0.021A-0.006A^2$
β_2	0	$0.415+0.354A-0.030A^2$
β_3	$2/(3A+4)$	$-0.149-0.515A+0.062A^2$
β_4	$A/(3A+4)$	$0.233+0.196A-0.029A^2$

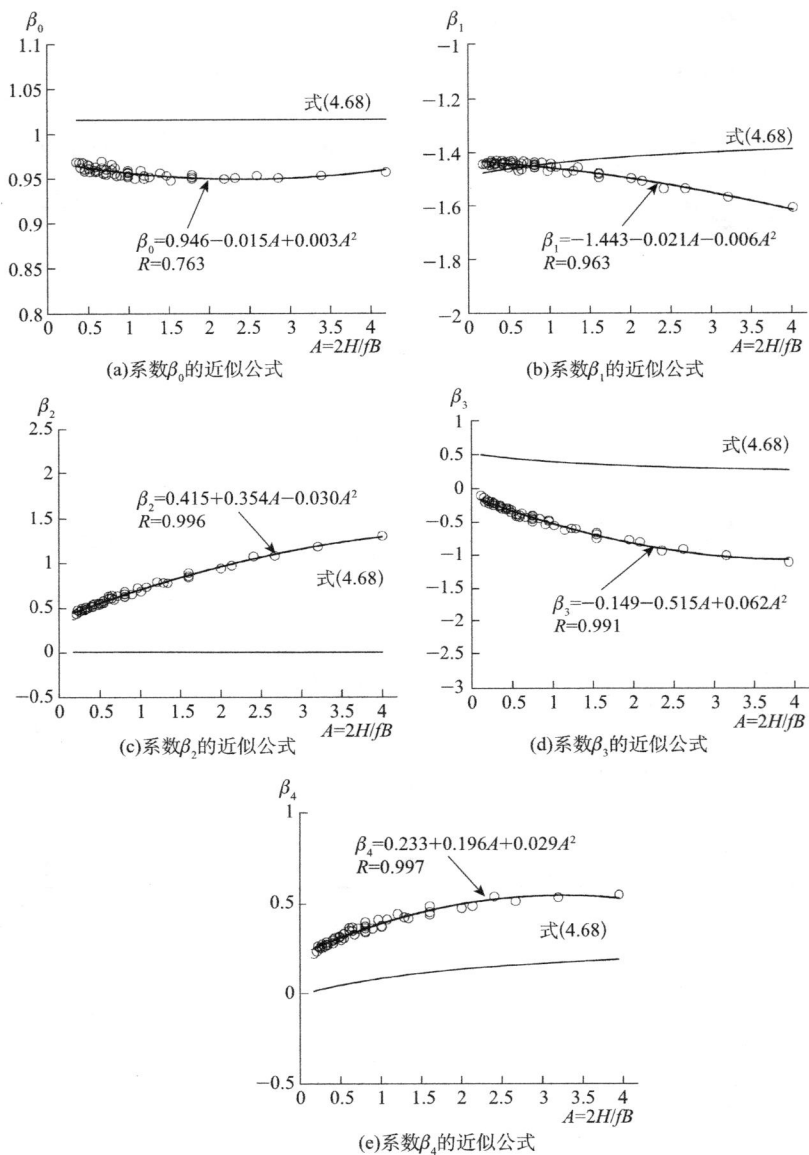

(a)系数β_0的近似公式

$\beta_0=0.946-0.015A+0.003A^2$
$R=0.763$

(b)系数β_1的近似公式

$\beta_1=-1.443-0.021A-0.006A^2$
$R=0.963$

(c)系数β_2的近似公式

$\beta_2=0.415+0.354A-0.030A^2$
$R=0.996$

(d)系数β_3的近似公式

$\beta_3=-0.149-0.515A+0.062A^2$
$R=0.991$

(e)系数β_4的近似公式

$\beta_4=0.233+0.196A+0.029A^2$
$R=0.997$

式(4.68)

$A=2H/fB$

图 4.22 $\beta_0\sim\beta_4$ 与参数 A 的关系

4.4.3 通过构件尺寸及布置确定建筑结构整体刚度的方法

在实际建筑结构的设计过程中，结构工程师通常采用试错法确定结构的刚度。根据建筑功能确定了建筑规模（高度、外形尺寸）之后，结构工程师会确定柱、梁等主要构件的尺寸与布置，并可以根据式（4.87）估计建筑结构的基本周期。

$$T_1 = (0.02 \sim 0.03) H \tag{4.87}$$

其中，对于混凝土结构取 0.02，对于钢结构取 0.03。

接下来按式（4.88）确定地震作用沿建筑高度的分布，即 A_i 分布。

$$A_i = 1 + \left(\frac{1}{\sqrt{\alpha_i}} - \alpha_i\right) \frac{2T_1}{1 + 3T_1} \tag{4.88}$$

$$\alpha_i = \frac{\displaystyle\sum_{j=i}^{n} w_j}{\displaystyle\sum_{j=1}^{n} w_j} \tag{4.89}$$

式中 T_1——建筑结构的基本周期；

     α_i——第 i 层以上建筑的重量与建筑总重量之比；

     w_j——第 j 层建筑的重量。

根据式（4.88）中的 A_i 分布，建筑高度方向的地震作用可计算如下。

$$Q_i = C_0 A_i \sum_{j=i}^{n} w_j \tag{4.90}$$

$$M_i = \sum_{j=i}^{n} Q_i (H_j - H_i) \quad (i \leqslant j \leqslant n) \tag{4.91}$$

式中 C_0——基底剪力系数；

     Q_i——第 i 层的剪力；

     M_i——第 i 层的弯矩；

     H_j——第 j 层的层高；

     H_i——第 i 层的层高。

根据假定的构件尺寸和布置，通过线性或非线性的结构分析，计算建筑结构各层的侧向位移 δ_i。

为了将弯曲变形从建筑结构的总侧位移中去除，需要利用式（4.92）计算建筑结构的整体弯曲刚度。

$$D_{Bi} = \sum_{j=1}^{n_c} (A_j d_j^2) \tag{4.92}$$

侧向位移中弯矩的贡献为

$$\delta_{bi} = \frac{M_i}{D_{Bi}} h_i \tag{4.93}$$

因此，建筑结构的剪切变形可按下式计算。

$$\delta_{si} = \delta_i - \delta_{bi} \tag{4.94}$$

将剪力除以剪切变形，即可得到建筑结构的剪切刚度。

$$D_{Ti} = \frac{Q_i}{\delta_{si}} h_i \tag{4.95}$$

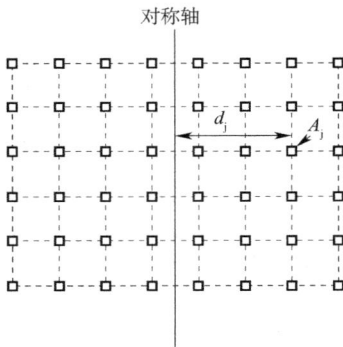

图 4.23　建筑结构的柱平面布置　　　　图 4.24　建筑结构立面图

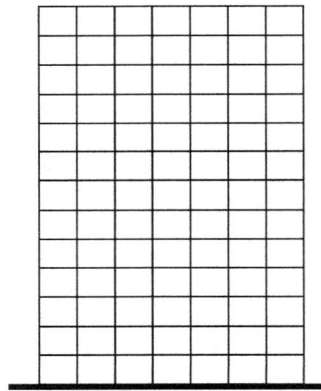

4.4.4　具有最优刚度分布建筑物的基本周期的估算公式

具有基于一阶模态的最优刚度分布的建筑物的基本周期可按式（4.73）计算如下。

$$T_1 = \frac{2\pi H \gamma^*}{\Gamma_1 S_V(\omega_1, \xi_1)} \tag{4.96}$$

但考虑高阶振型的影响之后，有必要对式（4.96）进行修正。采用与前述确定剪切刚度与弯曲刚度相同的方法，通过最小二乘法可得到式（4.97），如图 4.25 所示。式（4.97）假设能量等效速度 V_E 为 150 cm/s。换句话说，式（4.97）适用于周期在 0.6s 以上的中高层建筑结构。

$$T_1 = 0.932 \frac{2\pi H \gamma^*}{\Gamma_1 S_V(\omega_1, \xi_1)} \quad (T_1 > 0.6) \tag{4.97}$$

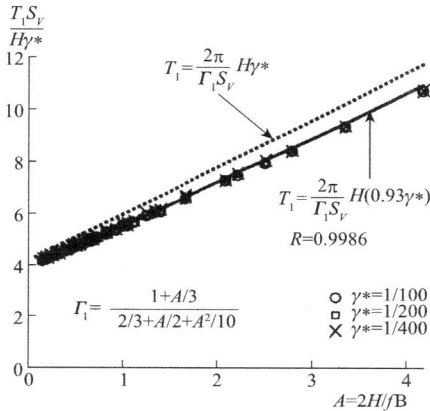

图 4.25　高层建筑基本周期预测式

参考文献

［1］ Akiyama, H. ; "Earthquake-Resistant limit-State Design for Buildings", University of Tokyo Press, 1985. 10.

［2］ AIJ: "Ultimate Strength and Deformation Capacity of Buildings in Seismic Design", Architectural Institute of Japan (AIJ), Tokyo, 1990.

［3］ AIJ: "Recommendation for the Design of Base Isolated Buildings", Architectural Institute of Japan (AIJ), Tokyo, 1993.

［4］ Akiyama, H. ; "Prediction for seismic responses of flexible-stiff mixed structures with energy concentration in the first story", Journal of structural and construction engineering, AIJ, pp. 77-84, No. 400, Jun. 1989. 6.

［5］ Chang, K. C. , Soong, T. T. , Oh, S. T. and Lai, M. L. ; "Seismic Response of Steel-Frame structures with Added Viscoelastic Dampers", 10WCEE, 1991. 10.

［6］ Connor, J. J. and Klink, B. S. A. ; "Introduction To Motion Based Design", Computational Mechanics Publications, 1996. 5.

［7］ Connor, J. J. and Wada, A. ; "Performance Based Design Methodology for Structures", Proceeding of International Workshop on Recent Developments in Base-Isolation Techniques for Buildings, AIJ, Tokyo, pp. 57-70, 1992. 3.

［8］ Connor, J. J. and Wada, A. ; Iwata, M. and Huang, Y. H. , "Damage controlled structures I: Preliminary design methodology for seismically active regions", Journal of Structural Engineering, ASCE, pp. 423-431, 1997. 4.

［9］ Kasai, M. , Munshi, J. A. , Lai, M. L. and Maison, B. F. ; "Viscoelastic Damper Hysteretic Model: Theory, Experiment and Application", ATC 17-1, Seminar on Seismic Isolation, Passive Energy Dissipation, and Active Control, Applied Technology Council, San Francisco.

[10] Kasai, K. and Fu, Y. M. : "Seismic Analysis and Design Using Viscoelastic Dampers", Proceeding of Symposium on A New Direction in Seismic Design, Tokyo, pp. 113-140, 1995. 10.

[11] Wada, A. , Connor, J. J. , Kawai, H. , Iwata, M. and Watanabe, A. : "Damage Tolerant Structure", Fifth US-Japan Workshop on the Improvement of Building Structural Design and Construction Practices, pp. 1-1 sim 1-13, ATC-15, USA, Sep. 1992.

[12] Wada, A. and Huang, Y. H. : "Preliminary Seismic Design of Damage Tolerant Tall Building Structures", Proceeding of Symposium on a New Direction in Seismic Design, Tokyo, pp. 77-93, 1995. 10.

[13] Miyama, T. and Akiyama, H, : "A study of the relationship between restoring force characteristics ad response of the building equipped with an energy absorbing story", Journal of structural and construction engineering, AIJ, pp. 47-55, No. 460, 1994. 6.

[14] 秋田宏：建築物の耐震極限設計，東京大学出版会，1980.

[15] 井上一郎：履歴ダンパーを用いた耐震設計，シンポジウム「耐震設計の一つの新しい方向」論文集，pp. 95-109. 1995. 10.

[16] 井上一郎，小野聡子：履歴ダンパーの適正耐力分担率と架構の設計耐力，構造工学論文集，Vol. 41B, pp. 9-15, 1995. 10.

[17] 岩田衛：種々の鋼材の耐震設計への応用，シンポジウム「耐震設計の一つの新しい方向」論文集，pp. 171-192, 1995. 10.

[18] 岩田衛，黄一華，川会廣樹，和田章：被害レベル制御構造（Damage Tolerant Structure）に関する研究，日本建築学会技術報告集，第 1 号，pp. 82-88, 1995. 12.

[19] 黄一華，和田章，岩田衛：履歴ダンパーを有する被害レベル制御構造，構造工学論文集，Vol. 40B, pp. 221-234, 1994. 3.

[20] 黄一華：" Damage Controlled Seismic Design for Tall Steel Buildings", 博士学位論文，東京工業大学，1995. 3

[21] Chopra, A. K. : "Dynamics of Structures, theory and applications to earthquake engineering", Prentice Hall, 1995.

第 5 章　损伤控制设计的应用与讨论

通过前几章对损伤控制结构和损伤控制设计的基本概念、基础理论和结构动力学基础知识的介绍，想必读者已对结构损伤控制有所了解。本章进一步介绍在实际结构设计中实现损伤控制的具体方法。其关键在于理解从概念设计、初步设计，到详细的施工图设计阶段的全设计流程中哪些因素对确保建筑结构的安全性、经济性和可靠性最为重要。

5.1　结构概念设计

在强震区的建筑结构设计中，最重要的是结合设计准则合理选择结构体系。在概念设计阶段即应考虑在结构体系中哪些部位设置减震构件，以及采用何种类型的减震构件。关于减震构件自身的性能，目前已有大量的研究成果[1]。

减震构件可按形状分为板形[2]（如剪力墙）、线形[3]（如支撑）、变截面梁型[4]（如对梁加腋）、剪切柱形[5]、附加框架型[6]（如叠合柱）等等。此外也有研究者提出将板形构件进一步分隔为格子或蜂窝状的做法，如图 5.1 所示。

下面采用简化的结构模型，通过比较地震动对结构体系的输入能量和结构体系耗散能量来说明这一点。

5.1.1　结构概念设计与损伤控制

结构设计考虑的外部作用通常包括风和地震两种。此处仅以抗震设计为例。设计条件设定如下。

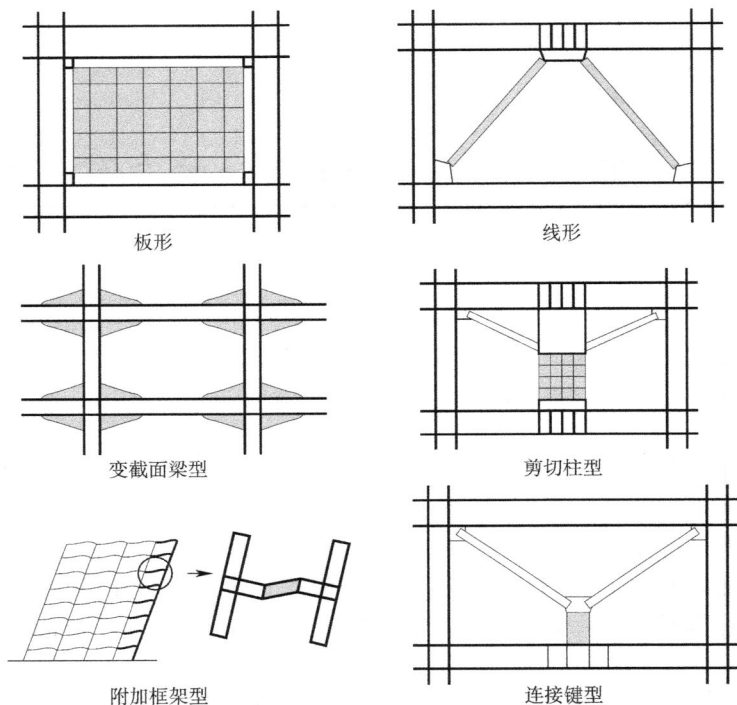

板形

线形

变截面梁型

剪切柱型

附加框架型

连接键型

图 5.1 消能减震构件在结构中的布置

（1）将建筑物简化为单自由度体系（图 5.2），采用与初始刚度成比例的黏性阻尼模型和理想弹塑性滞回模型。

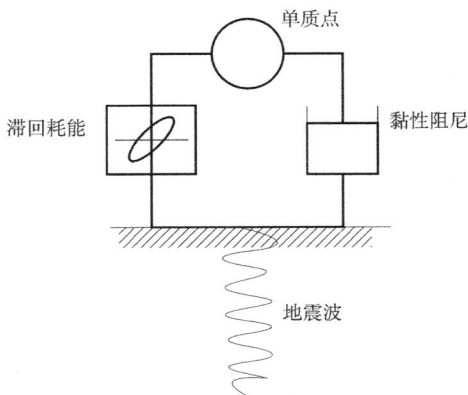

单质点

滞回耗能

黏性阻尼

地震波

图 5.2 振动模型

（2）采用表 5.1 中列出的 3 条地震波，且均调整至地面峰值速度 PGV＝50 cm/s。

输入地震动记录　　　　　　　　　　　表 **5.1**

输入地震动记录		地面峰值加速度（cm/s²）	地面峰值速度（cm/s）
El-Centro	1940 NS	510.8	50.0
Taft	1952 WE	496.8	50.0
八户	1968 NS	330.2	50.0

（3）设定恰当的基本周期。

（4）设定恰当的设计目标。

（5）整体结构由消能减震子结构和主体结构两部分组成（图 5.3）。

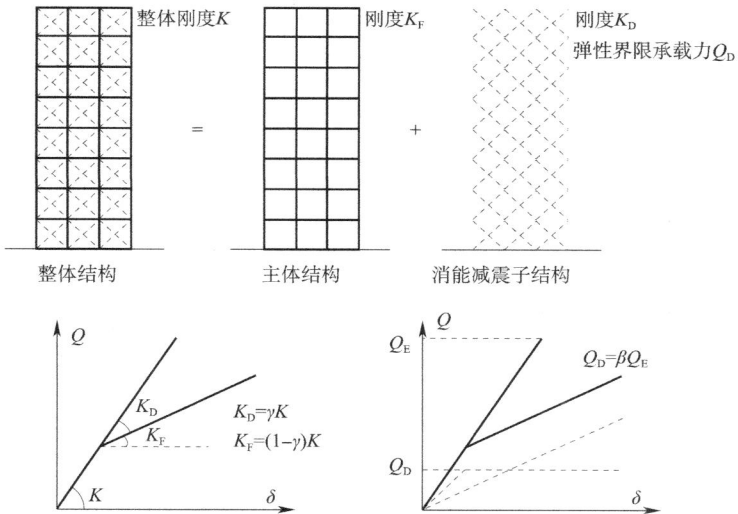

图 5.3　损伤控制结构模型

在上述条件下，通过调整消能减震子结构和主体结构的刚度、承载力等参数，可以得到有意思的结果。地震反应分析结果如图 5.4 所示。下面对这些结果作详细的说明。

一旦决定了建筑用途和场地，工程师首先需要考察的是结构的动力特性。具体说就是结构的模态，特别是基本周期。对于给定基本周期的

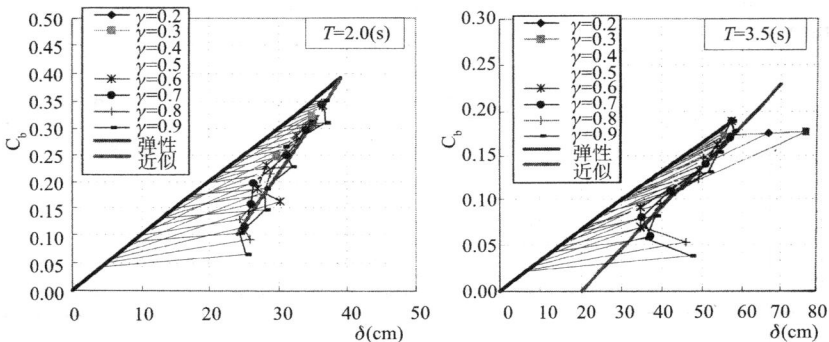

图 5.4　地震反应分析结果

结构，主要关注两个参数，一是弹性状态下消能减震子结构（弹性刚度 K_D，弹性界限承载力 Q_D）承担的剪力占整体结构剪力的比例 γ[①]；二是减震子结构的弹性界限承载力 Q_D 与整体结构最大剪力 Q_E 之比 β。对这两个参数进行分析，可以得出以下三点结论：

（1）地震反应分析结果表明对于常见的基本周期（2.0～4.0s[②]），结构最大变形反应与基底剪力基本上呈图 5.4 所示的线性关系。

（2）对于基本周期为 2.0s 和 3.5s 的结构，图 5.5 给出了地震反应基底剪力系数 C_b 的参数分析结果。可见，在减震子结构的弹性界限承载力 Q_D、减震子结构的剪力分担率 γ 和主体结构地震基底剪力系数 C_{bf} 等三个参数之中，只要知道任意两个，就可以确定第三个参数。例如，对于 $T=2.0s$，耗能减震子结构剪力系数 $C_{bd}=Q_D/(mg)=0.06$，剪力分担率 $\gamma=0.4$ 的情况，由图 5.5（a）可以查出相应的第 2 水准地震作用下主体结构的剪力系数 $C_{bf}=0.19$。

（3）根据已知的结构初始刚度（结构周期）、剪力分担率、消能减震子结构的剪力系数以及主体结构的剪力系数，可以方便地计算整体结构在两个水准地震作用下的弹性和弹塑性位移，如图 5.6 所示。图中连接第 2 水准下弹性和弹塑性位移反应的直线也可以方便地用于预测具有

译注：

① 剪力分担力 γ 相当于一个刚度比，但与上文第 3 章使用的刚度比 $k=K_D/K_F$ 略有不同。由 γ 和 k 的定义易知，$\gamma=k/(k+1)$。

② 此处着眼于高层建筑。

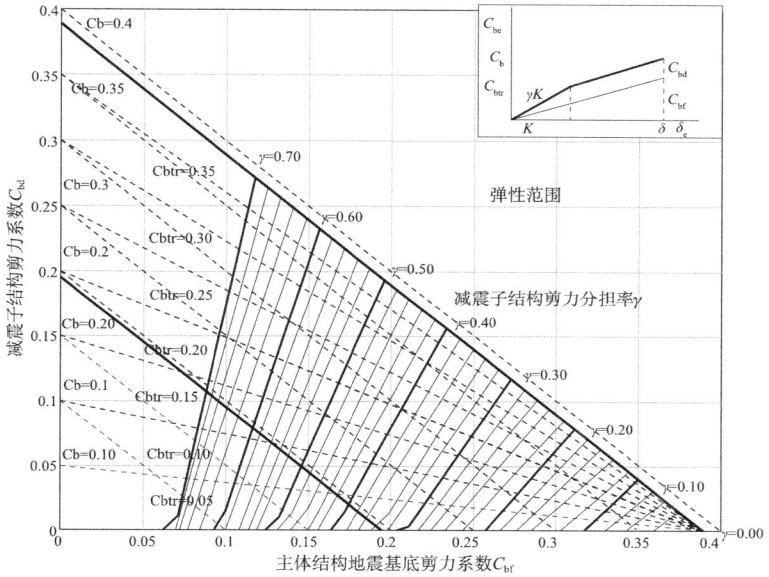

(a) T=2.0s

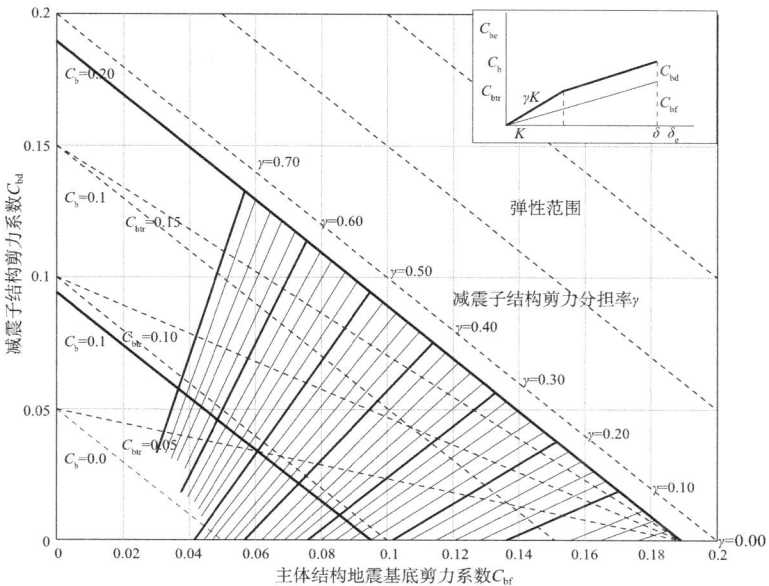

(a) T=3.5s

图 5.5　第 2 水准弹塑性反应范围内的地震反应基底剪力系数

不同承载力子结构的损伤控制结构的弹塑性最大位移反应①。

这样一来，结构概念设计将不再只是定性的直观估计，而是可以定量化的设计，这样在初步设计阶段就可以为建筑师和业主确定经济合理的建设方案提供依据。

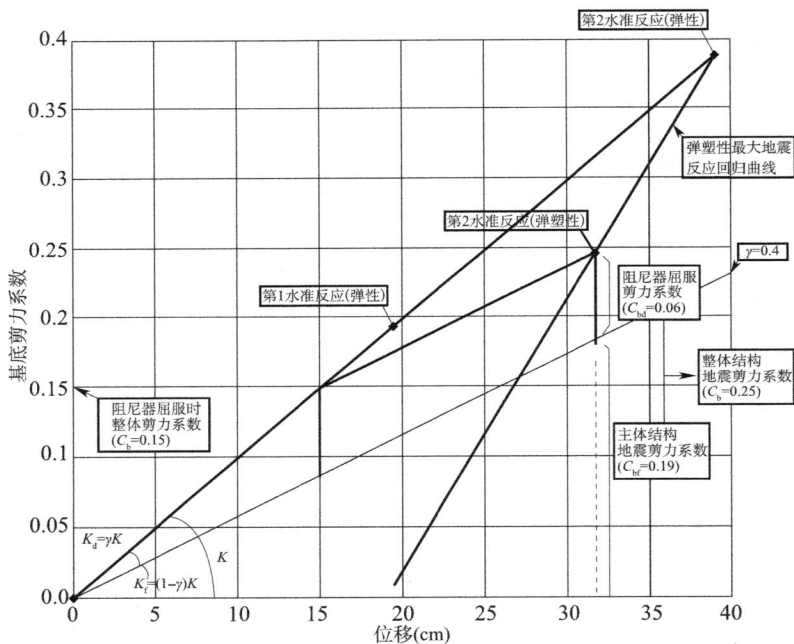

图 5.6　根据单自由度体系弹塑性反应结果得到的
损伤控制设计表（初始周期 $T=2s$）

图 5.7 给出了上述分析中使用的地震波的速度反应谱，阻尼比为 2.0%。

下面从地震能量的角度考察地震反应为什么会呈现图 5.6 所示的结

译注：

① 该直线表明，结构的非线性最大位移往往小于线弹性最大位移。这与人们熟知的"等能量准则"或"等位移准则"并不相符。值得注意的是，美国抗震规范中采用的位移增大系数 C_d 往往小于承载力折减系数 R，比如对于延性框架结构，ASCE 7（2005）规定 $R=8$，$C_d=5.5$。若根据等能量准则，C_d 应大于 R；根据等位移准则，C_d 则应等于 R。这反映出等位移准则和等能量准则在实际工程设计应用中的局限性。

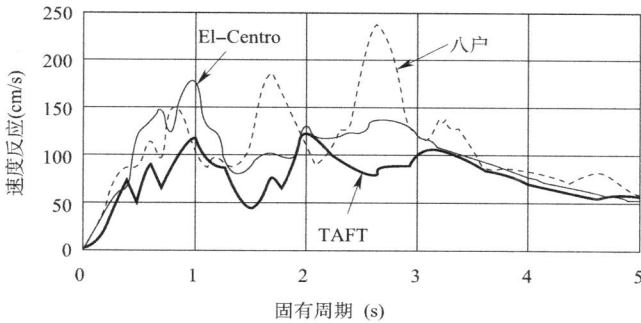

图 5.7　所采用地震波的速度反应谱（$h=2\%$）

果[7]。运动方程两侧同时乘以 $\dot{x}\mathrm{d}t$，并对地震持续时间积分可得下式。

$$M\int_0^T \ddot{x}\dot{x}\,\mathrm{d}t + C\int_0^T \dot{x}\dot{x}\,\mathrm{d}t + \int_0^T Q(x,\dot{x})\dot{x}\,\mathrm{d}t = -M\int_0^T \ddot{y}\dot{x}\,\mathrm{d}t \qquad (5.1)$$

式中　$M\int_0^T \ddot{x}\dot{x}\,\mathrm{d}t$——动能；

　　　$C\int_0^T \dot{x}\dot{x}\,\mathrm{d}t$——阻尼耗能；

$\int_0^T Q(x,\dot{x})\dot{x}\,\mathrm{d}t$——弹性应变能与塑性应变能之和；

　$M\int_0^T \ddot{y}\dot{x}\,\mathrm{d}t$——地震输入能量；

　　　　T——地震动持续时间。

　　下面从地震输入能量（$M\int_0^T \ddot{y}\dot{x}\,\mathrm{d}t$）以及弹性应变能与塑性应变能之和（$\int_0^T Q(x,\dot{x})\dot{x}\,\mathrm{d}t$）的角度来说明结构体系的塑性行为（弹塑性阻尼器的效果）对减小结构变形反应的作用。

　　假设结构基本周期为 2s（质量 $M=340$ kg，刚度为 34 kN/cm），阻尼比为 2%。根据图 5.8 所示的能量等效速度谱（V_E 谱），该结构的地震输入能量约为 140 kN·m（以 El Centro-NS 波为例，能量等效速度谱值 V_E 约为 90 cm/s，地震输入能量 E 与等效速度 V_E 的换算关系为 $E=(1/2)MV_E^2$）。

　　与图 5.4 参数 γ 和 β 的取值范围相对应，图 5.9 给出了建筑在 El Centro-NS 波作用下的地震输入能量。根据图 5.9，地震输入能量大致为 130~160 kN·m。与按等效速度谱计算的地震输入能量基本相当。

此外，图 5.10 给出了上述弹塑性体系的等效周期 T_{eq}（$T_{eq}=2\pi\sqrt{(K_{eq}/M)}$，$K_{eq}=Q_{max}/\delta_{max}$）。对于全部算例，等效周期均在 2～3s 左右。另一方面，在图 5.8 中，2～3s 周期范围内的能量等效速度虽然略有变动，但基本上比较稳定。因此，虽然随着结构体系进入塑性，周期有所延长，但对于上述算例，地震输入能量则基本是一个定值。

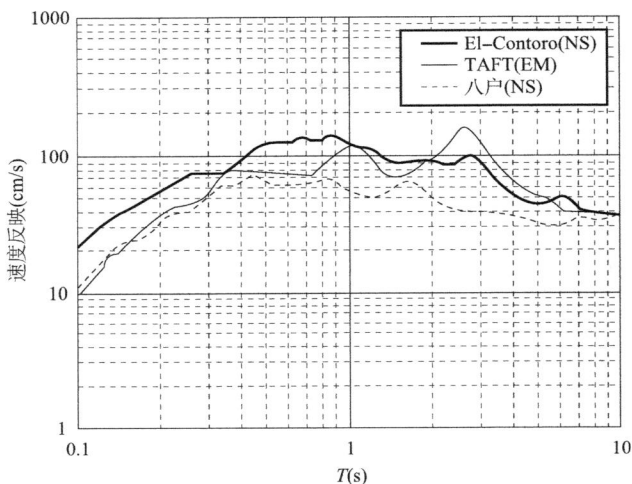

图 5.8　V_E谱（$h=10\%$，PGV$=50$ cm/s）

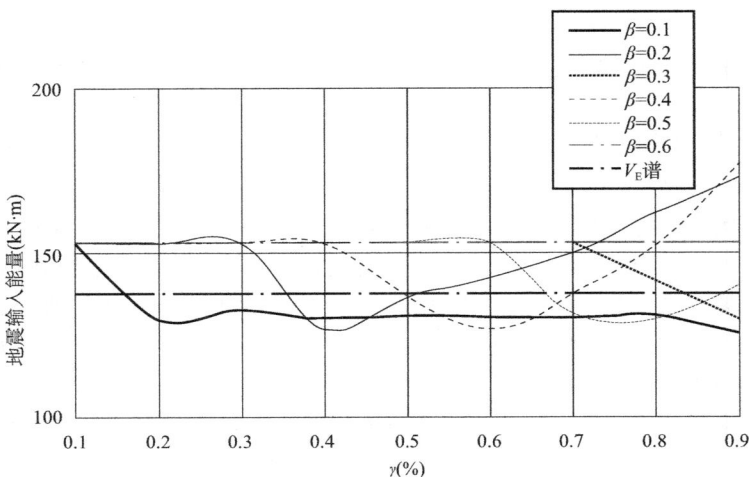

图 5.9　地震输入能量

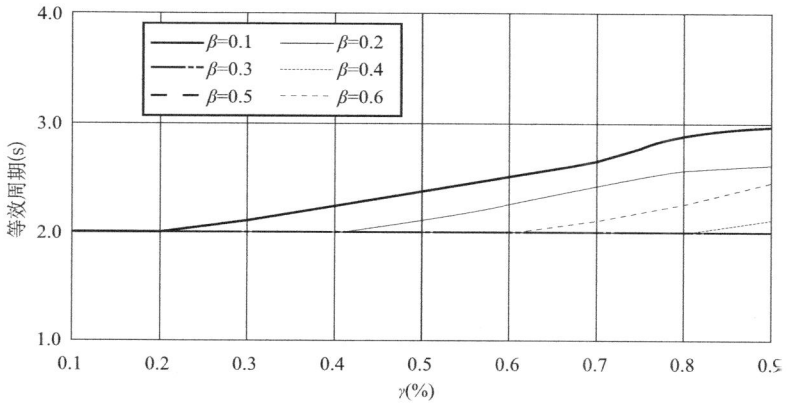

图 5.10　等效周期

图 5.11 给出了 $\beta=0.1$ 时弹性应变能和阻尼器塑性应变能之和
（$\int_0^T Q(x,\dot{x})\dot{x}\,\mathrm{d}t$）的时程反应。如图所示，当结构体系保持弹性或者阻
尼器分担剪力较小时，整个体系基本保持弹性时，在 5 秒附近突然出现
很大的能量输入，与之伴随的是结构的最大变形。随着 γ 的增大（阻尼
器分担的剪力比例增大），弹性应变能相应减小。这说明在 5 秒之前阻
尼器便已屈服并开始耗散地震能量。这也可以从地震输入结束时（20
秒时）的能量值看出来。随着 γ 的增大，阻尼器的塑性应变能也相应
增大。

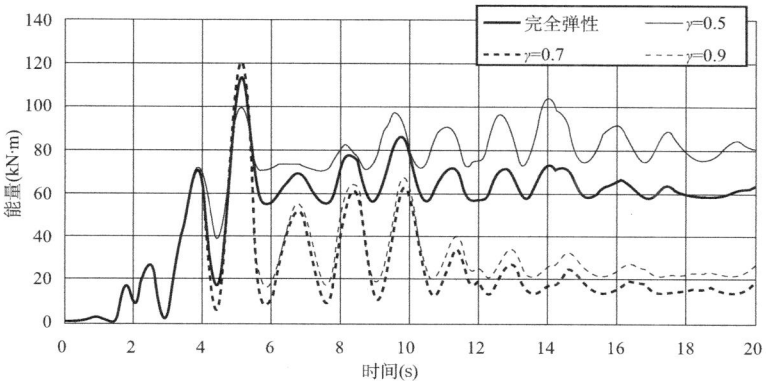

图 5.11　$\int_0^T Q(x,\dot{x})\dot{x}\,\mathrm{d}t$ 时程（$\beta=0.3$）

同样，$\beta=0.2$，0.3 时的能量时程分别如图 5.12 和图 5.13 所示。随着 β 的增大（阻尼器的屈服承载力增大），耗能效率反而逐渐降低，对建筑变形反应的抑制效果也逐渐减小。

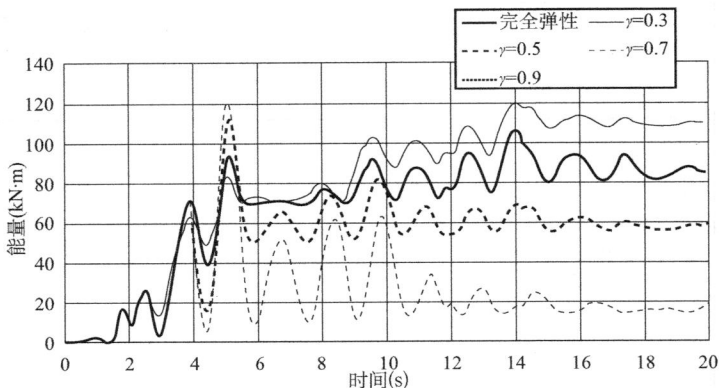

图 5.12 $\int_0^T Q(x,\dot{x})\dot{x}\,dt$ 时程（$\beta=0.2$）

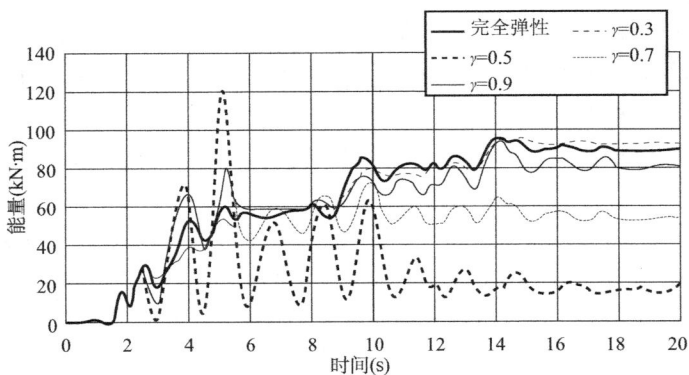

图 5.13 $\int_0^T Q(x,\dot{x})\dot{x}\,dt$ 时程（$\beta=0.1$）

由于地震输入能量基本保持不变，阻尼器耗能的主要作用在于抑制弹性应变能。可将阻尼器的滞回耗能转换为等效阻尼比，如图 5.14 所示。此处的等效阻尼比是根据 2% 阻尼比对应的阻尼耗能（$C\int_0^T \dot{x}\dot{x}\,dt$）与塑性应变能（从 $\int_0^T Q(x,\dot{x})\dot{x}\,dt$ 中减去弹性应变能后剩余的部分）的比例，将塑性应变能转换为阻尼比。由图可见，等效阻尼比随着 β 的减小或者 γ 的增大而增大，相应的，阻尼器的耗能效率提高，建筑结构的地震反应减小。图 5.15 给出了 $\beta=0.1$ 时的滞回曲线。

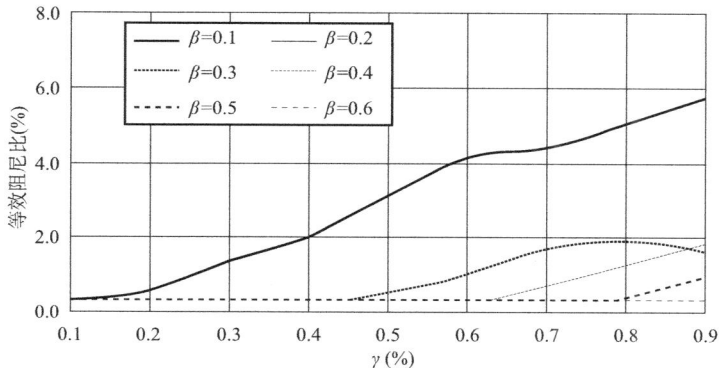

图 5.14　等效阻尼比

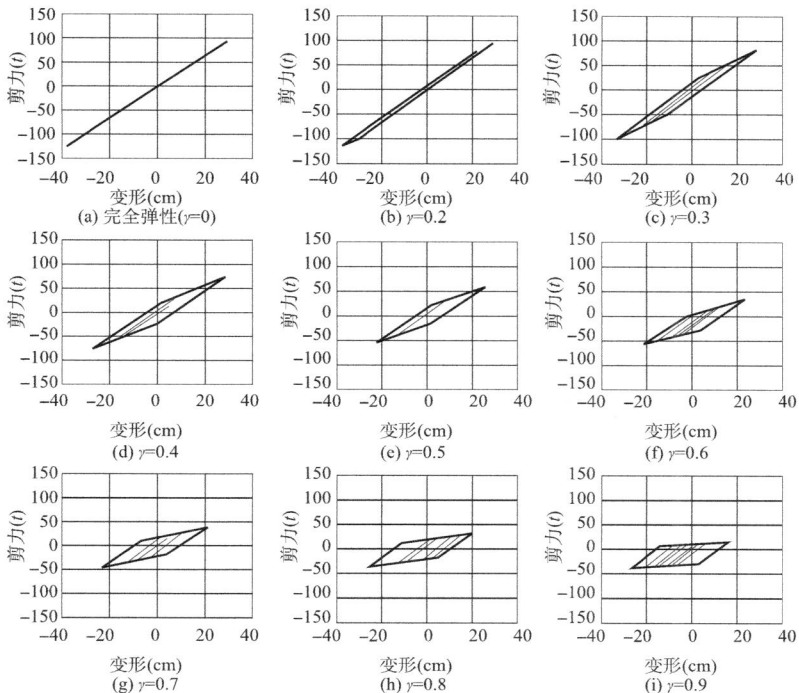

图 5.15　地震反应滞回曲线（$\beta=0.1$）

5.1.2　设计流程

不论采用什么样的减震装置，只要能够正确把握该装置的性能，均可有效实现建筑结构的地震反应控制。实际设计中通常需要对减震装置超出弹性范围的力和变形关系做适当的简化处理。可将建筑结构的恢复力模型简化为双线形模型，并在此基础上确定减震装置的弹性界限承载力。

首先设定减震装置的弹性界限承载力 Q_D（或减震装置的剪力负担率 γ）以及主体结构的地震反应剪力负担率。然后设定主体结构的初始刚度。图 5.6 给出的是基本周期 $T=2.0s$ 的例子。对于其他情况，设计者可以很容易地画出相应的设计图表，从而在初步设计阶段就可以比较准确地估计建筑的地震反应。

其次，可采用更加复杂的分析模型进行更加精细的计算分析，参见本书第 5.4 节。

实际设计中，应首先确定设计准则，并据此确定定量的设计指标作为检验设计结果的依据。以下就设计准则展开讨论。

5.2　设计准则

设计准则是将建筑性能目标定量化的指标。为此，在确定设计准则时，必须首先明确建筑的性能目标。设定建筑性能目标方面的研究近来非常活跃，也提出了不少建筑性能目标的方案。同时，减震装置的抗震性能应便于调整，以适应具有不同性能目标的损伤控制结构的需要。这样的减震装置对于性能化抗震设计的实现是必不可少的。以下首先介绍性能化设计的发展动向，并介绍其中各种各样的性能目标及其对应的损伤控制设计准则。

5.2.1　性能化设计与性能目标

A. 阪神地震的教训

日本现行的抗震设计虽然在 1995 年的阪神地震中比较有效地保护了人的生命安全，但在"维持建筑功能"和"保护财产安全"等方面却暴露出许多问题。现行抗震设计虽然可以保证主体结构的抗震性能，但建筑中的设备、物品等却可能发生严重破损，从而使建筑在很长一段时间内丧失使用功能。迄今为止的抗震设计均只着眼于结构本身，对于同样是建筑重要组成部分的设备和非结构构件却没有给予应有的关注。

其实早在阪神地震之前，日本建筑学会和结构技术者协会等专业团体就已经意识到不能仅仅关注结构本身的抗震性能，而应更加全面地关注作为一个整体的建筑使用功能并发展性能化设计方法。虽然出版发行了相关的介绍性手册和设计指南，但这一思想在当时并未得到普及。阪神地震造成的巨大灾害使包括业主在内的更广泛的人群意识到明确建筑性能目标的重要性，不应仅着眼于结构本身，而应更加全面地关注建筑整体性能。

与此同时，消能减震结构和隔震结构开始大量付诸实践，在强风或大地震时仍能确保建筑居住性和使用功能的结构控制体系开始被大量采用。随着建筑结构控制技术的实用化，性能化设计也迅速从理论走向实践。

B. 建筑基准法的修订

在这样的趋势下，《建筑基准法部分修订法案大纲》于 1998 年 3 月 17 日经日本内阁会议通过并提交国会。这一修订法案的关键在于将建筑基准法体系向性能化方向转变。现行建筑基准法是单一标准型的法规[①]，它存在诸多问题，比如过分强调建筑结构的抗震性能而忽视其他方面的性能；难以根据业主对建筑性能的要求灵活选择设计方案；繁杂的审查手续使材料、施工、设计等方面的新技术、新方法难以应用于实践；难以判断从国外引进的各种规范、标准是否适用等。修订法案正是为了解决这些问题。

这次修订的主旨有以下几点。

- 明确提出用于量化建筑物性能的指标；
- 明确规定各项指标的性能标准；
- 给出是否满足性能标准的检验方法。

根据修订后的法律，设计者有义务与业主共同确定建筑性能目标并明确说明建筑结构的性能。在此前提下，只要能够满足性能目标，设计者可以在设计中更加自由地采用新技术与新产品。

译注：
① 所谓"单一标准型的法规"是指规定单一的设计准则和设计方法的技术规范。最初建立设计方法时往往有比较明确的设计准则，但随着设计方法的不断完善与发展，最初的设计准则反而逐渐被遗忘，从而使不断细化的设计方法变为不可变通的教条。

这一向性能标准型设计转变的过程正经历着实质性的发展。基于这种性能标准型设计，建筑应具有与其用途相符的特性，确定建筑性能目标时应考虑建筑的重要性、经济性等特点，并在设计中确保建筑能够发挥预期的性能。

C. 性能目标

如上文所述，性能化设计要求设计者在设计阶段与业主共同确定建筑性能目标。性能目标应针对不同的建筑类别给出各个设计水准下的具体要求。确定建筑类别时应综合考虑建筑用途、建筑功能的重要性、建筑损伤后加固补强及功能中断带来的经济损失、作为历史文化遗产的潜在重要性等各方面因素。

性能目标规定了建筑在某一等级设计地震动或设计风荷载作用下的预期损伤程度，其中不但要考虑结构构件和非结构构件，还要考虑电力、燃气等设施。

性能化设计中很重要的一点是让业主期望的建筑性能与工程师预想的建筑性能协调一致。为便于理解，可将建筑类别、设计阶段和性能目标以矩阵图表的形式表示出来。表 5.2 和表 5.3 给出了用于抗震设计的性能目标的两个实例。

表 5.2[8] 对不同类别的建筑给出了某一地震动烈度等级下的性能目标。建筑类别从高到低分为 S、A、B 和 C 等四类①，分别对应于不同的抗震性能目标。抗震性能目标涵盖主体结构、非结构构件和建筑设备等各个方面。

表 5.3[9] 给出了不同的地震动烈度等级下的抗震性能目标。地震动烈度等级以震度②表示。建筑类别则根据建筑的重要性分为 3 类。

译注：
① 其中 C 类建筑为一般建筑，其抗震性能相当于现行规范体系要求的抗震性能，是建筑抗震性能的下限。而 B 类、A 类和 S 类建筑则依次具有更高的抗震性能。
② 震度，这里特指 JMA 震度，即日本气象厅（JMA）在地震后发布的各地区地震动的剧烈程度。从震度 1 至震度 7 共分七级，其中震度 5、6 两级又分别细分为 5 强、5 弱和 6 强、6 弱。JMA 震度是以地震中观测到的地面加速度记录为基础计算的。该计算由强震仪自动完成，由气象厅汇总并快速发布。由于与地面加速度峰值关系比较密切，JMA 震度的大小与建筑震害的相关性往往会受到质疑。比如 2011 年 9.0 级的东日本大地震后的震害调查发现，给出震度 7 报告的强震台站周边建筑的震损并不十分严重。

性能目标示例（1） 表 5.2

	C类 人员生命安全	B类 人员生命安全 建筑可修复	A类 人员生命安全 建筑可修复 建筑主要功能不中断	S类 人员生命安全 建筑可修复 建筑功能不中断
性能目标	震度6的地震动作用下不发生危害人员生命安全的建筑物倒塌	震度6的地震动作用下可作为安全避难场所，震后建筑结构可以修复，装修、设备、管线等可修复或可更换	震度6的地震动作用下建筑结构、装修、设备、管线等经简单修复可继续正常使用	震度6的地震动作用下建筑结构、装修、设备、管线等基本没有损伤，可直接继续使用
主体结构	有可能发生较大的变形与损伤	允许出现一定的变形与损伤，但经修复可继续使用	允许出现混凝土开裂、部分剥离等对主体结构影响较小的轻微损伤，简单修复后可继续使用	主体结构基本没有损伤
非结构构件	可能出现诸如内外装修材料剥落、门无法打开等影响建筑功能的损伤。应避免出现诸如避难逃生通道受阻等影响人员生命安全的损伤	某些部位会出现一定程度的损伤，但装修等非结构构件等经修复或更换后可继续使用	某些部位会出现轻微损伤，经简单修复后可继续使用	基本上没有损伤，或只出现不需修复即可继续使用的非常轻微的损伤
建筑设备	建筑设备可能出现损伤并停止工作，但其损伤程度应控制在不引发危及人员生命安全的次生灾害的范围之内	某些部位会发生损伤，但应尽量将分散设备功能以尽可能降低风险	建筑正常使用所必需的基本功能不丧失，其他的一般建筑功能应在周边基础设施修复时及时恢复	周边基础设施一旦恢复，建筑功能也能够同时恢复

5.2.2 设计准则

损伤控制设计是一种能够实现高抗震性或高抗风性的性能化设计方法。适当调整减振装置的布置与性能，可以实现不同等级的抗震与抗风性能目标。本节给出损伤控制设计中针对不同设计等级（地震动等级和风荷载等级）和建筑类别的抗震与抗风设计准则。

表5.4给出了损伤控制设计的抗震设计准则。地震动按其剧烈程度分为三个等级，建筑则分为 S、A、B 三个等级。相应的抗震性能目标

性能目标示例（2）　　　　　　　　　　　表5.3

建筑类别	I	II	III
建筑抗震性能	非常优越的抗震性能	比较优越的抗震性能	符合建筑基准法要求的抗震性能
建议适用的建筑	防灾救灾关键建筑	受损后社会影响较大的建筑	一般建筑

预期地震作用	震度	加速度（cm/s）	重视期（年）	50年超越概率			
	5	250	150	28%	轻微损伤或无损作		
	6	400	400	12%		可继续使用（轻微损伤）	
	7	500	500	10%		可快速恢复（中度损伤）	
	7	600	800	6%			加固后使用（严重损伤）　不可修复
建筑承载力增幅					1.5	1.25	1.0

抗震设计方案		I	II	III
	主体结构	←隔震结构→	←减震结构→	
			←传统抗震结构→	
	建筑部件	←隔震楼盖→		
		←隔震展台→		
			←高变形性能幕墙、吊顶→	
		←隔震墙→		
	设备	←备用管道系统→		
		←备用供电系统→		
			←应急电源→	

与上节对应。

　　对于主体结构，在构件内力和层间位移角两个方面设定设计准则。等级较高的建筑在较高的地震动烈度等级下仍应使主体结构保持弹性。另一方面，在同等级地震作用下，等级较高的建筑的层间位移角应较小。

　　通过累积延性系数为减震装置设定设计准则。该准则与建筑等级无关，而只与地震动烈度等级有关。对于第1水准地震动，要求其累积延性系数不超过极限累积延性系数 η_{max} 的 50%，对于第 2 水准地震动，要求不超过极限累积延性系数 η_{max} 的 75%，而对于第 3 水准地震动，则要求不超过极限累积延性系数 η_{max}。

损伤控制结构的抗震设计准则　　　　　　表 5.4

地震动等级			第 1 水准 中等地震	第 2 水准 强烈地震	第 3 水准 巨大地震
地面运动速度			$20\sim30$ cm/s	$30\sim60$ cm/s	$60\sim90$ cm/s
S 级	主体结构	内力	弹性范围	弹性范围	弹性范围
		层间位移角	小于 1/300	小于 1/150	小于 1/100
	减震装置	累积延性系数	$\eta\leqslant1/2\eta_{max}$	$\eta\leqslant3/4\eta_{max}$	$\eta\leqslant\eta_{max}$
A 级	主体结构	内力	弹性范围	弹性范围	部分屈服
		层间位移角	小于 1/250	小于 1/125	—
	减震装置	累积延性系数	$\eta\leqslant1/2\eta_{max}$	$\eta\leqslant3/4\eta_{max}$	$\eta\leqslant\eta_{max}$
B 级	主体结构	内力	弹性范围	部分屈服	部分屈服
		层间位移角	小于 1/200	小于 1/100	—
	减震装置	累积延性系数	$\eta\leqslant1/2\eta_{max}$	$\eta\leqslant3/4\eta_{max}$	$\eta\leqslant\eta_{max}$

表 5.5 给出了抗风设计准则。设计等级按风速分为第 1 水准和第 2 水准两个阶段，重现周期分别约为 100 年和 500 年。这里没有区分建筑等级。与抗震设计类似，主体结构按照构件内力和层间位移角设定设计准则，减震装置则按照累积延性系数设定设计准则。主体结构的内力应始终处于弹性范围，第 1 水准的层间位移角应控制在 1/200 以下，第 2 水准应控制在 1/100 以下。第 1 水准下减震装置应保持弹性，第 2 水准下减震装置的累积延性系数应控制在极限累积延性系数 η_{max} 的 50% 以下。

损伤控制结构的抗风设计准则　　　　　　表 5.5

风速等级		第 1 水准	第 2 水准
重现周期		100 年	500 年
主体结构	内力	弹性范围	弹性范围
	层间位移角	小于 1/200	小于 1/100
减震装置	累积延性系数	弹性①	$\eta\leqslant1/2\eta_{max}$

译注：
① 注意到在抗风设计准则中，要求主体结构在第 1 水准下的层间位移角小于 1/200，这与抗震设计准则相同。但抗风设计要求减震装置在第 1 水准下保持弹性，比抗震设计准则更加严格。为此，在实际设计中，结构的第 1 水准抗风设计往往以"减震装置保持弹性"为控制条件，层间位移角则有可能远小于 1/200。

随着高层建筑的快速发展，今后结构设计受风荷载控制的建筑比例估计会不断增大。抗风性能等级也有可能需要根据建筑等级的不同而做出相应的调整。

5.3 损伤控制结构的设计

5.3.1 设计流程

A. 基本原则

设计的基本原则如下：（1）在建筑结构中设置专门用于耗散地震能量的构件以减小结构层间位移反应以及设计地震作用。（2）减小结构变形有助于保证主体结构只出现轻微损伤，从而提高结构的抗震性能。（3）减小设计地震作用有助于提高建筑结构的经济性。（4）损伤只集中在减震构件中。减震构件可以作为判断整体结构损伤程度的依据。同时，减震构件应便于更换。[10,11]

B. 初步设计流程

图 5.16 给出了在建筑结构内使用滞回型阻尼器作为减震装置的设计流程实例。

（1）以正常设计的主体结构为基础，按恒载和基本周期等参数确定地震作用并进行结构内力分析。

（2）根据内力分析结果，设定滞回型阻尼器的剪力分担率、屈服承载力和恢复力特性等。此外，通过在一阶模态中加入附加阻尼比来考虑阻尼器的耗能减震效果。

（3）采用多自由度剪切层模型确认减震效果。可供选用的分析方法很多，比较有代表性的包括基于等效线性化方法的振型反应谱法和直接为阻尼器采用非线性恢复力模型的直接积分法。采用振型反应谱法时，可对应于主体结构在地震作用下的某一变形，将阻尼器的弹塑性行为等效为线性行为。对于直接积分法，则可以直接进行动力时程反应分析并与设计准则进行比较。

（4）若在振型反应谱法中一阶模态的等效阻尼比能够满足要求，或者直接积分法的分析结果能够满足设计准则的要求，则可对主体结构和弹塑性阻尼器做进一步的详细设计。为了提高减震效率，应尽量使结构中更多的阻尼器屈服耗能。

（5）对整体结构进行弹塑性地震反应分析，确认其能否实现预期的抗震性能。

```
┌─────────────────────────────────┐
│ (1) 主体结构的设计                 │
│ 竖向荷载作用下的结构内力分析         │
│ 假设外力分布的结构内力分析           │
└─────────────────────────────────┘
                 │
                 ↓
┌─────────────────────────────────┐
│ (2) 阻尼器的设计                   │
│ 设定屈服承载力水平                  │
│ 设定剪力分担率                     │
└─────────────────────────────────┘
                 │
                 ↓
┌─────────────────────────────────┐
│ (3) 地震、风反应分析                │
│ 通过地震或风反应分析确认阻尼器的耗能效果 │
│ a. 基于阻尼器等价线性化的分析        │
│ b. 基于直接积分法的弹塑性反应分析     │
└─────────────────────────────────┘
                 │
                 ↓
┌─────────────────────────────────┐
│ (4) 详细设计                      │
│ 把握减震装置的特性                  │
│ 进行减震装置的细部设计              │
└─────────────────────────────────┘
                 │
                 ↓
┌─────────────────────────────────┐
│ (5) 基于结构模型的检验              │
│ 弹塑性地震反应、风反应分析           │
│ 与设计准则进行比较                  │
└─────────────────────────────────┘
```

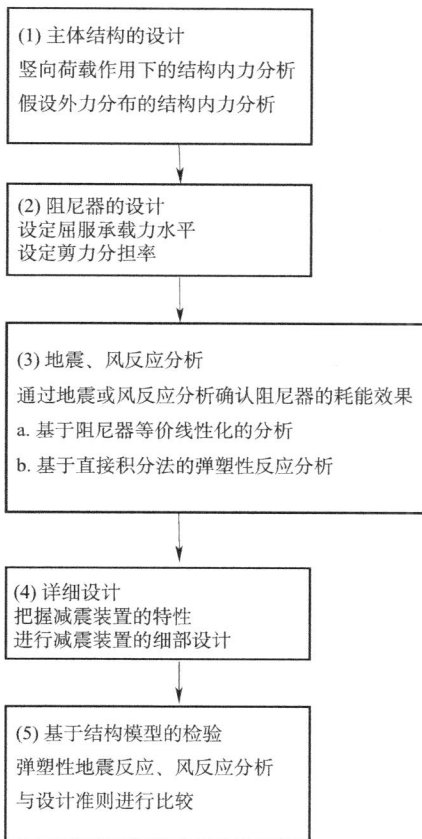

图 5.16　设计流程

5.3.2　地震作用

设定地震作用时，应在试算结构地震反应的基础上确定设计地震作用在结构中的分布，并以此为基础确定各个结构构件的截面。图 5.17 给出了采用弹塑性地震反应分析检验抗震设计准则的设计流程。

基于损伤控制设计理念的抗震设计强调关注各个构件的损伤行为，尤其是把握减震构件的塑性变形能力。图 5.18 是在构件层次上通过弹塑性地震反应分析检查结构抗震安全性的流程。

此外，有时还有必要通过专门的试验来检验减震构件在变形能力等方面的性能。

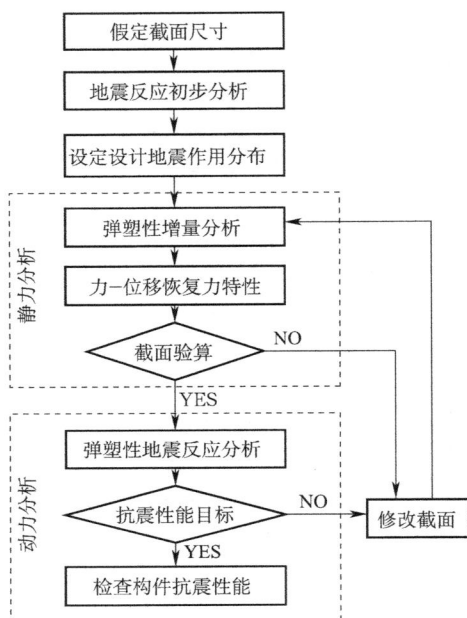

图 5.17　抗震设计流程

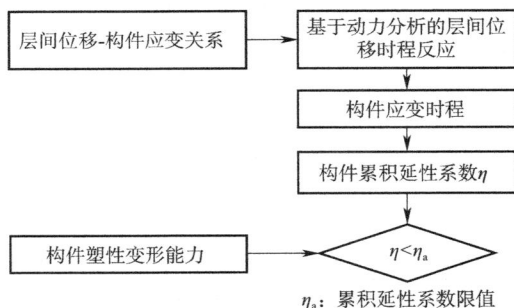

图 5.18　减振构件的截面验算流程

5.3.3　风荷载

　　一般的抗风设计可以只考虑结构立面上作用的最大风荷载。但若在设计中允许减震装置在风荷载作用下屈服，则有必要考虑结构立面上作用的最大风向上的风荷载的脉动成分。图 5.19 给出了风荷载作用下的滞回特性。图中，风荷载的平均成分相当于造成滞回曲线的原点偏移，当风荷载的平均成分所占比重较大时，有可能增大层间变形而使滞回耗能减小。另一方面，当风荷载的脉动成分占主导时，滞回耗能较大，但可能引起减震装置的低周疲劳损伤。[12]

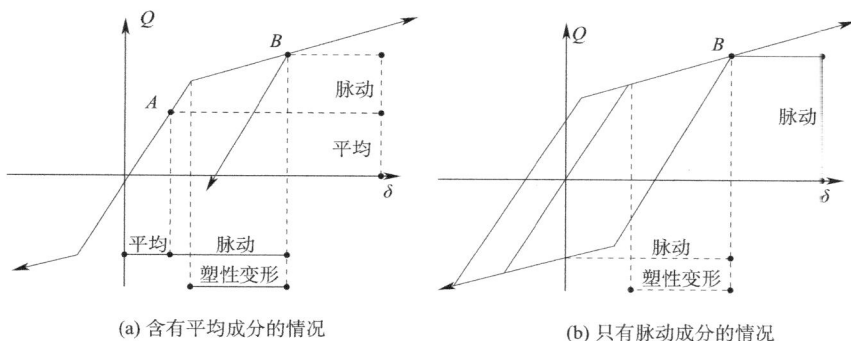

(a) 含有平均成分的情况　　　　　　　　(b) 只有脉动成分的情况

图 5.19　风荷载作用下的滞回特性

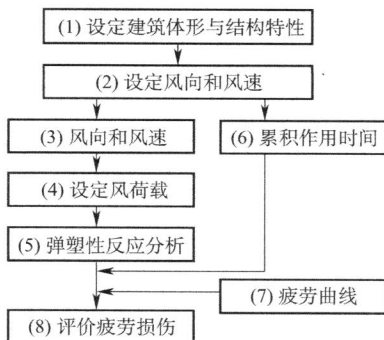

图 5.20　抗风验算流程

图 5.20 给出了抗风设计中考虑疲劳损伤的设计流程。该流程中(1)～(4) 项均与以往方法类似，第（5）项由于需要采用弹塑性反应分析，有必要通过详细的风洞试验设定风荷载。下面对第（5）～(8) 项的要点作以说明。

（5）弹塑性反应分析：弹塑性地震反应分析方法已经逐渐普及，但弹塑性风反应分析尚存在如下困难。

1) 获取建筑各自由度上详细的风荷载时程记录尚比较困难；

2）由于风荷载持续时间较长，基于构件层次的整体结构弹塑性风反应分析的计算量非常大。

尽管如此，近年来多点风压计的出现使风压的实时观测成为可能，从而通过风洞试验可以得到详细的风荷载时程数据。另一方面，随着计算机技术的飞速发展，现在的计算能力已能满足风反应分析的需求。已有论文开始讨论弹塑性风反应分析[13]，其分析结果表明，塑性化程度不高时的弹塑性风反应与弹性分析得到的结果差别不大。

（6）风荷载累积作用时间：只根据 50 年间的气象资料可能难以准确把握建筑使用年限内的风荷载累积作用时间，这一问题对于出现频率较低的风荷载尤为突出。为了弥补这一缺陷，近年来提出了利用气压场与最大风速的关系进行台风模拟的方法[14]。采用这一方法，不但可以确定最大风速，同时可以得到风荷载的累积作用时间，再结合气象观测数据，有可能比较准确地估算风荷载的累积作用时间。

（7）疲劳曲线以及（8）疲劳损伤程度评价：关于建筑的疲劳损伤中仍有许多问题有待研究，比如：

1）随形状不同，梁柱节点及焊缝的应力状态均会有所改变，但以试验为基础考察这些因素对疲劳损伤现象的影响的研究仍非常有限。

2）随机振动对疲劳损伤的影响。

3）试件尺寸的影响。

4）焊接等过程中残余应力的影响。

由于这些问题的存在，尚难以对一般建筑结构（梁柱节点等）给出疲劳损伤评估的规范指南。然而对于损伤控制结构，损伤只集中于某些特定的构件，只要能通过试验数据的积累把握这些损伤控制构件的行为，就可以比较准确地评价整体结构的损伤。[15]

5.4 计算分析

5.4.1 抗震设计实例

A. 计算分析模型

（1）建筑概况

高 138.8m，地上 33 层办公室，位于东京市中心，钢结构。

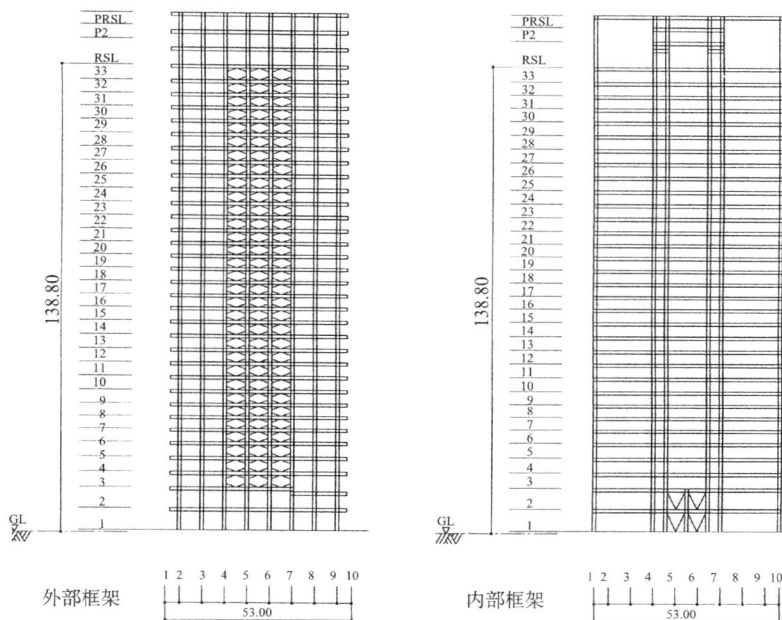

图 5.21　X 方向结构立面图

主要构件截面　　　　　　　　　　　　　　　　　　　　　表 5.6

梁 G

楼层	构件截面（两端）	构件截面（中央）
R	I-850×200×16×19	I-650×200×12×19
33～30	I-850×200×16×19	I-650×200×12×19
29～27	I-850×250×16×19	I-650×250×16×19
26～24	I-850×250×16×19	I-650×250×16×19
23～15	I-850×250×16×19	I-650×250×16×19
14～9	I-850×250×16×22	I-650×250×16×19
8～5	I-850×250×16×22	I-650×250×16×19
4～3	I-850×350×16×25	I-850×300×12×25
2	I-1200×300×16×28	I-1200×300×12×25

柱 C

楼层	构件截面
33～30	H-522×485×30×35
29～27	H-532×485×35×40
26～24	H-542×490×40×45
23～21	H-522×490×40×50
20～18	H-562×490×40×55
17～15	H-562×495×45×55
14～12	H-572×495×45×55
11～9	H-572×500×50×60
8～6	H-580×550×50×60
5～3	H-580×580×66×60
2～1	H-580×580×70×70

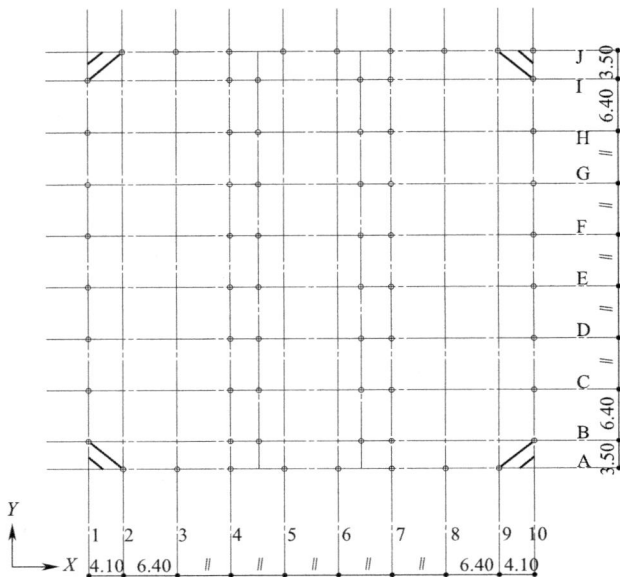

图 5.22　标准层平面布置（单位：m）

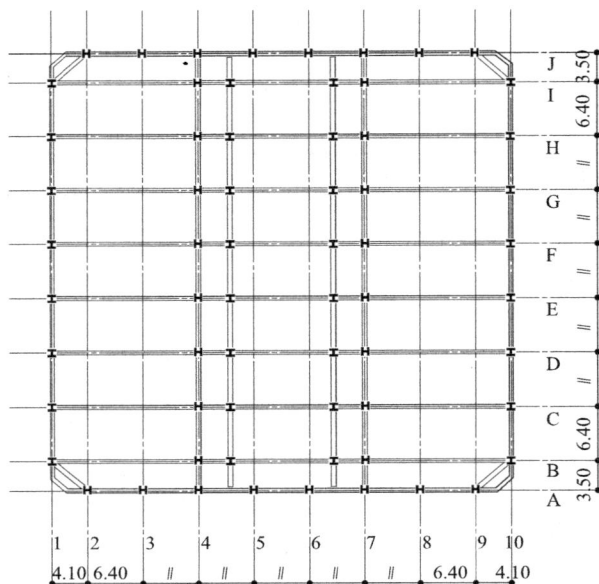

图 5.23　标准层楼面结构布置（单位：m）

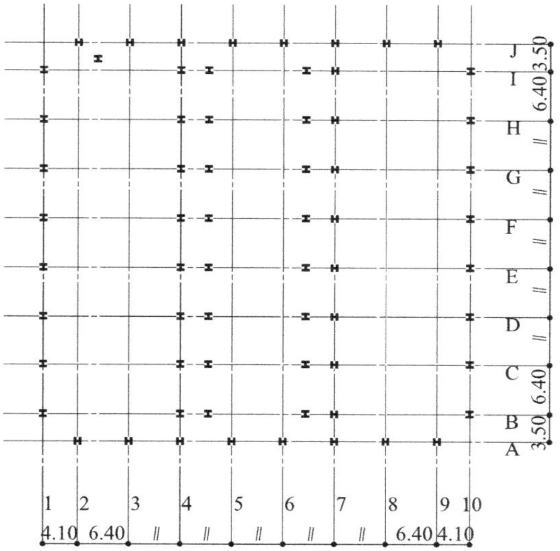

图 5.24 柱平面布置（单位：m）

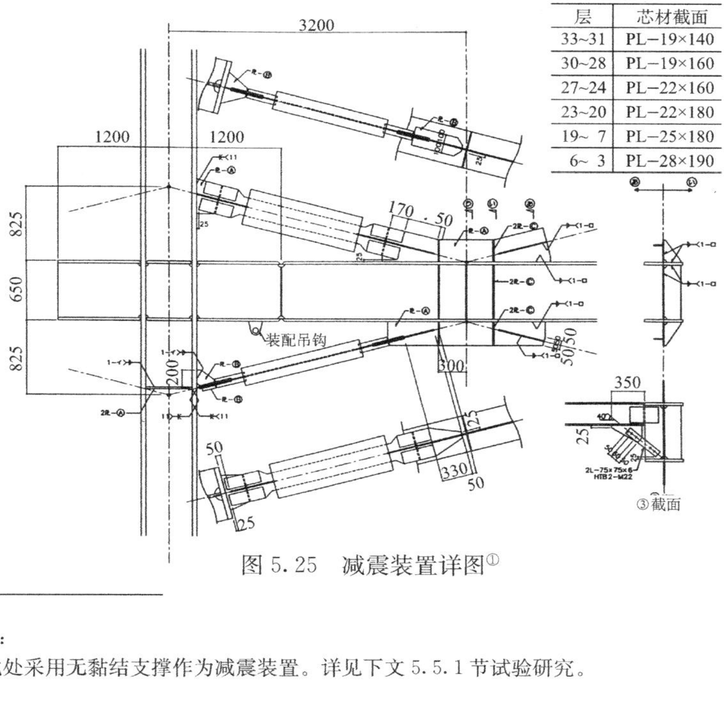

层	芯材截面
33~31	PL-19×140
30~28	PL-19×160
27~24	PL-22×160
23~20	PL-22×180
19~ 7	PL-25×180
6~ 3	PL-28×190

减震装置(无黏结支撑)

图 5.25 减震装置详图[①]

译注：
① 此处采用无黏结支撑作为减震装置。详见下文 5.5.1 节试验研究。

（2）设计准则

抗震设计准则　　　　　　　　　　　　表 5.7

地震动等级		第 1 水准 中等地震	第 2 水准 强烈地震	第 3 水准 巨大地震
地面运动速度		25 cm/s	50 cm/s	75 cm/s
主体结构	内力	弹性范围	弹性范围	部分屈服
	层间位移角	1/200	1/100	—
减震装置	累积延性系数	$\eta \leqslant 1/2\eta_{max}$	$\eta \leqslant 3/4\eta_{max}$	$\eta \leqslant \eta_{max}$

（3）分析模型

地震反应分析模型采用等效剪切层模型。确定各楼层的恢复力特性时，先对空间结构杆系模型（图 5.26）进行静力弹塑性推覆分析，再将得到的楼层推覆曲线按三线形模型进行归一化。

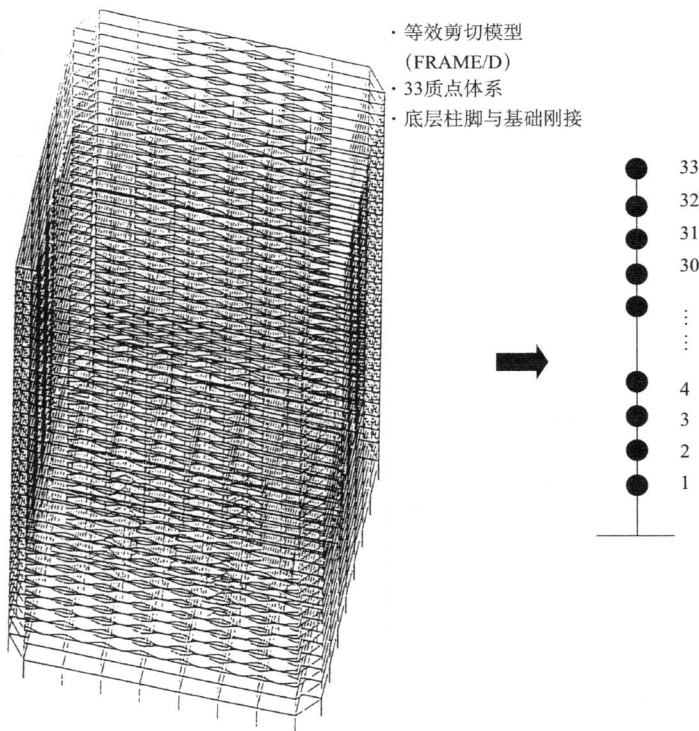

· 等效剪切模型
　（FRAME/D）
· 33质点体系
· 底层柱脚与基础刚接

图 5.26　分析模型

（4）模态分析

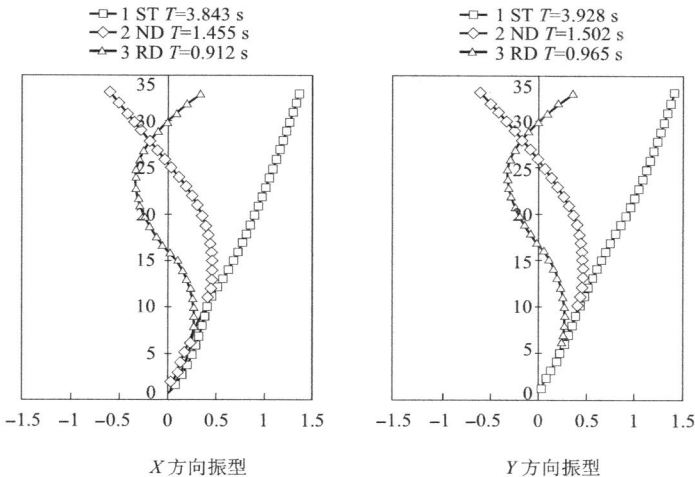

图 5.27　前三阶模态

B. 地震反应分析

（1）地震反应谱分析

加速度反应谱，速度反应谱和位移反应谱如图 5.28 所示。

（2）分析结果与讨论

a）损伤控制设计中的弹塑性地震反应分析

为比较准确地评价减震构件的行为，在地震反应分析中宜采用空间杆系模型。但由于空间杆系模型的分析计算耗时较长，计算成本高，尚不适于设计实践。因此这里首先采用空间杆系模型进行弹塑性静力推覆分析，然后将得到的楼层剪力和层间位移关系曲线简化为三线形模型并建立等效剪切层模型，再通过等效剪切层模型的弹塑性动力反应分析得到各层的最大层间位移反应。根据层间位移的结果，即可在弹塑性静力分析结果中查找相应的减震构件的最大延性系数等。

b）对多自由度体系地震反应分析结果的讨论

图 5.29 和图 5.30 给出了按上述分析方法得到的结构在第 1 和第 2 水准地震动作用下（参见表 5.7）的最大反应。图中给出的是四条地震波（El-Center NS，Taft EW，八户波 NS，Artwave）作用下的分析结果的最大值。

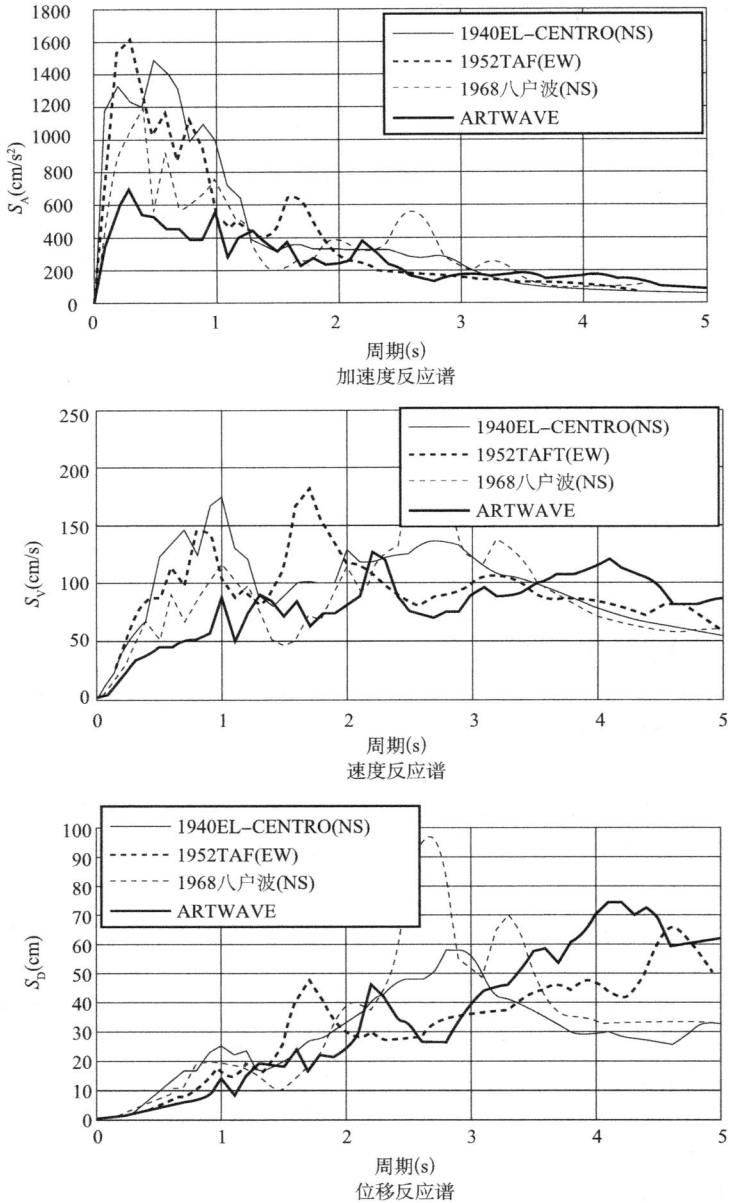

图 5.28　地震反应谱（$h = 2\%$）

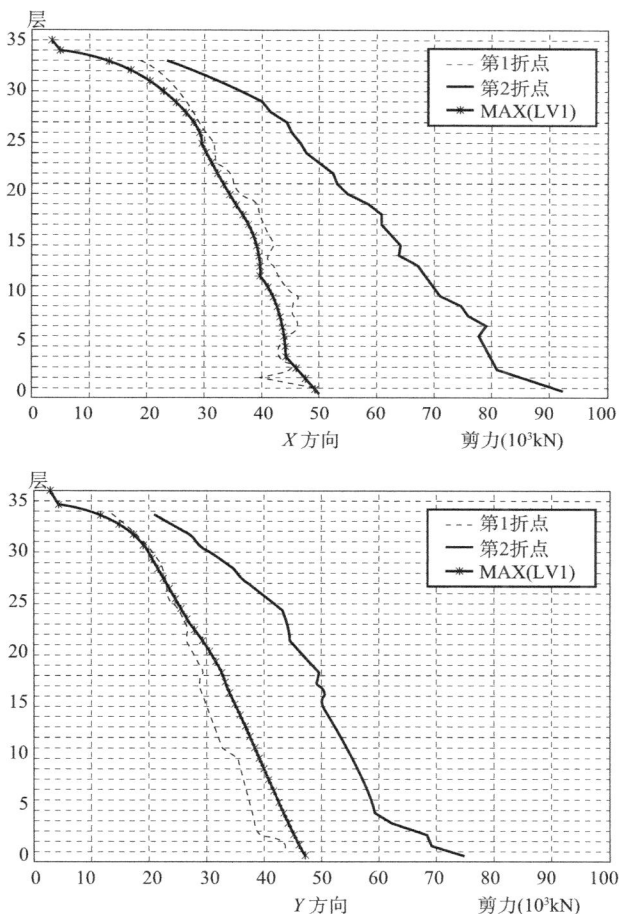

图 5.29　第 1 水准地震动反应分析结果

此外，图中标出的第 1 折点是减震构件屈服时对应的层间位移，第 2 折点是框架结构（框架梁）首次出现塑性铰时的层间位移。

第 1 水准地震动作用下，结构 X 方向的减震构件基本处于弹性范围，20 层以下 Y 方向的减震构件则全部屈服。由于在各方向上减振构件的屈服承载力均事先按照初步的结构地震反应分析结果做了调整，使二者沿结构高度方向具有相似的分布，因此并未出现变形集中的楼层，各层减震构件基本上同时屈服。第 2 水准地震动作用下，X 和 Y 方向的减震构件均全部屈服，但各层变形均未超过第 2 折点，主体框架结构仍

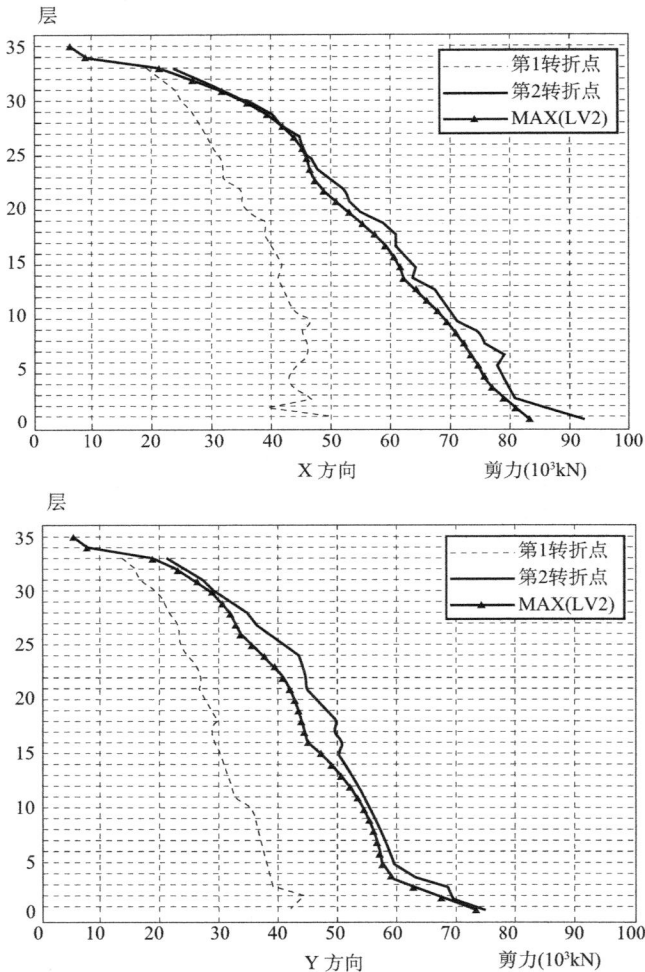

图 5.30　第 2 水准地震反应分析结果

处于弹性范围之内。此时减震构件的最大应变约为 0.3% 左右（最大延性系数约为 10）。

　　根据这一结果，再结合子结构试验的结果，即使考虑地震的往复作用效应，减震构件也不会发生承载力退化，可以通过稳定的塑性变形有效地耗散地震输入能量。

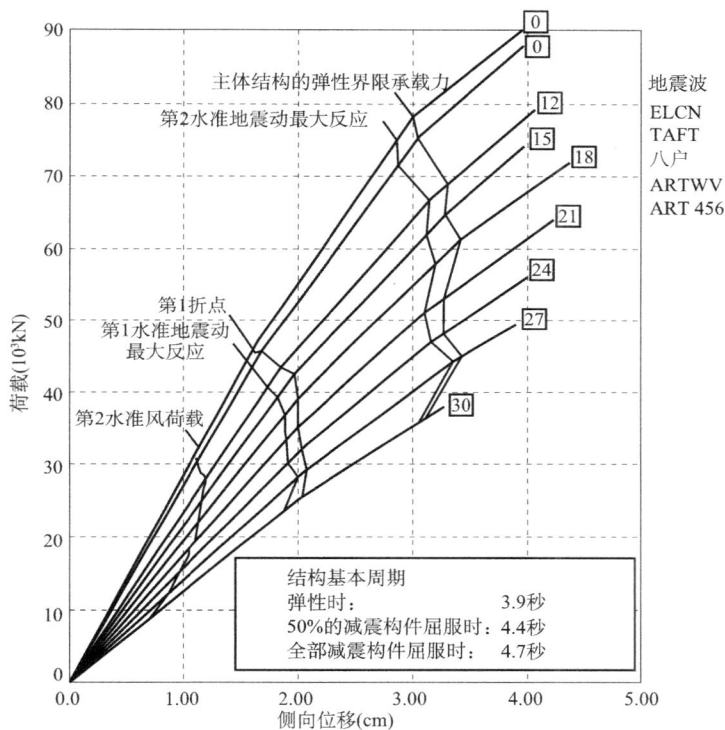

图 5.31　*X* 方向地震反应

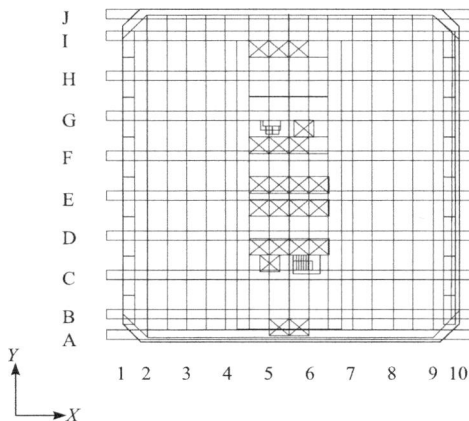

图 5.32　标准层梁的结构平面布置

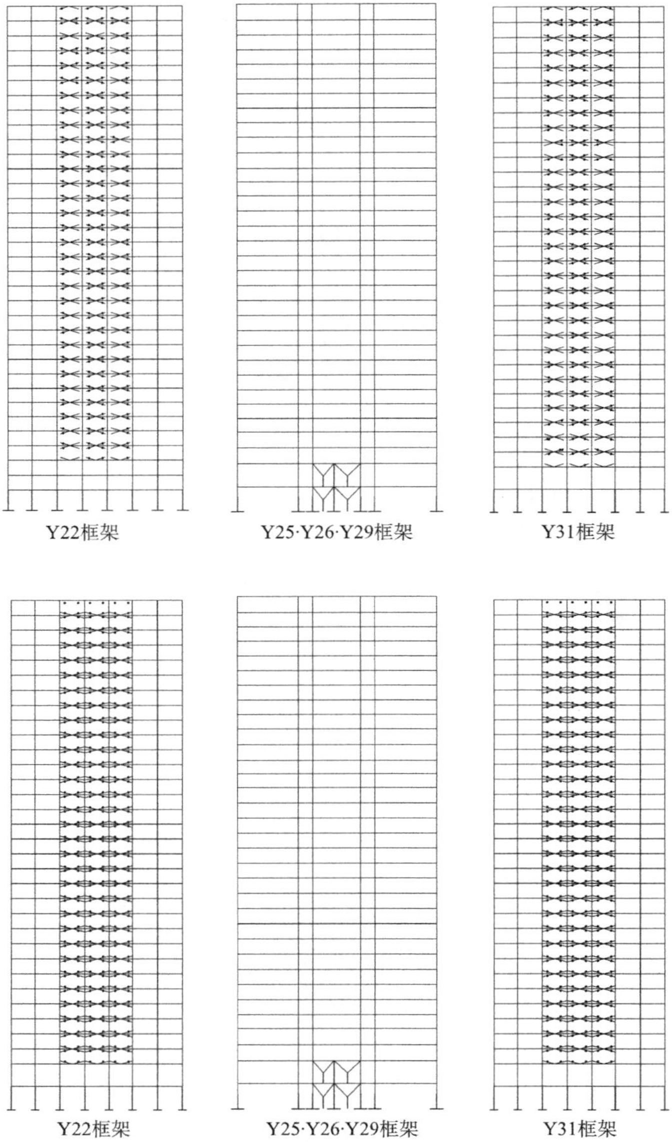

Y22框架　　　　　　　Y25·Y26·Y29框架　　　　　　Y31框架

Y22框架　　　　　　　Y25·Y26·Y29框架　　　　　　Y31框架

图 5.33　第 2 水准地震动作用下的塑性铰分布

c）累积损伤的计算

根据线性累积损伤准则（Miner 准则），采用第 2 水准地震动作用下构件的应变来评价其疲劳寿命。

d）构件层次的地震反应分析

通过对构件层次的结构模型进行弹塑性地震反应分析，可直接评价构件的延性系数和累积延性系数。需要注意的是，随着计算模型规模的增大，计算耗时相应增加；另一方面，分析结果在很大程度上取决于各个构件的数值模型的准确性。

表 5.8 列出了计算分析概况。

分析条件　　　　　　　　　　　　　表 5.8

数值积分方法	Newmark-β 法（$\beta=0.25$）
黏性阻尼	切线刚度比例型（$h_1=0.02$）
输入地震动	人工地震波（BCJ）
地震动等级	第 1 水准（25 cm/s） 第 2 水准（50 cm/s） （第 3 水准（75 cm/s）仅用于检验安全性）
时间步长	0.01 秒
恒载	考虑竖向荷载的影响

图 5.34～图 5.36 分别给出了不同水准地震动作用下减震构件的耗能、最大延性系数和累积延性系数在结构体系中的分布。

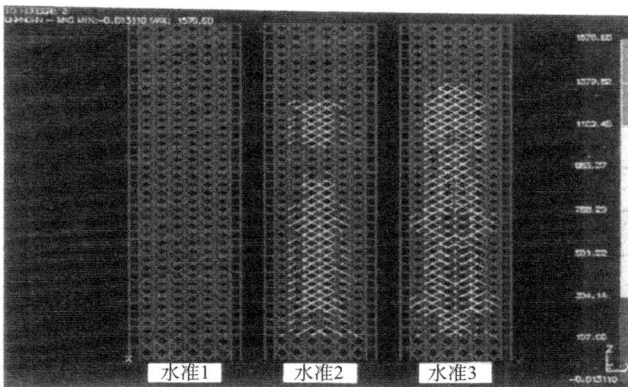

图 5.34　减震装置的滞回耗能

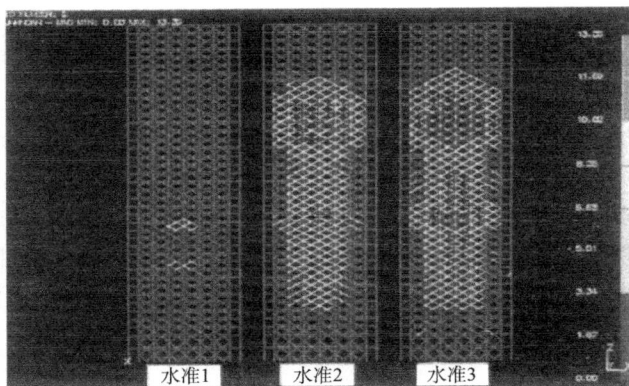

图 5.35   减震装置的最大塑性率

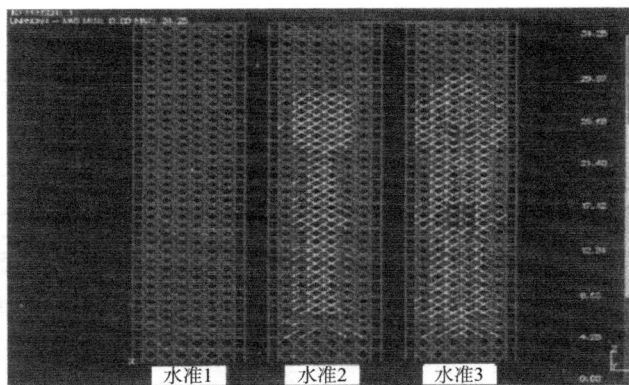

图 5.36   减震装置的累积塑性率

在第 1 水准地震动作用下，约 50％的减震构件屈服，但耗能量非常小。在第 2 水准和第 3 水准地震动作用下，90％以上的减震构件屈服，滞回耗能也随着地震动等级的提高而增大。对于本算例，受高阶振型影响中部楼层的减震构件的耗能较大。此外，与外侧相比，滞回耗能更倾向于集中在结构的内侧[16]。

5.4.2   抗风设计实例

A. 计算分析模型

（1）建筑概况

高 184m，地上 44 层办公室，位于东京市中心，钢结构。

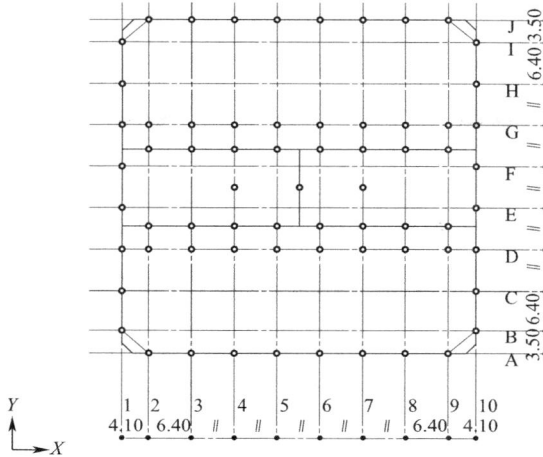

图 5.37　标准层平面（单位：m）

主要构件截面　　　　　　　　　　　　　　　　表 5.9

梁 G₁

楼层	构件截面（两端）	构件截面（中央）
R	I-650×250×12×19	I-650×200×9×16
44、43	I-650×250×12×19	I-650×200×12×16
42～37	I-650×250×12×19	I-650×200×12×19
36～31	I-650×300×12×19	I-650×200×12×19
30～28	I-650×300×12×22	I-650×200×12×22
27～22	I-650×300×12×25	I-650×200×12×25
21～19	I-650×350×12×25	I-650×250×12×25
18～4	I-650×350×12×28	I-650×250×12×28
2，3	I-1200×300×19×25	I-1200×300×12×22

柱 G₁

楼层	构件截面
44～42	H-512×470×20×30
41～39	H-512×475×25×30
38～33	H-522×480×30×35
32～24	H-542×490×40×45
23～21	H-552×495×45×50
20～15	H-562×500×50×55
14～12	H-572×500×50×60
11～9	H-582×505×55×65
8～6	H-592×515×60×70
5～3	H-592×515×65×70
1～2	□-592×515×70×70

减震构件 DV₄

楼层	构件截面
44～40	PL-19×80
39～37	PL-19×120
36～34	PL-19×120
33～25	PL-19×140
24～19	PL-19×160
18～13	PL-22×140
12～10	PL-22×160
9～3	PL-22×190

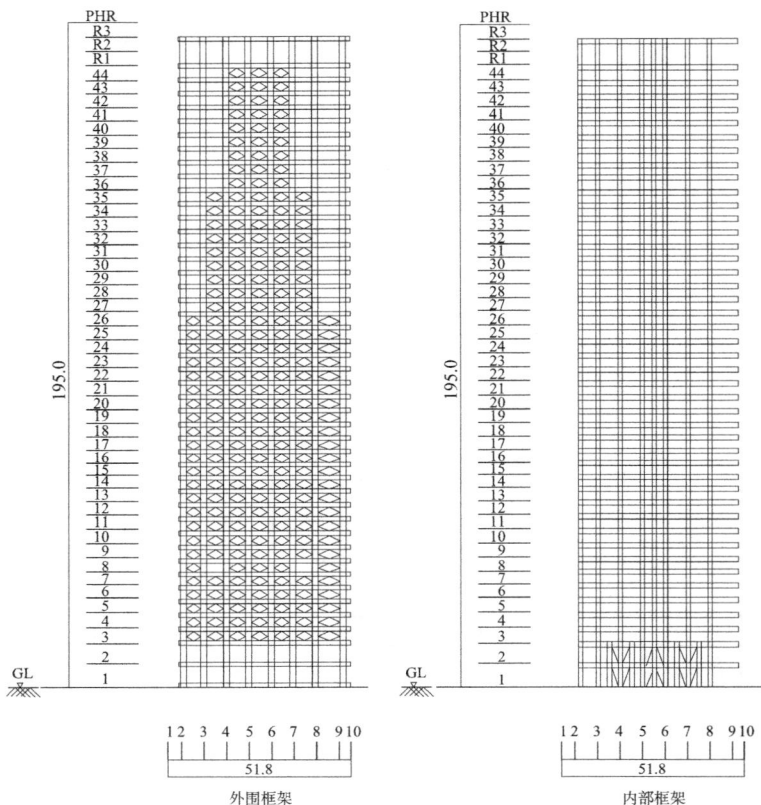

图 5.38　外围与内部框架

（2）设计准则

在考虑损伤控制的抗风设计中，有必要考察减震装置的疲劳损伤，特别是要考虑塑性行为的影响。为此，采用上文图 5.20 所示的流程对此加以考察。本例中采用的减震装置与图 5.25 中的相同。

该设计流程中的（1）～（4）项均为现有技术，第（5）项的弹塑性反应分析需要借助风洞试验来确定风荷载分布，其后的第（6）项风速累积作用时间，第（7）项疲劳曲线以及第（8）项疲劳损伤度的评价，已在本书第 5.3.3 节有比较详细的介绍。本例采用上文表 5.5 给出的抗风设计准则。

（3）分析模型

风反应分析模型如图 5.41 所示。将空间整体结构简化为一个 44 质

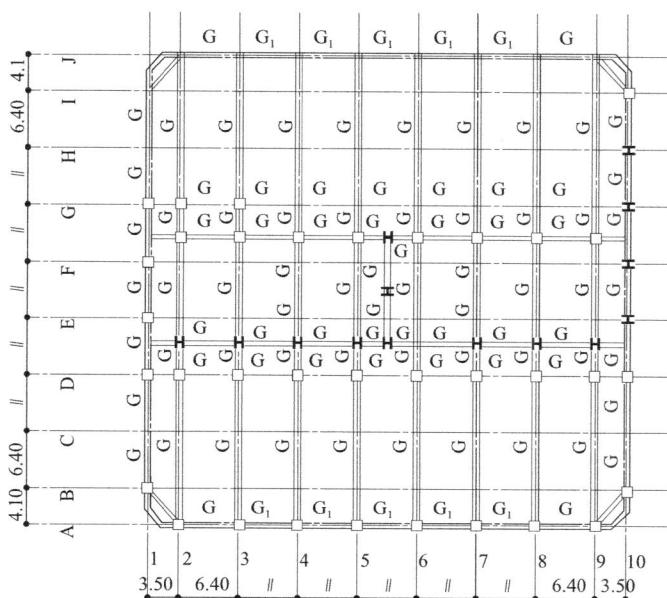

图 5.39 标准层楼面结构布置图（单位：m）

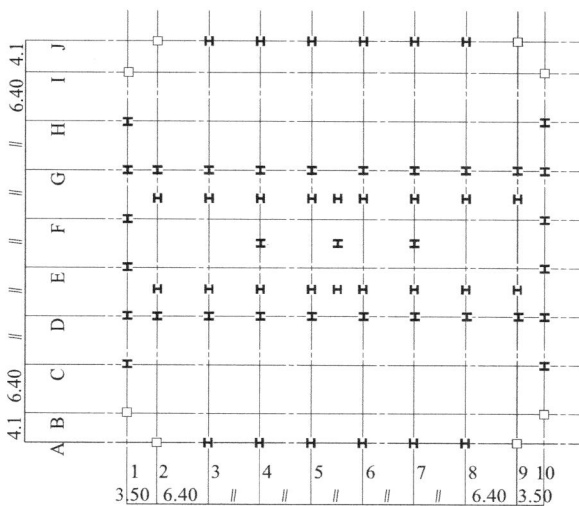

图 5.40 柱平面布置（单位：m）

点（每质点 3 个自由度）的等效剪切层模型。每个楼层的恢复力模型由 5 个弹簧组成，分别代表含有消能减震装置的 4 榀外围框架和不含消能减震装置的内部框架。对空间整体结构模型进行静力弹塑性分析，分别确定各层 5 个弹簧的恢复力特性。

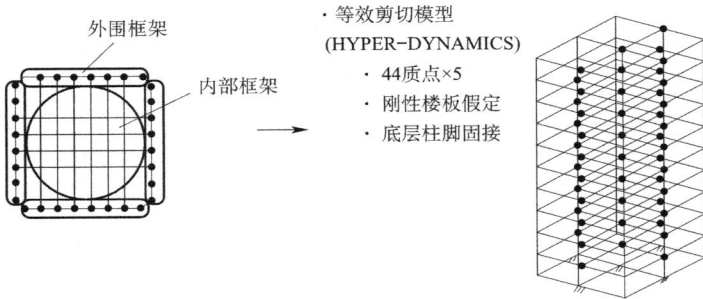

图 5.41　结构模型的简化（空间模型的静力弹塑性增量分析）

（4）模态分析

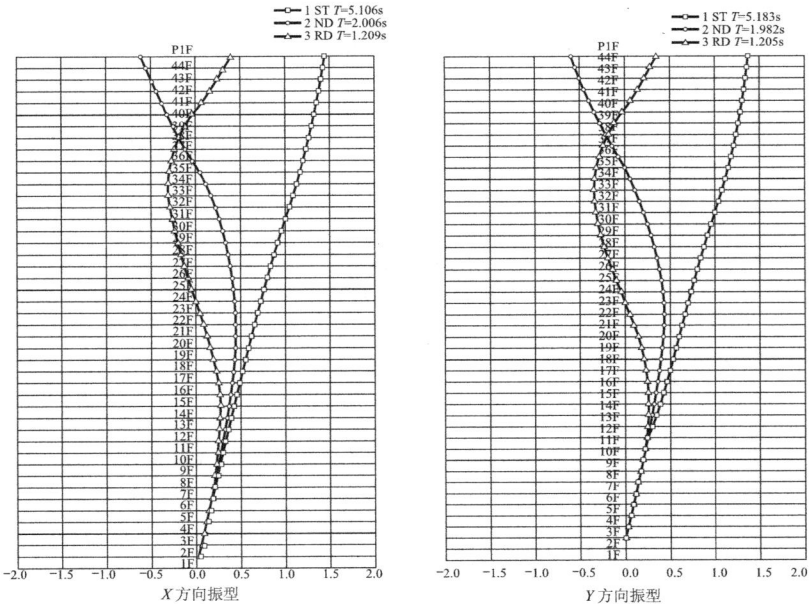

图 5.42　结构模态

B. 构件层次的弹塑性风反应分析

（1）分析条件

a）通过全风向（每 7.5°一个风向，共 48 个方向）风洞试验确定风荷载时程，再通过振型分解反应谱分析确定使结构反应最大的风向。顺风向、横风向以及扭转方向上的风荷载时程即为弹塑性反应分析中所输入风荷载的三个分量（图 5.43）。

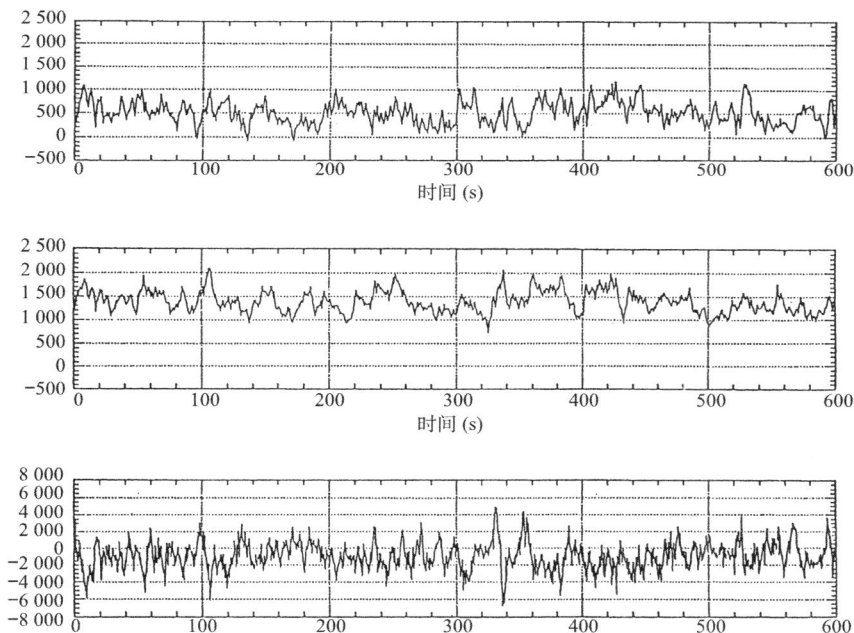

图 5.43　风荷载时程

b）风荷载的三个分量同时输入，第 1 水准（重现期 100 年）下的初始阻尼比设为 $h_1 = 0.01$，第 2 水准（重现期 500 年）下的初始阻尼比设为 $h_1 = 0.02$。采用初始刚度比例型阻尼。

c）采用上述简化为外围 4 榀框架和内部框架的剪切层模型进行弹塑性风反应分析，计算各个时刻各构件的风反应。

（2）对分析结果的讨论

a）损伤控制设计中的弹塑性地震反应分析

为满足损伤控制设计的需求，应对构件层次模型进行弹塑性动力时

重现期100年 VE3°模型
X 方向

重现期100年 VE3°模型
Y 方向

重现期500年 VE3°模型
X 方向

重现期500年 VE3°模型
Y 方向

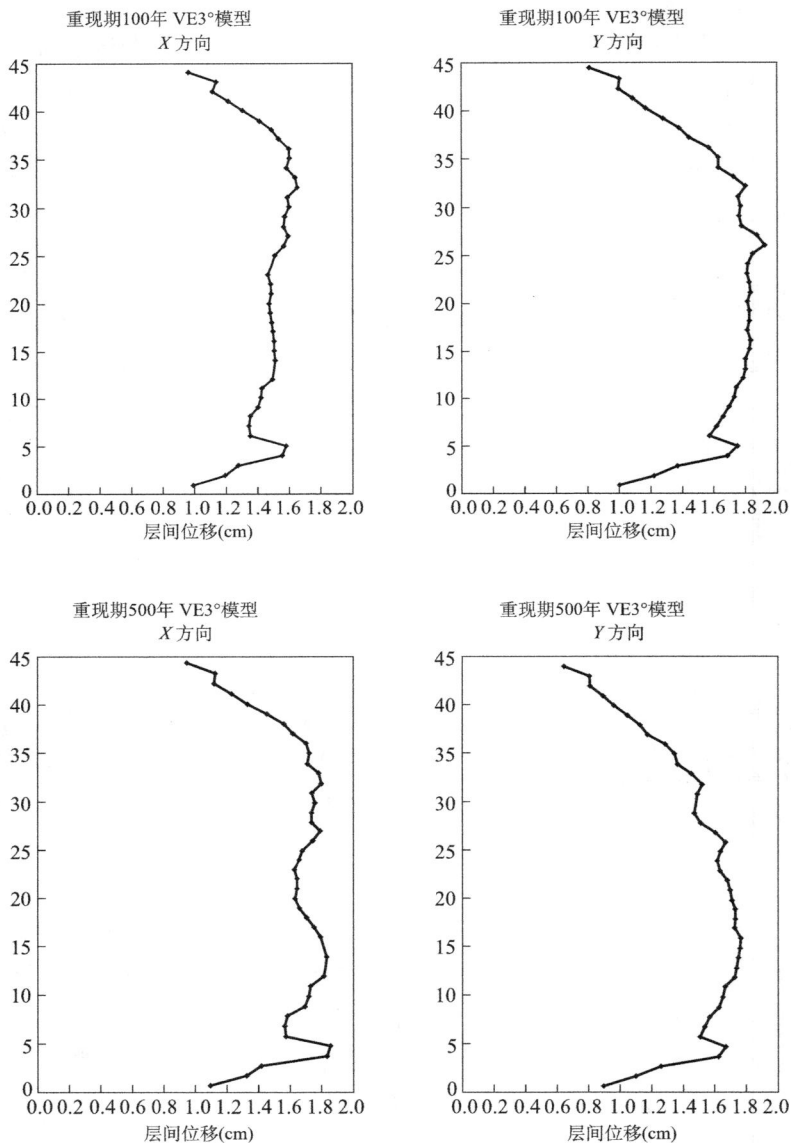

图 5.44　第 1 水准和第 2 水准风荷载作用下的层间位移反应

程反应分析以把握减震构件的反应特征。此处分别采用上述简化的等效剪切层模型和精细的杆系模型进行数值模拟分析。为正确评价结构的扭转以及外周框架结构中布置的减震装置的弹塑性行为，采用上述由外周 4 榀框架和内部框架等共 5 个弹簧系统组成的 44 质点简化模型进行弹塑性动力时程分析，得到各个弹簧系统在各层的剪力时程，进而将该剪力时程作为外力作用于精细的单层杆系结构模型[①]，从而得到各个减震构件的应变水平和滞回反应，从而可以评价减震构件的疲劳损伤程度。

b）构件层次的风反应分析结果

图 5.45 给出了按上述方法分析得到的结构在第 1 水准风荷载（重现期 100 年）和第 2 水准风荷载（重现期 500 年）作用下的最大层间位移。

结构在两个水准风作用下均能满足相应的层间位移限值。图 5.45 和图 5.46 给出了在位移较大的 Y 方向上第 1 水准和第 2 水准风荷载作用下减震构件的应变时程。图 5.47 则给出了位移较小的 X 方向上减震构件的应变时程。

从减震构件的应变水平可以看出，无论在 X 方向还是 Y 方向，减震构件在第 1 水准风荷载作用下均处于弹性状态，满足预先设定的抗风设计准则。

［减震装置的累积延性系数］

减震装置的最大应变出现在结构第 15 层的 Y 方向。在所分析的时段（约 11.5min）内，减震装置的单侧最大应变为 0.25%，两侧最大全应变幅为 0.3%。假设强风持续时间为 110min，则其累积延性系数 $\eta=\Sigma（\Delta\delta_{pi}/\delta_y）=43$。

根据钢材试验得到的疲劳曲线可以估计减震装置所能达到的极限累积延性系数 η_{max}。假设最大全振幅为单侧应变 0.25% 的两倍，即 0.5%，根据图 5.48 和图 5.49，可知疲劳寿命 $N=5\times10^3$，因此极限累积延性系数 $\eta_{max}=0.25/0.157\times5\times10^3=7961$，远大于计算分析得到的累积延性系数。

译注：

① 为简化计算，此处采用了单层杆系模型，即假设设备层柱的反弯点均位于柱的中央，将某层楼盖与上下各半层的柱隔离出来而形成的模型。

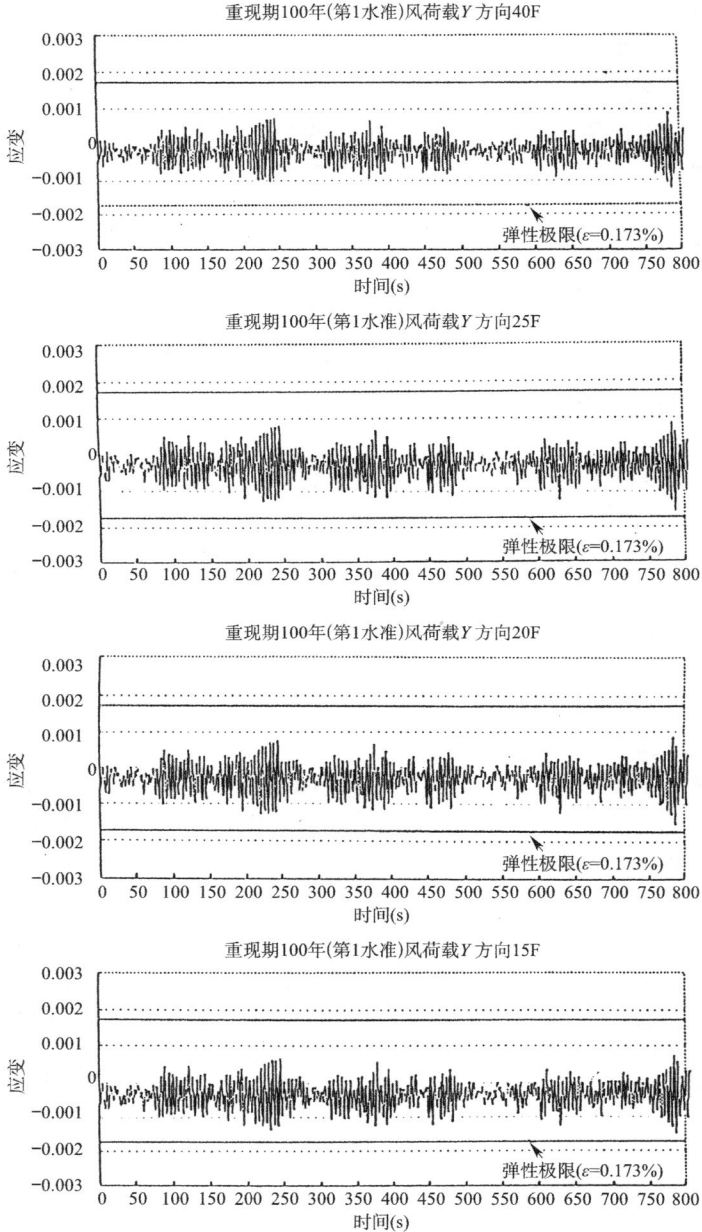

图 5.45 第 1 水准风荷载作用下 Y 方向阻尼器的应变反应

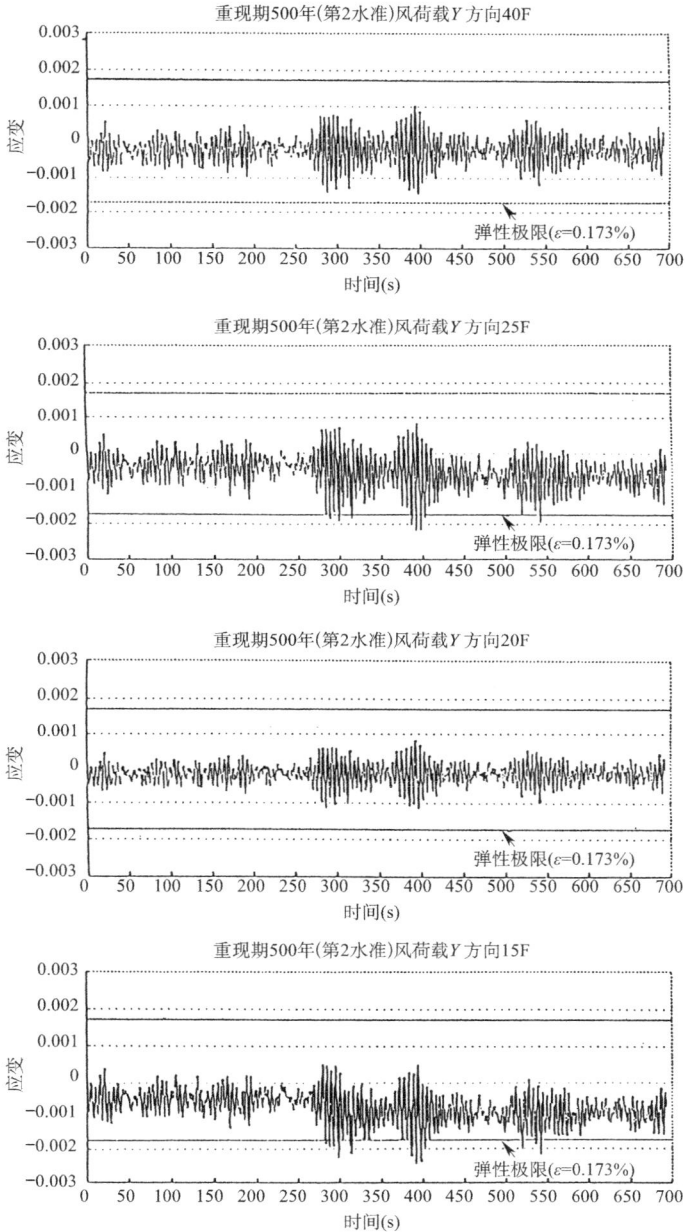

图 5.46　第 2 水准风荷载作用下 Y 方向阻尼器的应变反应

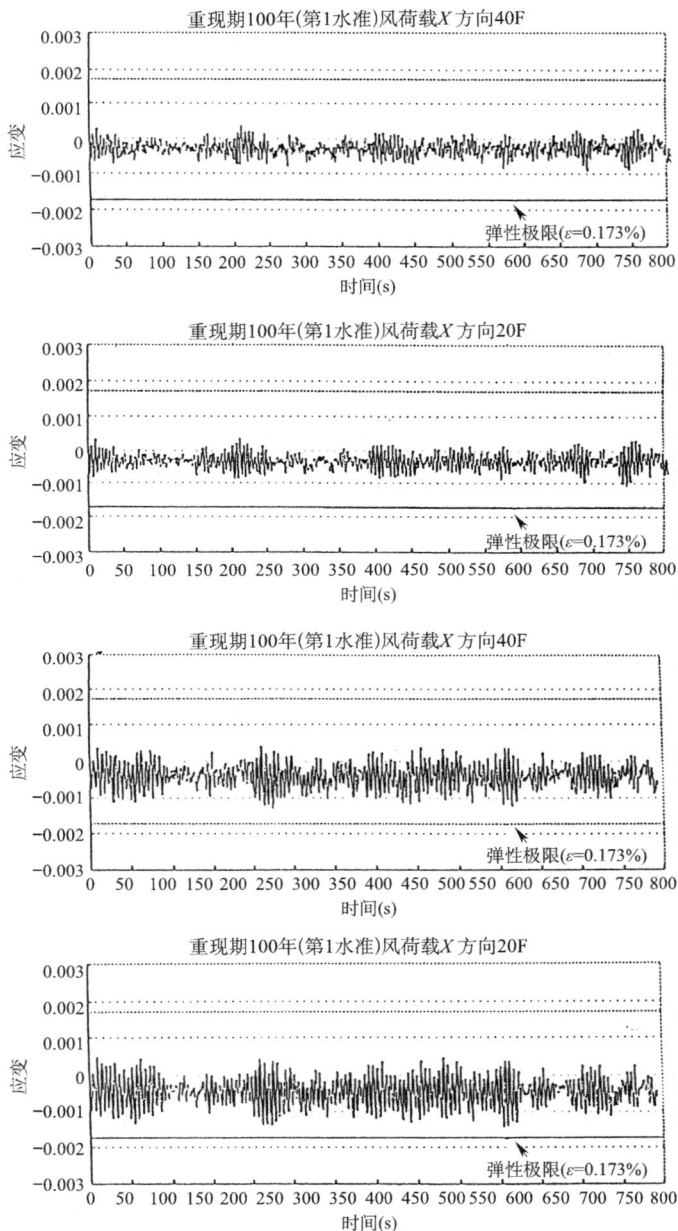

图 5.47 水准 1 及水准 2 风荷载作用下 *X* 方向阻尼器的应变反应

[减震装置的疲劳]

累积延性系数主要考察的是减震装置在塑性范围内的安全性。此外还有必要考察其在弹性范围内的疲劳寿命。

采用线性累积损伤法则（Miner 准则）对减震装置在 100 年间风荷载作用下的疲劳寿命进行考察。按风速设定不同的风荷载持续时间（图 5.50），并根据杆系模型的动力时程反应分析结果，确定应变幅和往复作用次数。再根据图 5.48 中的全应变幅和极限循环数关系或图 5.49 中的疲劳寿命曲线[1]确定一定应变幅下的极限循环数，并根据 Miner 法则计算线性累积损伤值。结构在 100 年间风荷载作用下第 15 层 X 方向减震装置的线性累积损伤值为 0.01，Y 方向为 0.25。此外，第 2 水准风荷载（持续时间 110 分钟）作用下 X 方向的线性累积损伤值为 0.001，Y 方向为 0.019。就线性累积损伤而言，即使结构在经历 100 年风荷载作用发生一定累积损伤后再遭受第 2 水准风荷载作用，其在 X、Y 两个方向仍均足够安全。

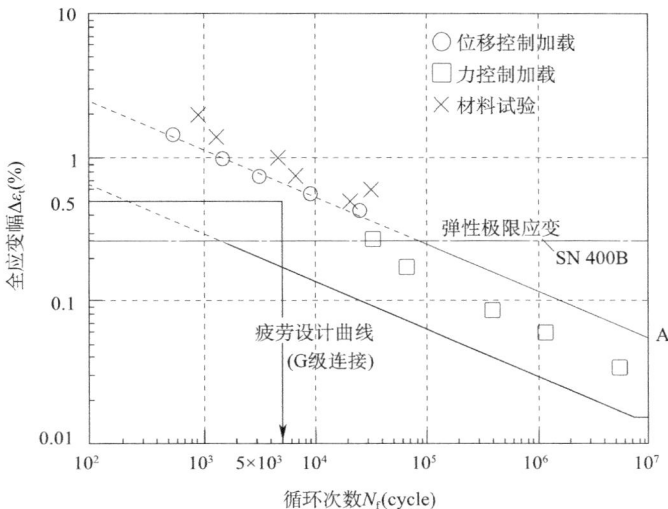

图 5.48　全应变幅-极限循环数关系

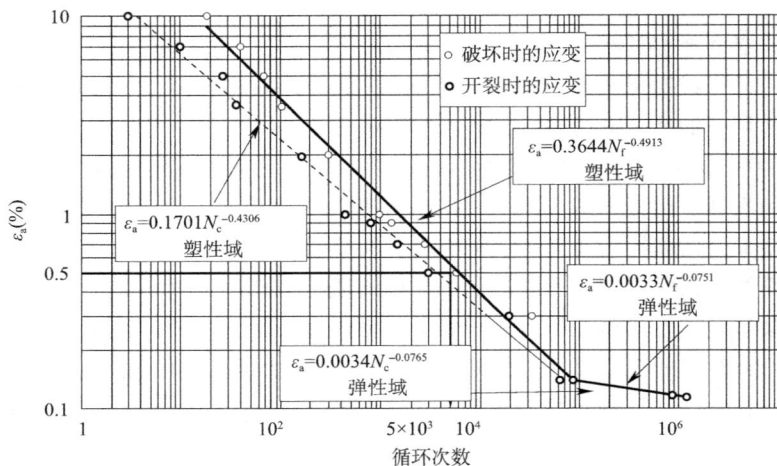

图 5.49 疲劳寿命曲线（$\varepsilon_a - N_c$，$\varepsilon_a - N_f$）（SM504 钢材）

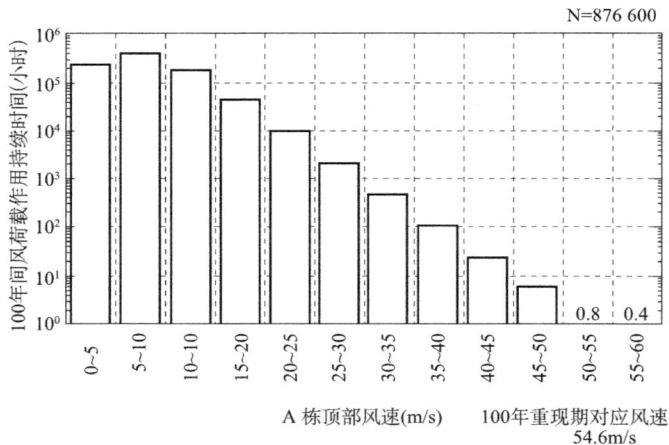

图 5.50 顶部风速的持续时间（重现期 100 年）

5.5　损伤控制结构试验

5.5.1　子结构试验

在采用损伤控制设计的带有减震装置的框架结构中取出一部分子结构进行足尺模型试验以检验其滞回性能。[17]

A. 试件

在图 5.51 所示的按照损伤控制结构要求设计的带有减震装置的框架结构中，取出虚线包围的子结构制作足尺结构模型。它包括一个由半跨钢梁（3.2 m 长）和与楼层高度相当的 4.0 m 长钢柱组成的 T 形框架部分（以下简称整体框架）。框架梁与框架柱均采用焊接 H 型钢，减震构件采用芯材为平钢板的无黏结支撑①。防屈曲约束机制采用由砂浆填充的钢管（STKR400）。试验共有两个试件，其区别仅在于无黏结支撑的芯材（平钢板）分别采用低屈服点钢 BT-LYP100（试件 1）和普通建筑用钢 SN400B（试件 2）等两种不同的钢材。两种情况下无黏结支撑的屈服轴力均约为 1000 kN 左右。

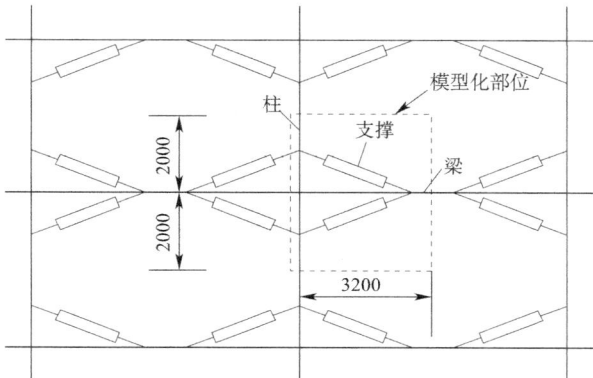

图 5.51　试件的原型结构

译注：
① 无黏结支撑（Un-Bonded Brace，UBB）是由新日本制铁开发的一种防屈曲支撑（Buckling Restrained Brace，BRB），是最早也是目前日本应用最为广泛的防屈曲支撑。防屈曲支撑一般是将钢支撑包裹在某种防屈曲约束套管中以防止钢支撑受压屈曲从而在受拉和受压时都可能表现出稳定的滞回耗能行为的支撑。新日铁无黏结支撑一般以钢管作为防屈曲约束套管并在钢管和芯材（钢支撑）之间填充砂浆。砂浆与芯材之前铺设很薄的无黏结材料以防止芯材的轴力传递给外部套管。防屈曲支撑常被用于建筑结构中的消能减震构件。

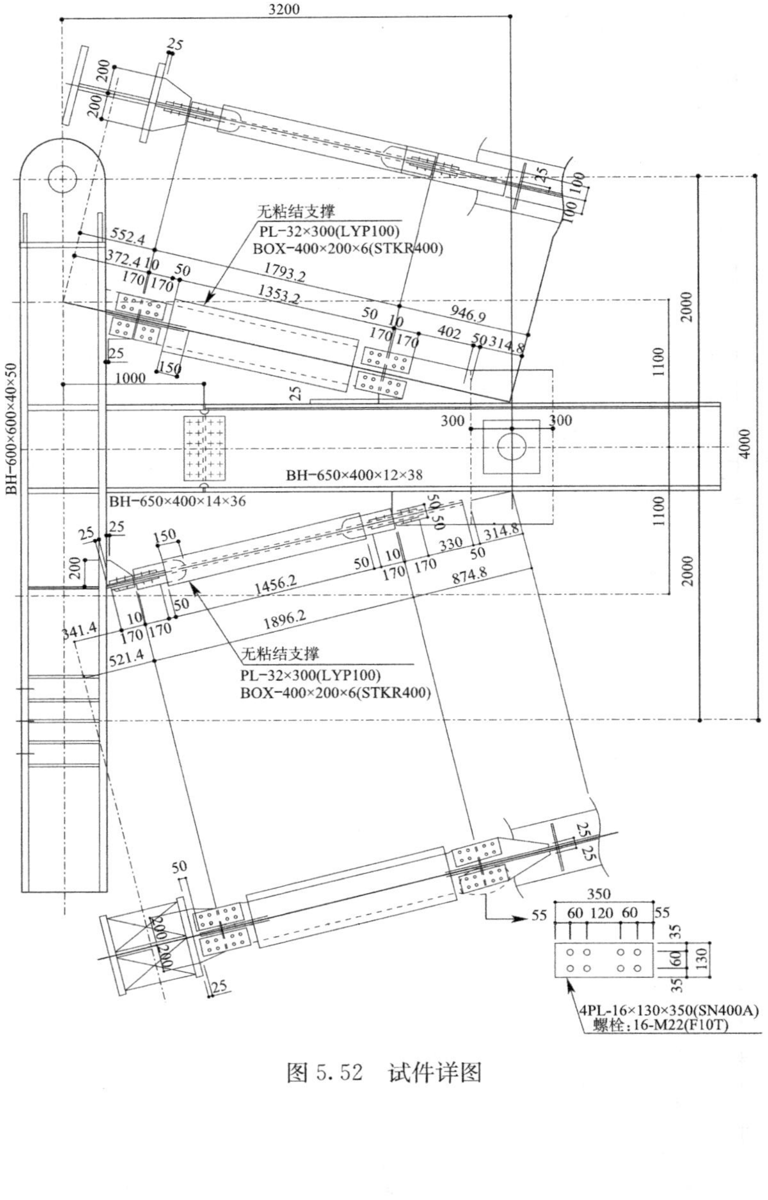

图 5.52　试件详图

使用钢材的材性　　　　　　　表 5.10

钢材使用部位	钢材种类	板厚（mm）	屈服强度（MPa）	极限强度（MPa）	延伸率（%）
柱翼缘	MAC325B	50	343	495	35
柱腹板	SN490B	40	331	510	33
梁翼缘	SN490B	28	330	505	30
梁腹板	SN490B	12	350	523	26
托梁翼缘	SN490B	36	328	511	32
托梁腹板	SN490B	14	393	543	26
节点板	SN490B	22	371	522	28
支撑芯材（试件 1）	LYP100	32	88	233	75
支撑芯材（试件 2）	SN490B	22	294	469	44

B. 试验方法

图 5.53 为试件和加载装置示意图。试验时试件水平放置于试验台面上，梁端和柱头分别由固定铰和滑动铰支撑。加载时，通过连接在柱脚的 1000t 液压作动器施加剪力 Q。加载制度采用图 5.54 所示的振幅逐渐增大的往复加载，包括对应于轻微地震的层间位移角幅值为 1/600 的两个加载循环，对应于第 1 水准地震动作用的幅值为 1/400 的两个加载循环和幅值为 1/200 的四个加载循环以及对应于第 2 水准地震动作用的幅值为 1/130 的两个加载循环。通过各个加载循环检验整体框架的滞回特性。此外，为考察试件的破坏行为，还分别对两个试件在正方向和负方向进行破坏性推覆加载，直到作动器行程用尽。

位移计固定在实验台面上，用于测量全体框架的层间位移 δ_{FL}，柱、梁、节点区的变形以及支撑的轴向变形。同时在支撑、柱、梁和节点区以及支撑节点板上布置应变片以测量局部应变。

C. 试验结果

(1) 整体框架结构的力和变形关系

整体框架结构层剪力（Q_{FL}）和层间位移（δ_{FL}）关系如图 5.55 和 5.56 所示。其中 Q_{FL} 即为作动器施加的作用力 Q。

从图 5.55 可见，在最初的加载循环中，试件 1 从 1/800 的层间位移角开始整体框架的刚度就因为斜撑进入塑性而有所减小。由于无黏结支撑芯材采用的极软钢具有比较明显的硬化特性，即使位移幅值相同，整体结构的受力也会因斜撑轴力的增加而有所上升。在层间位移角幅值

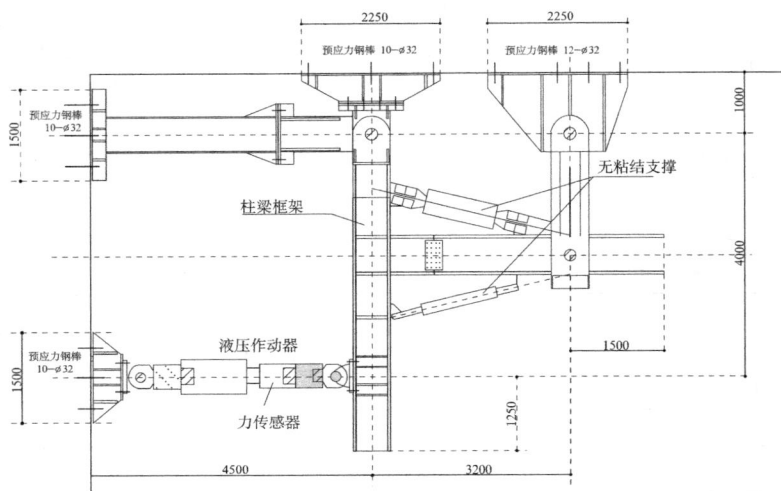

图 5.53　试验装置（单位：mm）

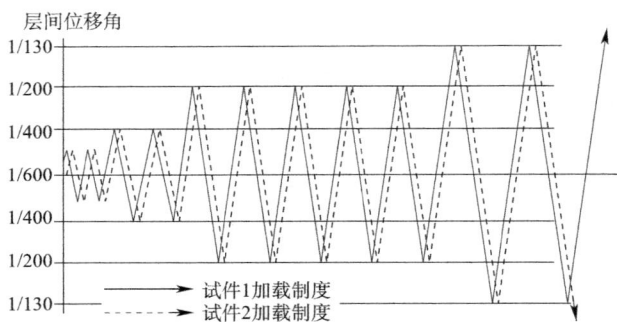

图 5.54　加载制度

达到 1/130 之前，梁、柱、支撑等构件在外观上均没有明显变化，滞回曲线也呈非常稳定的纺锤形。此外，正负荷载作用下的滞回曲线没有明显差别。层间位移角幅值超过 1/130 之后，整体结构的刚度进一步降低，梁、柱构件有可能已局部进入塑性。根据结构各个部位的应变测量结果可以得到整体体系的屈服次序为：$\theta=1/800$ 左右支撑屈服，约 1/66 时梁屈服，约 1/30 时梁柱节点屈服，柱则始终保持弹性。

对于试件 2，在 $\theta=1/400$（$\delta_{FL}=10$ mm）之前基本保持弹性，此后支撑屈服，整体结构刚度下降。在目标位移 $\theta=1/130$（$\delta_{FL}=30$ mm）

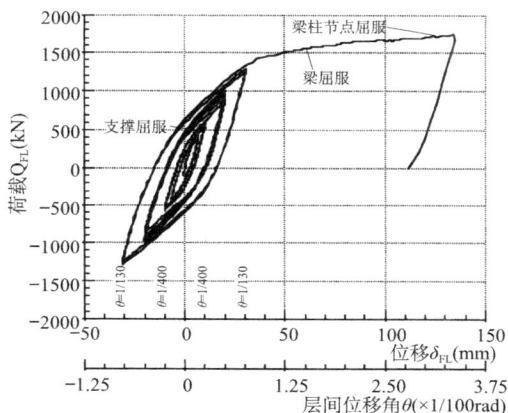

图 5.55　荷载—层间位移关系（试件 1）

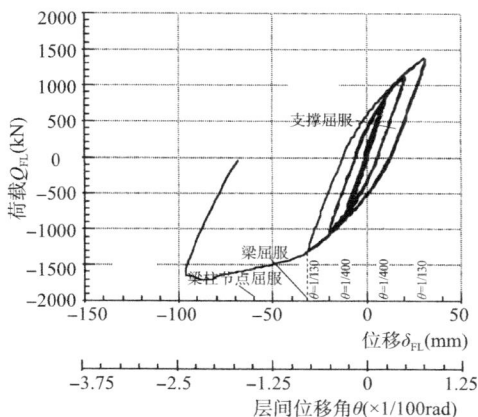

图 5.56　荷载—层间位移关系（试件 2）

之前，梁、柱与支撑的连接部位没有出现滑移或局部面外变形等现象，整体结构表现出稳定的弹塑性滞回行为。此外，与试件 1 相同，正负荷载作用下的滞回行为没有显著差异。$\theta = 1/130$ 之后结构刚度进一步下降，梁、柱局部开始进入塑性。根据结构各个部位的应变测量结果可以得到整体体系的屈服次序为：$\theta = 1/400$ 左右时支撑屈服，约 $1/110$ 时梁屈服，约 $1/70$ 时梁柱节点屈服。与试件 1 相同，柱始终保持弹性。

(2) 减震构件的整体行为

试件 1 和试件 2 的层剪力（Q_{FL}）-减震构件（即无黏结支撑）轴向应变（ε_{BR}）关系曲线如图 5.57 和图 5.58 所示。图中同时标出了 $\theta=$ 1/130 时和最大加载幅值时的支撑轴力（N_{BR}）。

从图 5.57 可以看出，试件 1 梁上和梁下支撑的受力行为没有显著差异，支撑受压时也没有发生屈曲现象，受拉与受压时均表现出稳定的滞回行为。支撑在层剪力超过 321 kN（$\theta=1/800$）之后进入塑性阶段，变形增大。这在图 5.55 所示的整体结构的滞回曲线中也有反映。当层剪力 $Q_{FL}=1300$ kN（$\theta=1/130$）时，支撑轴力达到屈服轴力的 1.7 倍，最大加载幅值（$\theta=1/30$）时达到屈服轴力的 1.9 倍。直到最后一个加载循环（轴向应变约为 2%），钢梁上下的两个支撑均能保持稳定的滞回行为，支撑连接部位也没有出现破坏现象。

将达到最大加载幅值为止支撑在正负两个方向合计的累积塑性变形除以其屈服变形（0.2% 残余应变对应轴力下的变形）可得累积塑性变形率（η）。对于梁上和梁下的支撑，η 分别为 296 和 276。

由图 5.58 可以看出，试件 2 与试件 1 的表现类似，梁上、梁下支撑的受力行为没有明显差别，受拉、受压均表现出稳定的滞回行为。层剪力 Q_{FL} 超过 884 kN（$\theta=1/400$）后支撑开始进入塑性，变形增大。层剪力 $Q_{FL}=1373$ kN（$\theta=1/130$）时的支撑轴力约为屈服轴力的 1.1 倍，最大加载幅值（$\theta=1/42$）时约为 1.3 倍。与试件 1 中的极软钢相比，试件 2 中支撑的硬化行为并不显著。

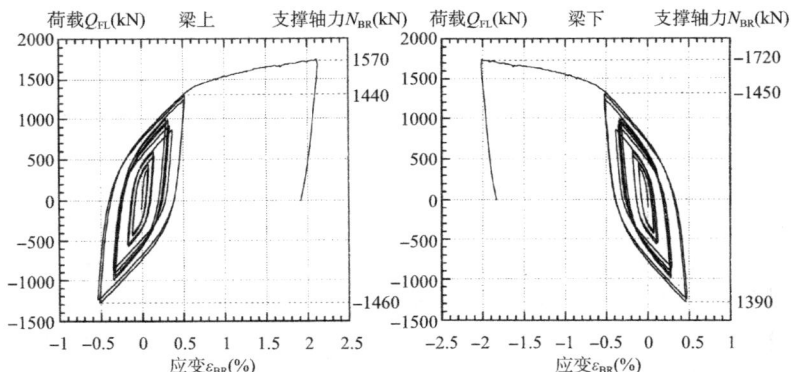

图 5.57　层剪力（支撑轴力）-轴向应变关系（试件 1）

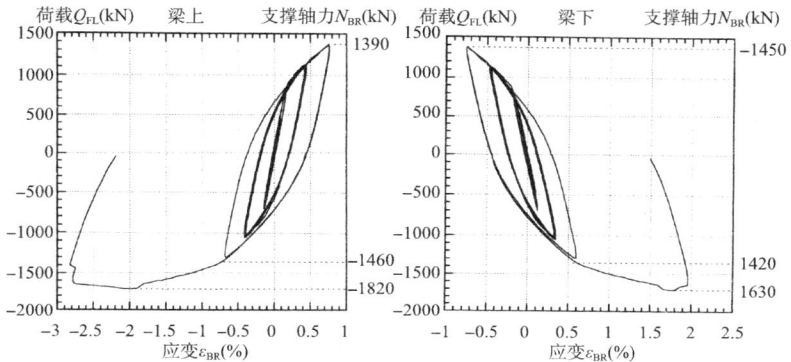

图 5.58　层剪力（支撑轴力）-轴向应变关系（试件 2）

层间位移 δ_{FL} 超过 80 mm（层间位移角 θ 超过 1/50）后，梁上方支撑在与钢梁连接的一端发生了平面外局部屈曲。这是由于支撑芯材轴向变形过大，将埋置于芯材与砂浆之间的缓冲垫压溃进而使砂浆和钢管也受到较大轴力作用，从而使钢管在端部发生局部面外屈曲。尽管如此，发生局部屈曲时的结构变形约为第 2 水准地震动作用下变形的 2.5 倍，在实际建筑结构中并不应出现如此大的变形。

此外，梁上、梁下支撑到最大加载幅值为止正负两个方向合计的累积塑性变形率（η）分别为 82 和 73，仅约为试件 1 的 25%。这主要是因为试件 1 和试件 2 芯材的屈服位移以及最大加载幅值不同。

（3）减震构件的耗能

$\theta=1/130$ 时的累积滞回耗能如表 5.11 所列。从中可以看出，试件 1（支撑采用低屈服点钢）的累积滞回耗能比试件 2（支撑采用普通钢）仅大 25% 左右。二者在累积滞回耗能方面的差异远小于上述累积塑性变形率方面的差异。

减震装置的累积滞回耗能　　　　　　　　　　　表 5.11

	支撑所在位置	累积滞回耗能 （正侧）（kN·m）	累积滞回耗能 （负侧）（kN·m）	合计 （kN·m）
试件 1	梁上 梁下	41.8 44.1	46.3 39.1	88.1 83.3
试件 2	梁上 梁下	31.1 37.0	36.7 34.3	67.8 71.3

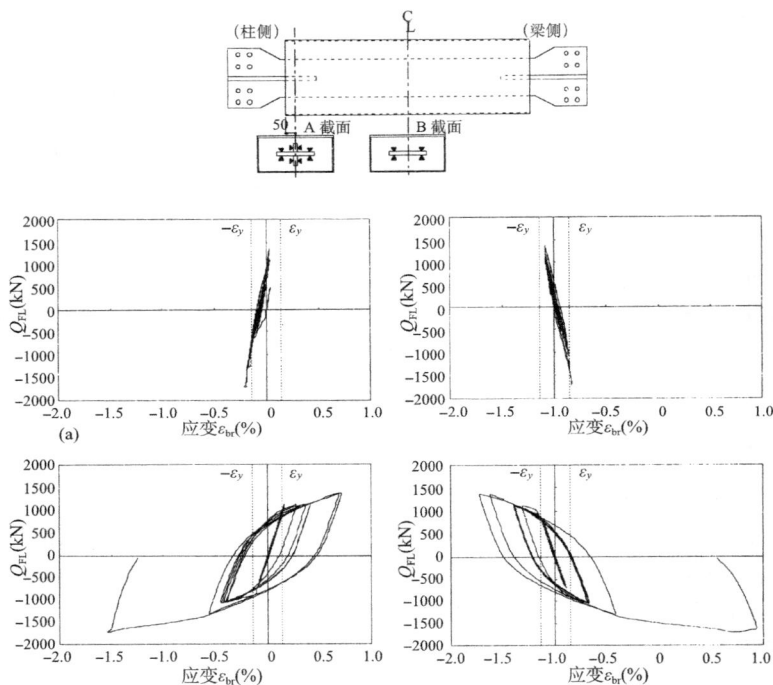

图 5.59　层剪力-支撑轴向应变（试件 2）

（4）减震构件的局部行为

图 5.59 给出了试件 2 的层剪力（Q_{FL}）与支撑芯材在 A、B 两个截面处的轴向应变（ε_{br}）之间的关系。由图可见，支撑芯材的应变主要集中在中央部分（B 截面），这是因为在支撑端部有用于防止局部屈曲的肋板，减小了端部的应力。从变形较小直到变形较大时，支撑始终呈现出这种应变分布。试件 1 也具有同样的应变分布。

（5）框架柱、框架梁的反应

图 5.60 和图 5.61 给出了试件 2 的钢梁和梁柱节点区的应变分布。

5.5.2　阻尼器的疲劳试验

在损伤控制结构中可采用速度相关型的黏性阻尼器和位移相关型的滞回型阻尼器等减震装置来耗散地震输入能量。其中，常见的滞回型钢阻尼器包括防屈曲支撑和剪切型阻尼器等。在设计中，通常允许这些滞

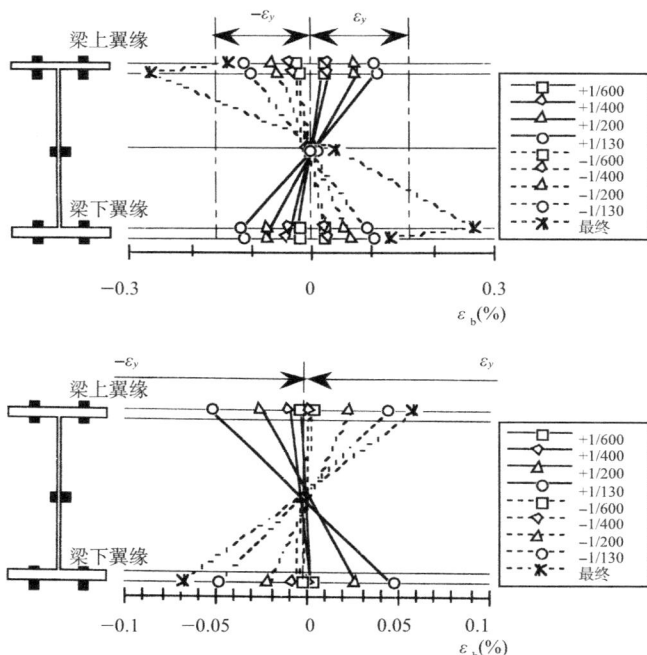

图 5.60 梁应变分布（试件 2）

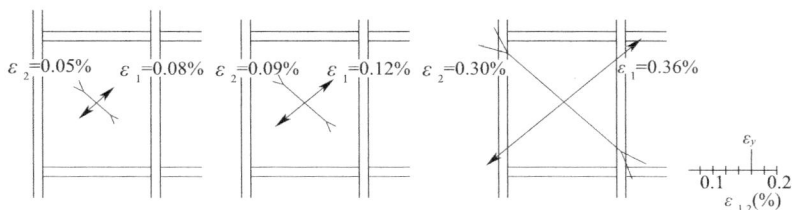

图 5.61 节点区应变分布（试件 2）

回型阻尼器在较小的地震作用下即进入塑性并通过耗散地震能量来减小
结构的地震反应。然而在更加强烈的地震，比如 1995 年的阪神地震那
样的地震作用下，滞回型阻尼器可能在大应变下出现低周疲劳问题；在
中等烈度地震作用下或是室户台风那样的强风作用下，阻尼器还可能出
现中等程度应变下的疲劳问题。这些问题至今尚没有得到足够的重视。
为此，这里以采用由钢管混凝土外部防屈曲机构和内部钢制芯材组成的
无黏结支撑为例，考察滞回型阻尼器在强烈地震、强风以及常时风荷载

作用下的疲劳强度。

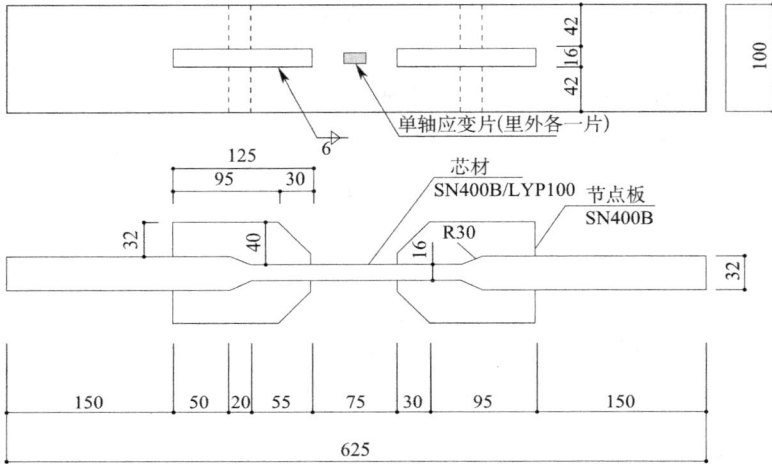

图 5.62　疲劳试件（单位：mm）

A. 试件

假设平板型芯材两端靠近防屈曲肋板附近的部位为决定无黏结支撑疲劳寿命的关键部位，采用图 5.63 所示的足尺试件检验这一部位的疲劳强度。

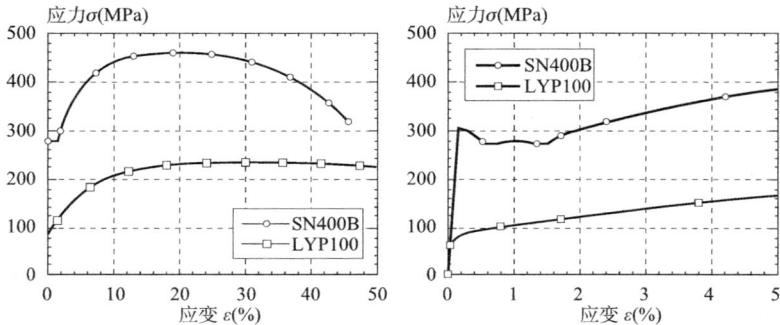

图 5.63　钢材的应力-应变关系

防屈曲肋板采用坡口焊与芯材相连，对焊缝不采取任何有助于减小残余应力、提高疲劳寿命的特殊处理。受加载装置最大荷载的限制，通过机械加工将芯材中部截面削薄 1/2。此外，为了便于观察疲劳裂缝的发展状况，试件未约束部分很短，以便省略外部作为防屈曲机构的钢管混凝土套管。芯材采用在建筑结构中广泛使用的建筑结构用钢 SN400B 以及屈服应变较小且在小振幅下即可开始耗能的低屈服点钢材 BT-LYP100。钢材的机械性质如表 5.12 所示。图 5.63 给出了单轴拉伸试验得到的钢材的应力—应变曲线。

钢材的试验材性　　　　　　　　　　　表 5.12

钢材种类	上屈服强度（MPa）	下屈服强度（MPa）	0.2%残余应变屈服强度（MPa）	极限强度（MPa）	延伸率（%）
SN400B	302	276	—	462	48
LYP100	—	—	87	235	76

B. 试验方法

试验采用 600 kN 电动液压试验机。应变率 $R(\varepsilon_{max}/\varepsilon_{min})$ 设为 -1，即双向等幅往复加载。试验情况如图 5.64 所示。

图 5.64　疲劳试验

弹性范围内的试验通过荷重传感器控制轴力，塑性范围内则通过安装在试件肋板上的 π 型位移计进行位移控制。试验加载由轴力控制时采用频率为 10Hz 的正弦波加载，由位移控制时按 0.1%/s 的速率按三角波加载。一般来讲，当建筑层间位移角达到 1/100 时，按 45°倾角设置的斜撑的轴向应变约为 0.5%。试验中进一步考虑支撑两端刚域的影响，将最大轴向应变设为 0.75%。此外，对于台风和常时风荷载等工况，按疲劳破坏时往复加载 2.0×10^6 个循环设定最小轴向应变。

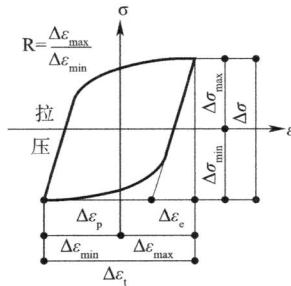

图 5.65　各种符号的定义

C. 试验结果

　　采用不同钢材的试件的应变幅（$\Delta\varepsilon_t$）-疲劳破坏加载循环数（N_f）关系如图 5.67 所示。图中同时标出了 LYP100 和 SN400B 两种钢材的弹性应变限值对应的全应变幅。两个试件均在防屈曲肋板端部的坡口焊缝处率先发生疲劳开裂并最终导致疲劳破坏。

　　从图 5.63 可以看出，LYP100 没有明显的屈服点。此处将 0.2% 残留应变对应的应力作为其屈服应力，弹性应变限值为屈服应力除以弹性模量（206 GPa）。疲劳破坏加载循环数（N_f）在轴力控制试验中定义为试件无法承受设定轴力时的加载循环数，在位移控制试验中则定义为承载力退化至最大承载力的 75% 时的加载循环数。图 5.66 中带箭头的数据点为加载循环数达到基本疲劳寿命（$N = 2.0 \times 10^6$）仍未发生疲劳破坏的情况。此外，在位移控制加载试验中计算应变 ε 时忽略处于弹性范围内的防屈曲肋板的微小变形，假设应变 ε 等于 π 形位移计（标距 100mm，如图 5.62 所示）的位移平均值除以两侧肋板端部之间的距离（即 75mm）。轴力控制加载试验中的应变 ε 则为试件中央应变片量测的应变的平均值。

　　由图 5.65 可见，在应变幅 $\Delta\varepsilon_t = 0.2\% \sim 1.5\%$ 范围内，LYP100 的疲劳寿命略低。与普通钢材相比，LYP100 钢材一直以来被认为具有更高的延伸率且在塑性范围内具有更长的疲劳寿命。但通过本试验并没有发现 LYP100 钢材在疲劳性能上的优势。虽然从表 5.12 可以看到 LYP100 与普通钢材相比具有更高的延伸率，但钢材材性试验显示，LYP100 在材料层次的疲劳强度与普通钢材区别不大。另一方面，应变幅 $\Delta\varepsilon_t$ 在 0.2% 以下时 LYP100 的疲劳寿命较长。这是因为在此应变幅范围内，SN400B 全截面基本处于弹性范围，防屈曲肋板端部附近存在严

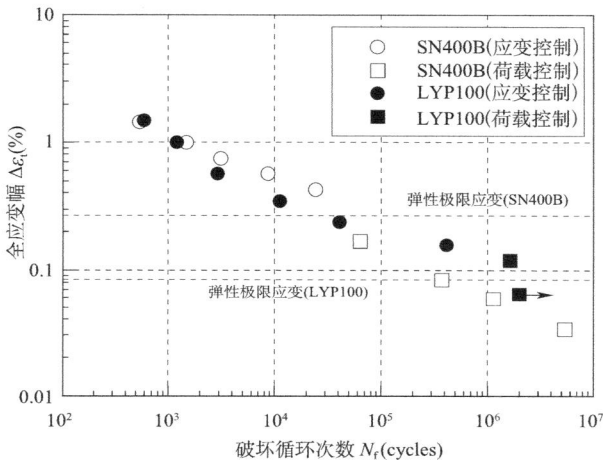

图 5.66　疲劳试验结果

重的应力集中，与之相比，LYP100 已进入塑性，这缓和了防屈曲肋板端部附件的应力集中。

此外，该试件接近于日本钢结构协会（JSSC）疲劳设计规范（1993）中的 G 级连接。将该规范中的 G 级连接的疲劳设计曲线的纵轴表示为应变的形式，与 SN400B 试件在弹性范围内的结果的比较见图 5.66。JSSC 疲劳设计规范本来只适用于强度在 330MPa～1GPa 左右的碳素钢和低合金钢在弹性范围内的疲劳问题。然而从以上结果可以看出，将该规范用于评价低屈服点钢材仍可以得到偏于安全的结果。

图 5.67 给出了位移控制加载试验中不同应变幅（$\Delta\varepsilon_t$）下的应力幅值（$\Delta\sigma$）和加载循环数（N）的关系。

SN400B 钢材在不同应变幅加载下的最大应力幅值与第一个加载循环的应力幅值之比相对比较稳定，应力幅值的提高均在 10%～15% 左右。与之相比，LYP100 在应变幅 $\Delta\varepsilon_t = 0.16\%$ 时应力幅值提高约 15%，而在 $\Delta\varepsilon_t = 1.49\%$ 时则提高 50% 左右。由此可见，与普通钢材相比，低屈服点钢材的硬化更加显著，当加载应变幅值较大时这一倾向更加明显。

图 5.68 给出了单圈加载循环的滞回耗能（E）与加载循环数（N）的关系。图 5.69 则给出了累积滞回耗能（$\sum E$）和应变幅（$\Delta\varepsilon_t$）的关系，图中同时标出了弹性应变界限。

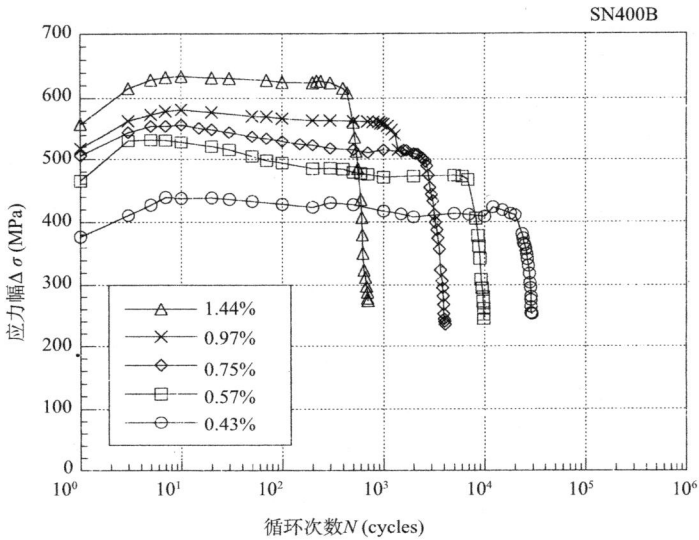

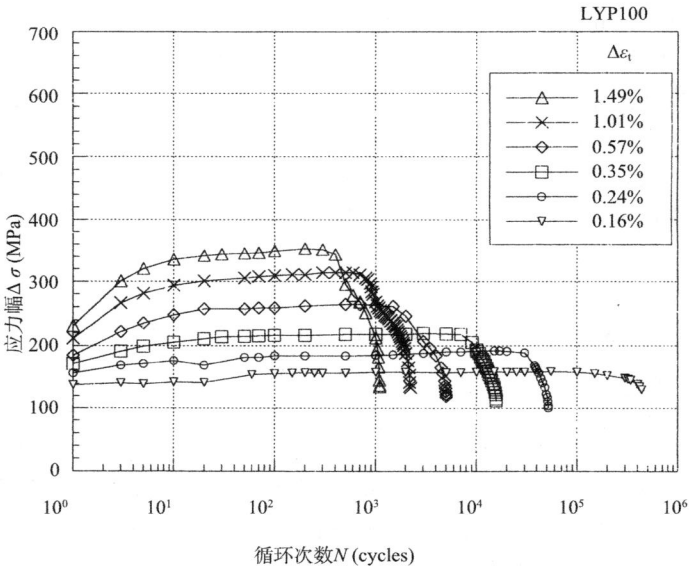

图 5.67 应力幅的变化

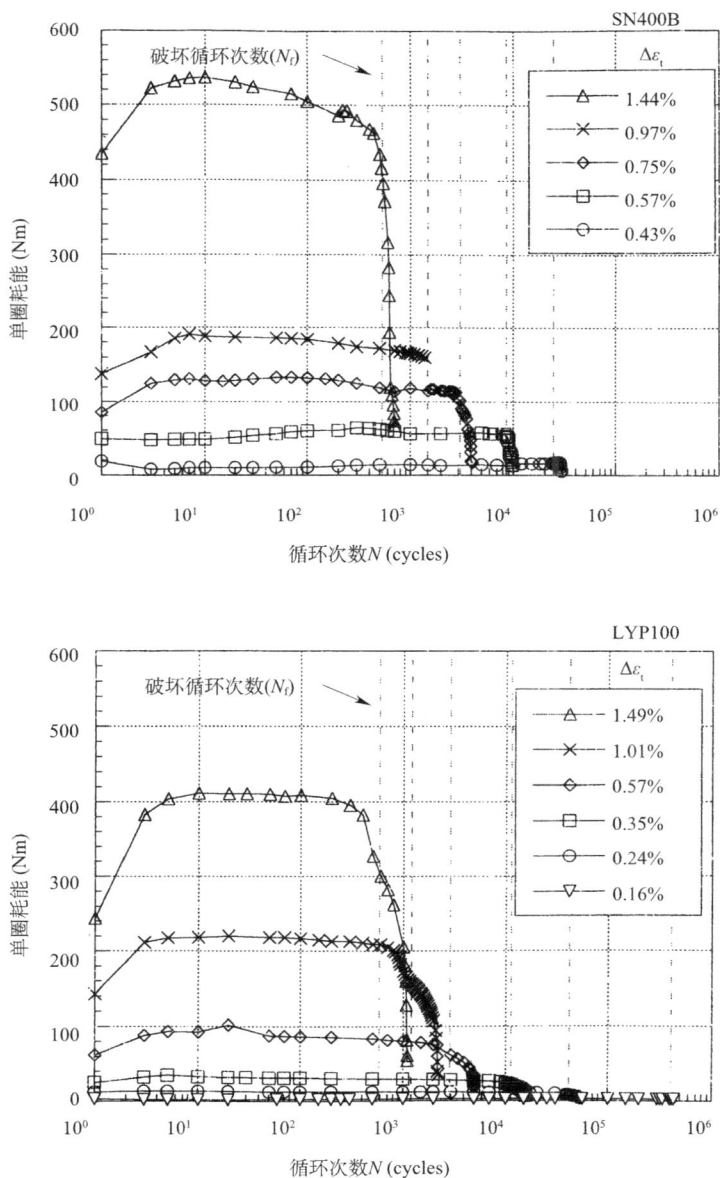

图 5.68　耗能与循环数的关系

　　由图 5.68 可知，到达疲劳破坏加载循环数（N_f）时的单圈滞回耗能约为最大单圈滞回耗能的 75%，到达疲劳寿命 N_t 之前耗能能力没有明显下降，且直到疲劳破坏为止，单圈滞回耗能均不低于第一个加载循环的滞回耗能，这说明在达到疲劳破坏寿命（N_f）之前，滞回型阻尼器的耗能能力比较稳定，未发生明显退化。

　　由图 5.69 可见，不同钢材的累积滞回耗能与应变幅之间的关系有所不同。SN400B 钢材和 LYP100 钢材分别在 $\Delta\varepsilon_t = 0.57\%$ 和 $\Delta\varepsilon_t = 0.16\%$ 时具有最大的累积滞回耗能能力，当加载应变幅大于这一数值时，累积滞回耗能则逐渐趋于稳定。对应于最大累积滞回耗能的应变幅值的差异主要是由两种钢材弹性应变限界值的不同所引起的。

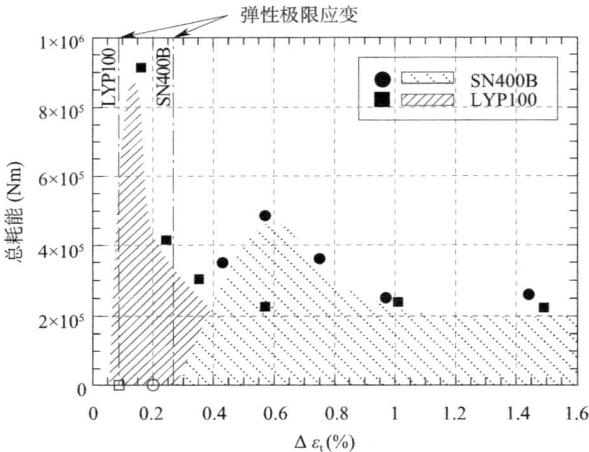

图 5.69　总能量耗散与全应变幅的关系

5.5.3　风洞试验

A. 试验方法

（1）试验装置与试验模型

　　实验采用试验段高 2m 宽 3m 的封闭回路型边界层风洞。风洞模型包括建筑周边地形与周边建筑模型和埋置了风压传感器的建筑模型等两部分。综合考虑拟建建筑的规模、风洞大小以及周边地形的情况，试验采用 1/400 缩尺模型，并考虑周边 480 m 半径范围内的地形与建筑的影响。风压传感器的布置如图 5.70 所示。规划建筑每层约有 32 个测点，全 10 层总计有 331 个测点。图 5.71 为安装在风洞中的试验模型。

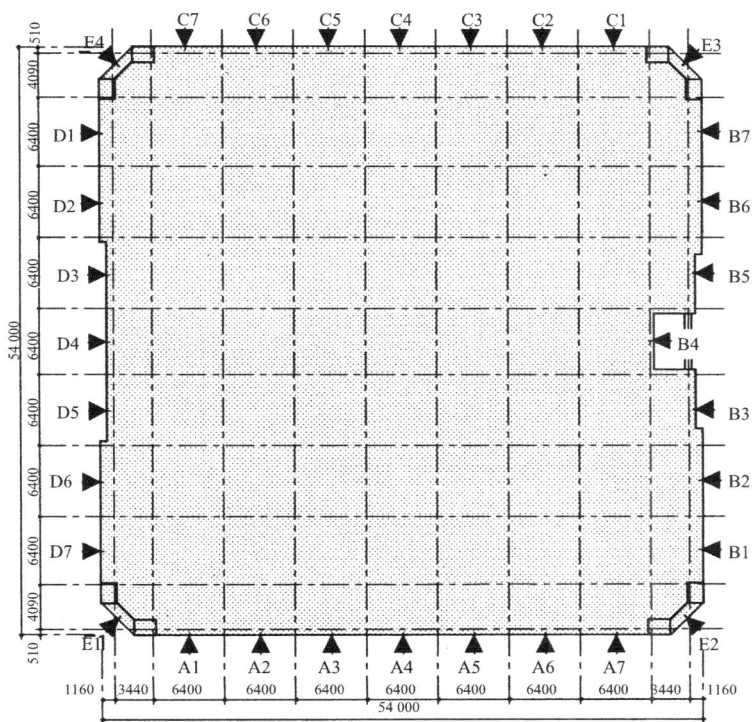

图 5.70　风压测点（单位：mm）

图 5.71　风洞内试验模型的布置

（2）风洞气流与试验风向

根据日本建筑学会建筑物荷载规范关于地表粗糙度Ⅲ类场地的相关规定确定试验气流的平均风速和扰动的竖向分布。

考虑风速的缩尺比为 1/5 左右，建筑顶部高 194.9 m 处（风洞模型上即为高 487 mm 处）的重现期 100 年的设计风速约为 11 m/s。设与建筑东北立面垂直方向为 0°风向，以顺时针为正，每隔 7.5°一个试验风向，共 48 个试验风向（图 5.72）。

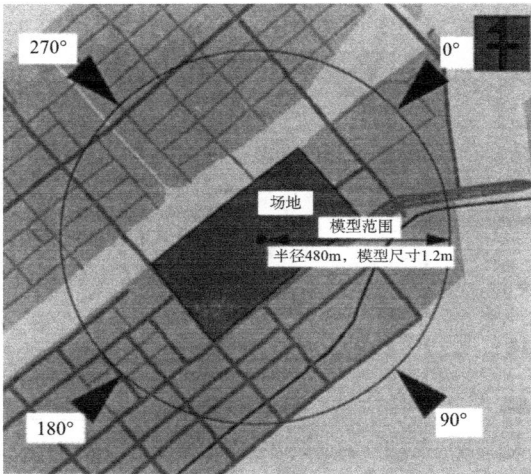

图 5.72　模型范围及试验风向的定义

（3）量测系统与参数

采用图 5.73 所示的多点同步风压测定系统量测建筑表面风压。量测参数如下：

取样间隔：0.0025s（400 Hz）

数据点数：4096 个

量测持时：10.24s

低通滤波：200 Hz

B. 试验结果

图 5.74 给出了 0°风向风荷载作用下的平均风压系数和脉动风压系数。根据各个测点的风压系数计算得到的整体结构的平均风压系数如图 5.75 所示，整体结构的脉动风压系数如图 5.76 所示。图 5.77 给出了该风向上脉动风荷载的能量谱。

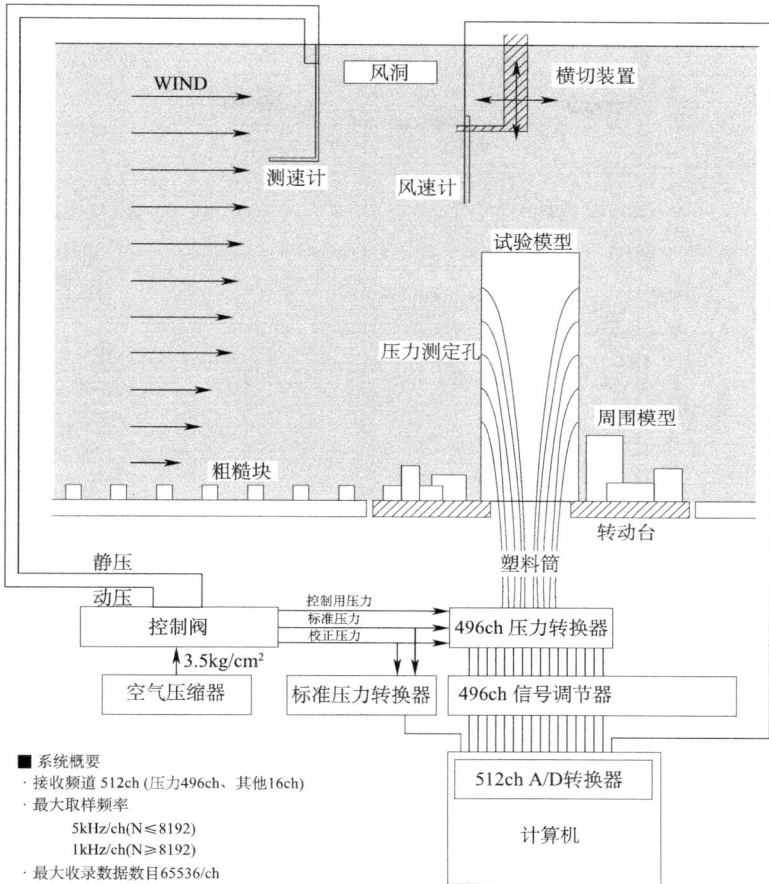

图 5.73　多点实时风压量测系统

C. 设计风速

根据日本建筑学会建筑物荷载规范，按式（5.2）计算设计风速。

$$V = V_0 \cdot E \cdot R \tag{5.2}$$

式中
V——设计风速；

V_0——基本风速（东京为 38 m/s）；

E——竖向分布系数；

$R = 0.54 + 0.10 \ln(r)$——重现期换算系数；

r——设计重现期（年）。

设规划场地的地面粗糙度为Ⅲ，则竖向分布系数 E 如下式所示。

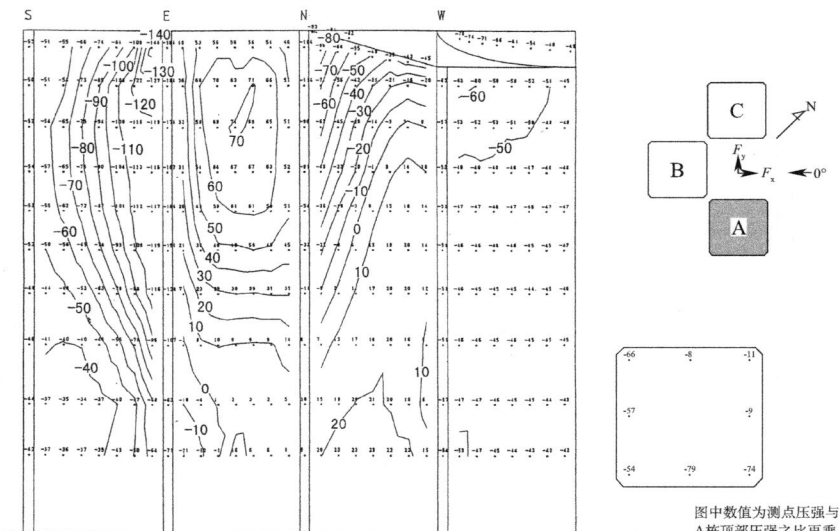

平均风压系数分布图（A栋、风向0.0°）

图中数值为测点压强与A栋顶部压强之比再乘以100

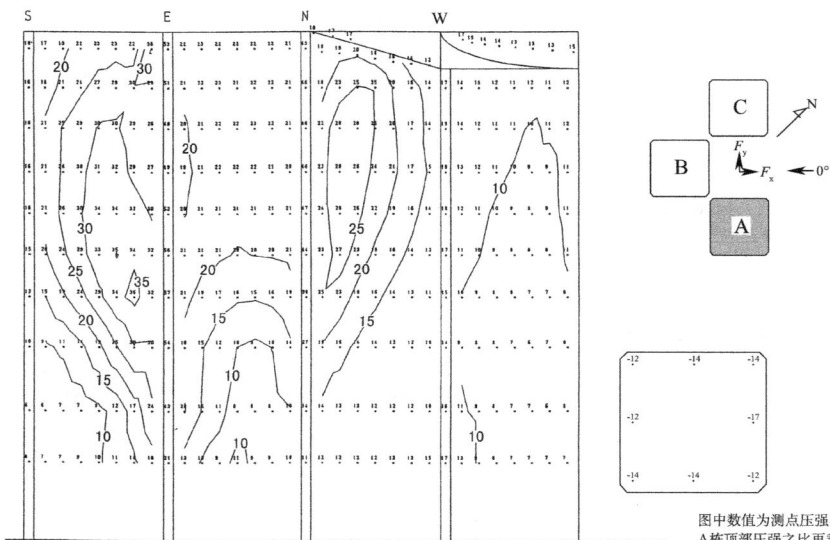

脉动风压系数分布图（A栋、风向0.0°）

图中数值为测点压强与A栋顶部压强之比再乘以100

图 5.74　平均风压系数与脉动风压系数的分布

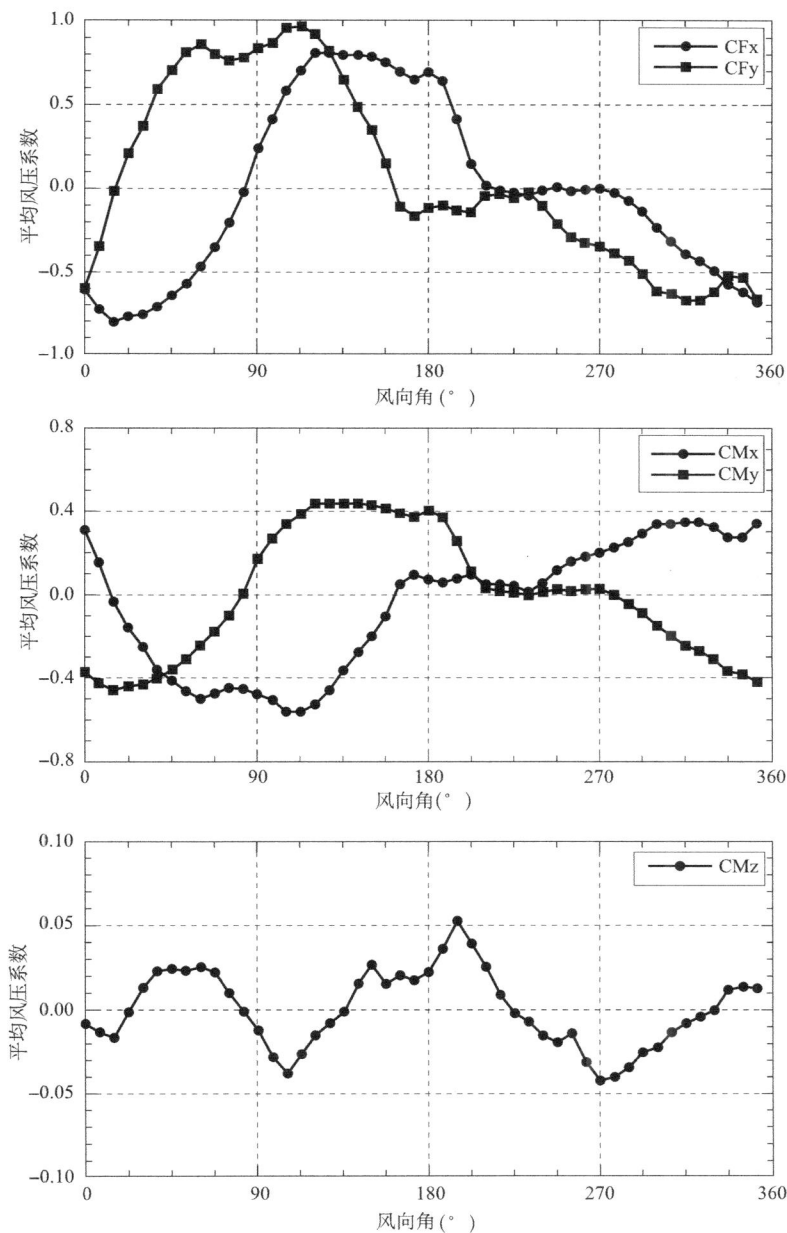

图 5.75　整体风荷载的平均风压系数

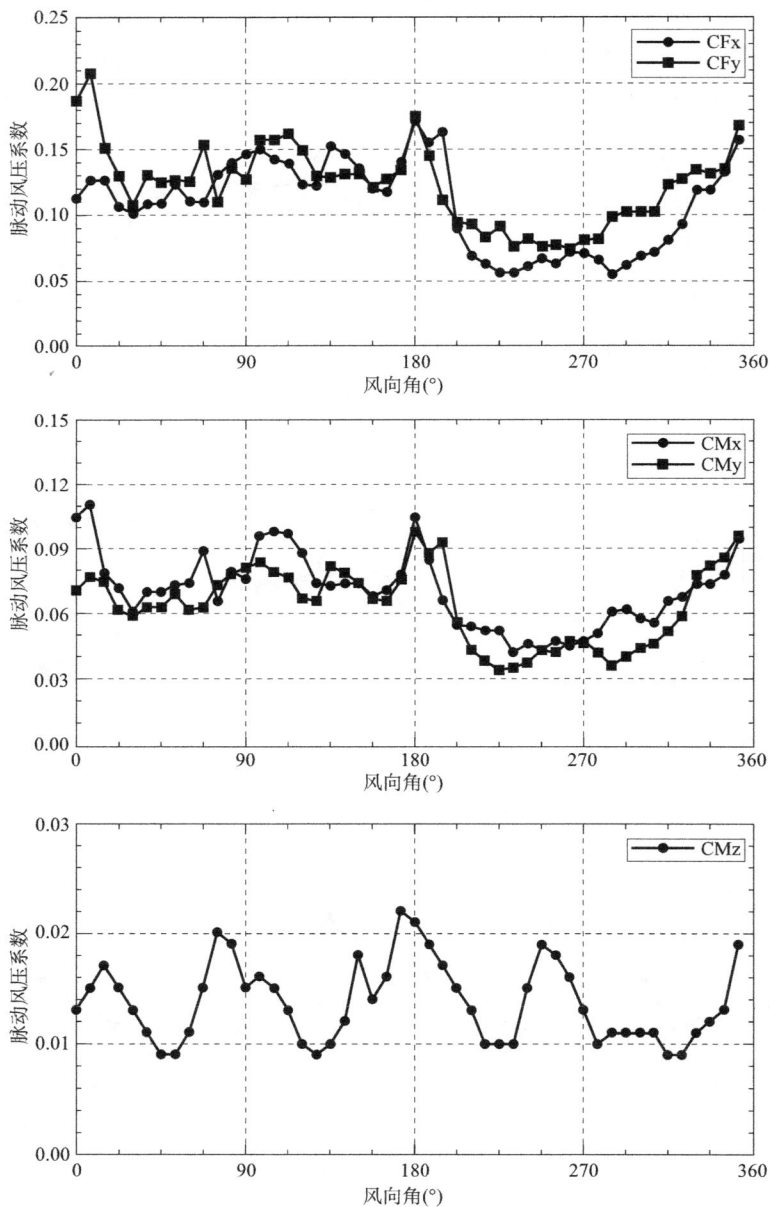

图 5.76　整体风荷载的脉动风压系数

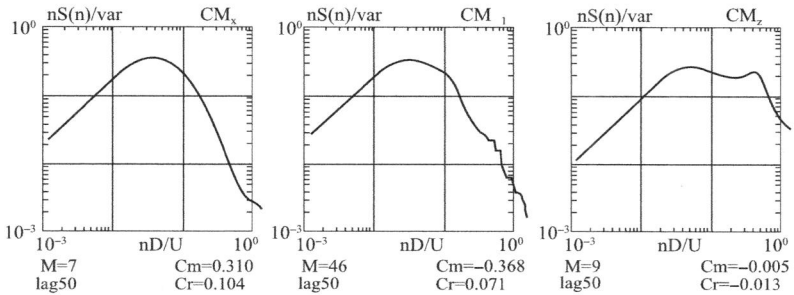

图 5.77　脉动风荷载的功率谱密度函数（A 栋，0°风向角）

$$E = 1.7 \times \left(\frac{z}{450}\right)^{0.20} \tag{5.3}$$

式中　z——距离地面的高度。

图 5.74 中的 A 栋顶部（高度 $z = 194.9$ m）的重现期 100 年和 500 年的风速分别为 54.9m/s 和 63.7 m/s。

D. 结构反应分析

(1) 建筑基本属性

建筑在 X、Y、θ 方向上的振型可大致用形如 $\mu_1(z) = (z/H)^k$ 的函数来表示。表 5.13 给出了所分析建筑物在各个方向上的 1 阶振型所对应的 k 值、广义质量、广义转动惯量、周期和阻尼比等参数。表中的 M_b 和 I_b 分别是 1 阶振型下的广义质量和广义转动惯量，而 M_1 和 I_1 则为采用 $\mu_1(z) = (z/H)^k$ 的函数形式的近似振型对应的广义质量和广义惯性矩。

规划建筑物的结构属性　　　　　　　　　　表 5.13

		X 方向	Y 方向	θ 方向
振型 $\mu_1(z) = (z/H)^k$		$k=1.02$	$k=0.98$	$k=1.00$
广义质量（kg）或广义惯性矩（kg·m²）	M_b, I_b	3.128×10^6	3.243×10^6	2.337×10^9
	M_1, I_1	3.033×10^6	3.033×10^6	2.337×10^9
基本周期（s）		4.868	4.990	4.021
基本频率（Hz）		0.205	0.200	0.249
阻尼比	重现期 100 年（第 1 水准）	0.01	0.01	0.01
	重现期 500 年（第 2 水准）	0.02	0.02	0.02

(2) 分析结果

采用振型反应谱法进行风反应分析。将由风洞试验获得的风力反应谱作为外力输入。图 5.78 和图 5.79 给出了全风向上第 1 水准和第 2 水准下的风反应分析结果。表 5.14 给出了风反应最大的风向上的分析结果。

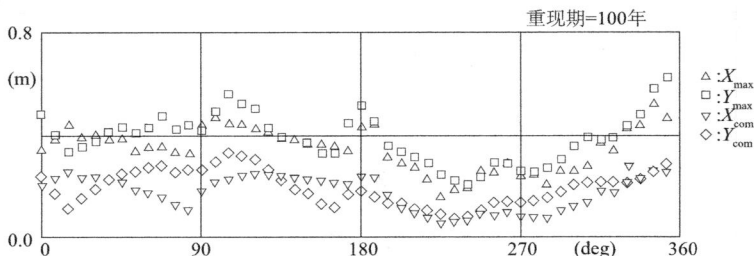

图 5.78　第 1 水准风反应分析结果

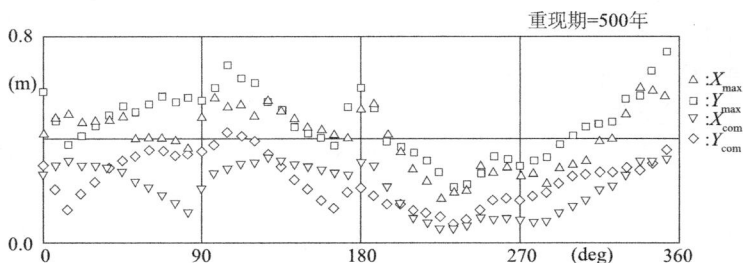

图 5.79　第 2 水准风反应分析结果

分析结果　　　　　　　　　　表 5.14

	水准	风向	平均	标准差	g	最大
X 方向	1	345.0°	0.148	0.114	3.275	0.521 (1/374)
(m)	2	337.5°	0.191	0.124	3.269	0.596 (1/327)
Y 方向	1	352.0°	0.139	0.149	3.271	0.627 (1/311)
(m)	2	352.5°	0.188	0.168	3.266	0.738 (1/264)
θ 方向	1	187.0°	0.388	0.840	3.337	3.190
($\times 10^3$ rad)	2	187.5°	0.525	0.840	3.328	3.319

注：g 为峰值系数（peak factor）。

(3) 计算设计风荷载的风向

对于建筑物中有代表性的部位对不同方向上的风反应进行组合，可以得到一系列风反应代表值，并在得到最大风反应代表值的风向上计算设计风荷载。表 5.15 给出了选取的建筑上有代表性的点的位置以及不同代表值的计算方法（组合方法）。A 组代表值用于评价建筑平动的最大值，B 组代表值则用于评价包含建筑扭转在内的风反应最大值。表 5.16 给出了各代表值达到最大值的风向。根据表 5.16 中的结果，以下按照表 5.17 所示的风向计算设计风荷载。

代表性部位及风反应代表值 表 5.15

部位	描述	代表值计算公式
A	建筑物中心	X_{max}，Y_{max}，$\sqrt{X_{max}^2 + Y_{com}^2}$，$\sqrt{X_{com}^2 + Y_{max}^2}$
B	建筑物端部	$X_{max} + \theta_{com} \cdot L_x$，$X_{com} + \theta_{max} \cdot L_x$，$Y_{max} + \theta_{com} \cdot L_x$，$Y_{com} + \theta_{max} \cdot L_x$

表中 $X_{max} = \bar{X} + g_x \cdot X'$，$Y_{max} = \bar{Y} + g_y \cdot Y'$，$\theta_{max} = \bar{\theta} + g_\theta \cdot \theta'$；

$X_{com} = \bar{X} + X'$，$Y_{com} = \bar{Y} + Y'$，$\theta_{com} = \bar{\theta} + \theta'$；

$\bar{X}$，$\bar{Y}$，$\bar{\theta}$ ——平均位移与平均转角；

X'，Y'，θ' ——为变异位移和变异转角；

L_x ——建筑中心到端部的距离（$=27$ m）。

最大风反应代表值对应的风向角 表 5.16

部位	代表值计算公式	荷载等级	最大代表值对应的风向
A	X_{max}	1	$345.0°$
		2	$337.5°$
	Y_{max}	1	$352.5°$
		2	$352.5°$
	$\sqrt{X_{max}^2 + Y_{com}^2}$	1	$345.0°$
		2	$352.5°$
	$\sqrt{X_{com}^2 + Y_{max}^2}$	1	$352.5°$
		2	$352.5°$
B	$X_{max} + \theta_{com} \cdot L_x$	1	$345.0°$
		2	$337.5°$
	$X_{com} + \theta_{max} \cdot L_x$	1	$352.5°$
		2	$352.5°$
	$Y_{max} + \theta_{com} \cdot L_x$	1	$352.5°$
		2	$352.5°$
	$Y_{com} + \theta_{max} \cdot L_x$	1	$105.0°$
		2	$105.0°$

风荷载计算风向 表 5.17

	A 栋
第 1 水准	345.5° 352.5°
第 2 水准	337.5° 352.5°

E. 设计风荷载的确定

确定设计风荷载时，首先分别确定平均风荷载与脉动风荷载，再在设计中考虑二者的组合。

（1）平均风荷载

平动方向：

$$P_i = q_H \cdot C_i \cdot A_i \tag{5.4}$$

$$Q_i = \sum_{j=i}^{N} P_j \tag{5.5}$$

$$M_{Ti} = \sum_{j=i}^{N} (Q_j \cdot h_j) \tag{5.6}$$

式中　P_i——作用在第 i 层的水平力（均值）；

　　　Q_i——第 i 层处的剪力（均值）；

　　　M_{Ti}——第 i 层柱脚处的倾覆力矩（均值）；

　　　q_H——A 栋顶部的设计风压；

　　　C_i——第 i 层的风压系数；

　　　A_i——第 i 层的迎风面积；

　　　h_j——第 j 层的层高。

扭转：

$$m_{zi} = q_H \cdot C_{mzi} \cdot A_i \cdot B_i \tag{5.7}$$

$$M_{zi} = \sum_{j=i}^{N} m_{zj} \tag{5.8}$$

式中　m_{zi}——作用在第 i 层的扭转风荷载（均值）；

　　　M_{zi}——第 i 层处的扭矩（均值）；

　　　C_{mzi}——第 i 层的扭矩系数；

　　　B_i——第 i 层的有效宽度。

（2）脉动风荷载（质点质量×反应加速度）

以下所示的荷载反映风荷载的标准差，乘以峰值系数后即可作为脉动风荷载。

平动方向：

$$\sigma_{pfi} = m_i \cdot \frac{{}_1 u_i}{{}_1 u_H} \cdot \sigma_{XH} \cdot \omega_1^2 \tag{5.9}$$

$$\sigma_{Qi} = \sum_{j=i}^{N} \sigma_{pfj} \tag{5.10}$$

$$\sigma_{MTi} = \sum_{j=i}^{N} (\sigma_{Qj} \cdot h_j) \tag{5.11}$$

式中　　σ_{pfi}——作用在第 i 层的水平力（标准差）；

　　　　σ_{Qi}——第 i 层处的剪力（标准差）；

　　　　σ_{MTi}——第 i 层柱脚处的倾覆力矩（标准差）；

　　　　m_i——第 i 层的质量；

　　　　${}_1 u_i$——一阶振型中第 i 层的平动位移；

　　　　${}_1 u_H$——一阶振型中顶层的平动位移；

　　　　σ_{XH}——顶层的位移反应（标准差）；

$\omega_1 = 2\pi/T_1$——基本圆频率，其中 T_1 为基本周期。

　　扭转：

$$\sigma_{mzi} = I_i \cdot \frac{{}_1 u_i}{{}_1 u_H} \cdot \sigma_{RH} \cdot \omega_1^2 \tag{5.12}$$

$$\sigma_{MZi} = \sum_{j=i}^{N} \sigma_{mzj} \tag{5.13}$$

式中　　σ_{mzi}——作用在第 i 层的扭矩（标准差）；

　　　　σ_{MZi}——第 i 层处的总扭矩（标准差）；

　　　　I_i——第 i 层的惯性矩；

　　　　${}_1 u_i$——一阶振型中第 i 层的扭转位移；

　　　　${}_1 u_H$——一阶振型中顶层的扭转位移；

　　　　σ_{RH}——顶层的扭转位移反应（标准差）；

$\omega_1 = 2\pi/T_1$——基本圆频率，其中 T_1 为基本周期。

（3）风荷载计算结果

　　在对 X、Y 方向以及 θ 方向上风荷载进行组合时，认为两个方向上的荷载不可能同时达到最大值。因此，对其中一个方向取其最大值（max），即平均风荷载与标准差乘以峰值系数之和，而对其他两个方向则取其平均风荷载与标准差之和（com）参与组合。计算结果如表 5.18 所示。

(a) X方向　　　　　　　　　(b) Y方向

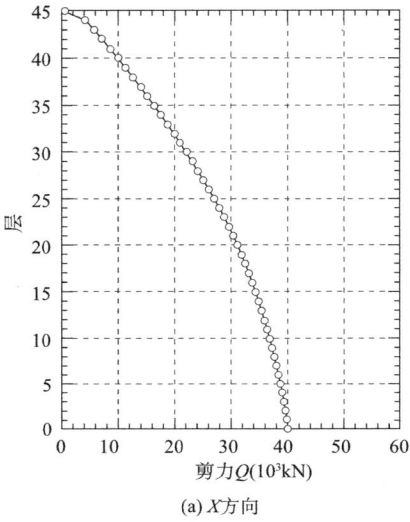

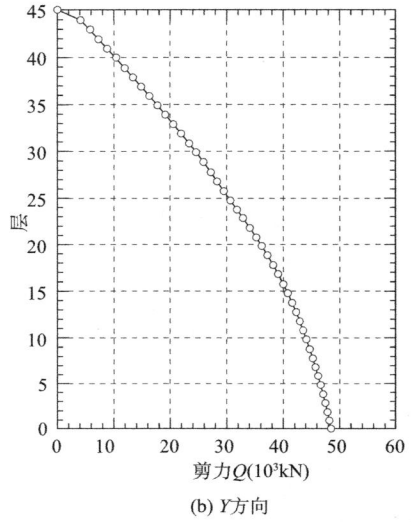

图 5.80　第 1 水准风荷载下的楼层剪力

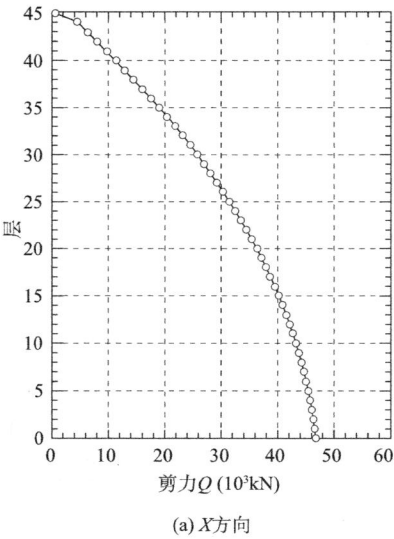

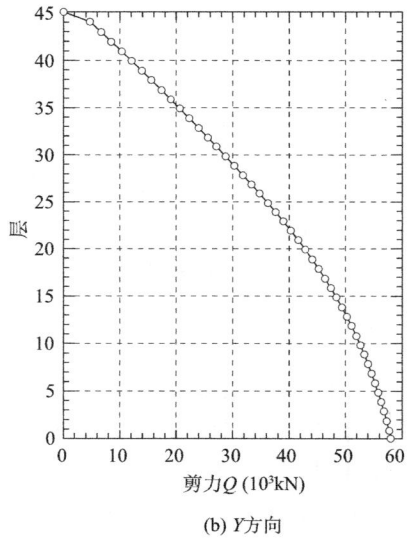

(a) X方向　　　　　　　　　(b) Y方向

图 5.81　第 2 水准风荷载下的楼层剪力

风荷载计算结果汇总　　　　　　　　　**表 5.18**

风速等级	风向	图号	荷载组合		
			X 方向	Y 方向	θ 方向
第 1 水准	345.5°	图 5.82（a）	max	com	com
	352.5°	图 5.82（b）	com	max	com
第 2 水准	337.5°	图 5.83（a）	max	com	com
	352.5°	图 5.83（b）	com	max	com

F. 设计风荷载

通过时程反应分析考察风荷载作用下构件层次的疲劳问题。确定时程反应分析所采用的风荷载时，先将风洞试验得到的各点风压时程乘以风压面积及扭转力臂，再累积求和得到各层的风荷载时程。对于本例，可通过风洞试验得到 10 层 3 分量（水平方向：X 方向，Y 方向和扭转方向：绕 Z 轴转动）的风荷载时程结果。将建筑各层的脉动风荷载乘以建筑的 1 阶振型可得到 1 阶模态下的风荷载时程的 3 个分量，如图 5.82 所示。

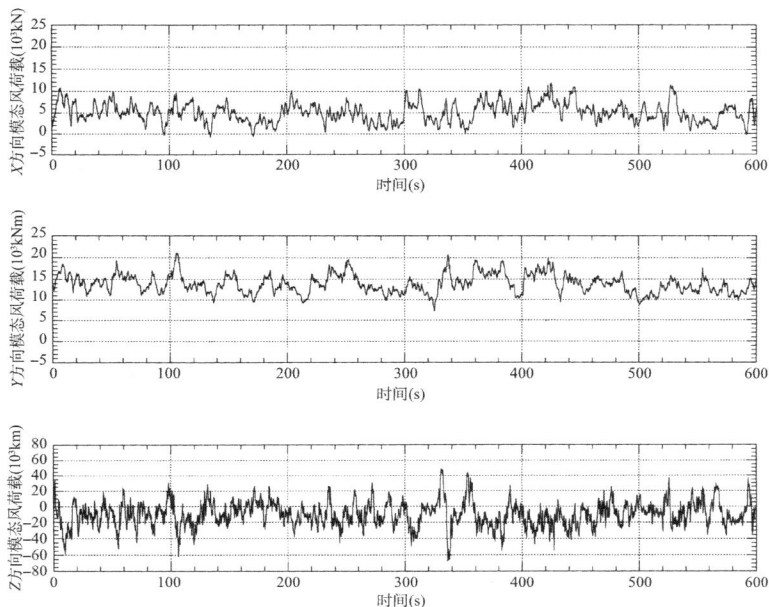

图 5.82　风荷载时程示例

参考文献

［1］例えば（社）日本鋼構造協会鋼構造新設計法委員会（主査：高梨晃一）：「耐震要素の効果と耐震設計法」WG 資料（主査：井上一郎），1997

［2］鳥居，寺本，岩田，藤沢，他：極軟鋼制振壁の開発その1〜4，日本建築学会大会梗概集，1995

［3］宇佐，金子，嶺脇，藤沢，他：極軟鋼を用いた制振プレースの履歴性状に付いて：その1〜2，日本建築学会大会梗概集，1995

［4］清水，橋本，小泉，他：部材端取り付け方式履歴ダンパーの実用化に関する研究：その1〜2，日本建築学会大会梗概集，1997

［5］土屋，高橋，中田，他：低降伏点鋼材を利用した制振間柱架構の構造性能に関する研究：その1〜2，日本建築学会大会梗概集，1997

［6］勘坂，高橋，関，他：曲げ変形に対する高減衰システム「ダブルカラムダンパー」の検討，日本建築学会大会梗概集，1995

［7］秋山宏：建築物の耐震極限設計，第 2 版，東京大学出版会

［8］清水敬三：大林組の新しい耐震設計，建築防災，1997.12

［9］石黒三男：震災を踏まえた耐震設計，建築防災，1997.12

［10］鈴木，佐野，高橋：Y 型プレースダンパーの履歴減衰を利用した新損傷制御設計，シンポジウム「耐震設計の一つの新しい方向」，1995

［11］清水，関，川畑，小泉：Damage Controlled Design-Application to 40-stories Building，シンポジウム「耐震設計の一つの新しい方向」，1995

［12］大熊，神田，田村：建築物の耐風設計，鹿島出版会

［13］大熊，辻田，早部：履歴ダンパーを用いた建築物の強風応答性状，シンポジウム「耐震設計の一つの新しい方向」，1995

［14］松井正宏：動的外乱に対する設計—現状と展望，1.1b) 台風モデルによる強風評価，日本建築学会耐風設計資料小委員会資料，1996

［15］中込忠男：動的外乱に対する設計の展望，3.2.2a) 安全性，修復性（疲労、累積塑性変形），日本建築学会耐風設計資料小委員会資料，1996

［16］清水，川畑，泉，他：超高層建物への被害レベル制御設計法の適用：その1，2，日本建築学会大会梗概集，1996

［17］清水，安部，岩田，他：被害レベル制御構造に関する実験的研究：その1，2，日本建築学会大会梗概集，1997

［18］清水，高橋，川合，和田：損傷制御構造へのエネルギー吸収パネルの使用，第 1 回世界構造技術者か会議，サンフランシスコ，1998.7（英文）

第 6 章　地震风险管理

　　地震风险管理是指企业在充分理解地震可能引发的各种风险的基础上所采取的减小损失或转移风险的应对措施。在 1995 年阪神地震造成的损失中，有许多其实是可以避免的。若事先进行地震风险管理，便有可能有效预防并减轻震害损失。如果在地震发生前能够预先确定可能在地震中造成损失的关键因素，则有可能以很低的成本减少或避免地震损失。当代科技尚无法预测何时何地会发生大地震，这便要求企业正确认识地震风险，尽早采取防范措施，以保证企业人员和资产的安全。

　　面对各种可能发生的情况，几乎不可能完全消除地震风险。即使可以做到，也必然耗资巨大，并非应对地震风险的经济合理之计。在建筑设计中也并不要求将建筑的地震危险性完全降到零，而应通过合理设计将地震危险性降至一定的程度，再采取措施应对剩余的地震危险性。如图 6.1 所示，可通过新建建筑的地震损伤控制设计或对既有建筑进行抗震加固，将地震危险性降低至某一目标之下，再针对剩余的危险性采取应对措施。

　　有效的建筑地震风险管理应注重危险性与投资之间的均衡。合理的做法是首先通过工程设计手段提高建筑的安全性，再以地震保险或制定紧急预案等方法转移不可避免的地震危险性。预期的危险性等级和投资的多少因企业而异，企业应该对自身的地震危险性有比较详细的了解，才能以此为基础选择合适的对策。

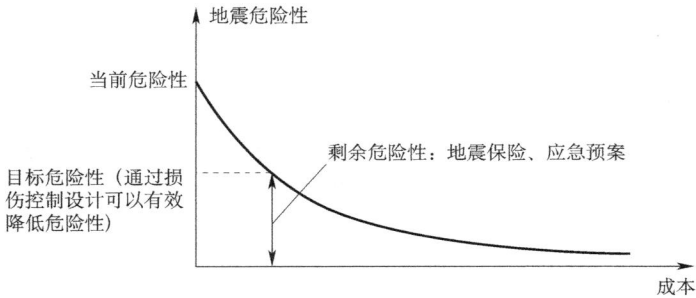

图 6.1   地震危险性与成本的关系

6.1   地震危险性与地震危害性

　　日语中"危险"一词在英语里其实可以对应于 danger、risk、peril 和 hazard 四个词。其中危险性（risk，风险）和危害性（hazard，灾害）这两个词经常出现在地震风险管理中。一般来讲，风险是指"损失或其他不利情况发生的可能性"，灾害则是"作为危险性成因的环境或外部作用"。对于建筑而言，灾害即指地震、台风、暴雪、洪水或爆炸等外部作用。风险则是这些外部作用引起的人身生命与财产的损失。地震风险管理是以一定前提条件为基础，在把握地震危害性的基础上认识与理解地震危险性的必不可少的过程。

6.2   地震风险管理的基本步骤

　　虽然危险性直接取决于灾害的规模与发生概率，但由于人类尚无法控制灾害，所以危险性的大小在很大程度上取决于风险管理的水平。风险管理可定义为尽量准确地认识可能存在的危险性并采用经济可行的措施最大限度地控制该危险性的过程。

　　在日常生活中，下雨可以视为一种灾害。为了避免被雨淋湿的危险性，我们可以选择是否带伞。在这一判断过程中，我们要综合考虑降雨概率、雨的大小、买伞的成本以及随身携带雨伞的诸多不便等因素。此外，被雨淋湿的危险性还与其他一些因素有关。比如，如果穿着普通的衣服，即使雨比较大或许也不用带伞；但如果穿着高档西服，即使是小雨也一定会带把伞吧。换句话说，为了减轻或避免自身可能遭受的危险性，我们需要在对危险性有充分理解的基础上权衡各种因素来选择应对灾害的方法。从这个例子也可以看出，为了达到风险管理的效果，必须尽可能把握灾害的发生概率、灾害的规模、灾害可能引起的损失以及为降低损失而花费的成本等各种因素，这些都是合理决策的依据。

实施地震风险管理的三个基本步骤如图 6.2 所示：

（1）设定地震引发危险的场景（确认危险性）；

（2）估计设计场景下的危险性大小（评估危险性）；

（3）选择合适的应对措施以降低危险性，同时明确降低危险性所需的成本（采取对策）。

正确认识可能出现的问题，充分理解问题的严重性，并在获取一切可能情报的基础上采取应对措施，这三个方面是有效的地震风险管理所不可缺少的。

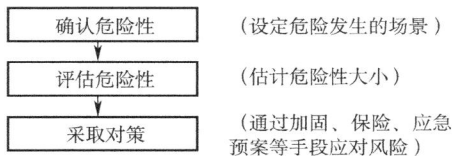

图 6.2　地震风险管理的基本步骤

6.3　确认地震危险性

建筑根据用途不同，地震危险性也多种多样。比如，普通办公楼在地震中受损，对于建筑所有者而言，其危险性包括震后加固维修可能产生的费用；对于租用建筑的业主而言，其危险性则包括职员受伤，办公资产（如计算机、办公用品等）损坏等。更进一步，如果因加固维修需要将建筑暂时关闭，则在此期间因为无法正常办公而导致的经营中断也会对业主的收益造成较大的影响。此外，如果是工厂建筑，房屋与设备的损坏可能使生产力下降，从而影响企业效益。如果在众多竞争企业中只有自己的工厂遭受了严重损害且恢复生产需要较长时间，那么对企业的市场占有率也必然产生影响。表 6.1 汇总了不同功能建筑可能面临的地震危险性。实行地震风险管理的重中之重是企业首先对存在什么样的危险有正确的认识。只有认识到可能存在的地震危险性，才有可能进一步把握这些危险性的大小。

建筑地震危险性   表 6.1

建筑用途	危险性示例
住宅	居民受伤 居民财产损失 居民恐慌
办公楼（所有者）	房屋与设备受损 租户受伤 租金收入减少 信用受损
办公楼（租户）	职员受伤 办公资产损失 经营中断造成的损失 无法履行对客户的责任
工厂	职员受伤 对附近居民的危害（爆炸、有毒物质泄漏等危害） 房屋与设备受损 生产力降低导致利润下降 无法履行对客户的责任 市场占有率降低
应急反应建筑（医院、消防队、警察局）	职员受伤 房屋与设备受损 救援工作受阻

6.4 评估地震危险性

在地震危险性分析中，在确认了建筑面临的地震灾害性后，应在此基础上评价地震危险性的大小。

建筑地震危险性可表示为建筑的地震易损性与地震灾害性，如下式所示。

$$E(L) = P(H) \cdot P(D/H) \cdot E(L/D) \tag{6.1}$$

式中　$E(L)$——预期损失（危险性）；

　　　$P(H)$——地震的发生概率；

　$P(D/H)$——一定地震作用下建筑的损伤（易损性）；

　$E(L/D)$——一定损伤所对应的损失（危险性对应的人身生命与财产损失等）。

换句话说，地震危险性可以理解为"一定地震灾害下预期地震损伤所对应的损失"。地震危险性分析则是在一定的地震灾害性的基础上估计建筑的损伤程度，再将地震损伤以人身生命与财产损失的形式表示出来。

6.4.1　地震危害性

作为地震危险性分析的基础，应首先以一定规模的地震作为评估基准。预期地震规模和地震动特征均因具体建筑而异，当需要详细考察某一建筑的地震危险性时，有必要针对该建筑设定不同的地震灾害场景。如图 6.3 所示，地震灾害场景的设定包括以下五个要素：（1）地震灾害的类型；（2）分析方法；（3）地震参数；（4）分析技术；（5）地震数据。表 6.2 给出了各个要素中包含的具体内容。但地震灾害场景的设定往往具有很大的不确定性，因此经常需要综合考虑多方面因素。

地震灾害的类型、方法、参数、技术与数据　　　　**表 6.2**

条目	分类	
地震灾害类型	代表性地震 强烈地震	预期最大地震 震源不明的地震
分析方法	历史地震资料 史前地震 震源特征	区域地震 与其他地震的比较
地震参数	历史地震 断层长度 断层面积	断层位移 地震矩 应变率
分析技术	地震规模与断层参数的关系 断层长度 地震矩	震级-频度关系 地震发生频度统计 其他
地震数据	断层断裂长度的量测 断层的形状 位移速度	历史地震列表 剪切弹性模量 地震区域深度 其他

(C. M. dcPolo and D. B. Slemmons，Neotectonics in Earthquake Evaluation：Geological Society of American，Reviews in Engineering Geology，Volume Ⅷ，p. 2，1990)

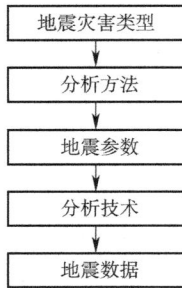

图 6.3 预期地震规模的确定流程

(C. M. dcPolo and D. B. Slemmons, Neotectonics in Earthquake Evaluation: Geological Socie-ty of American, Reviews in Engineering Geology, Volume VIII, p. 2)

A. 地震灾害的类型

在进行地震危险性评估时，首先需确定所设定的地震具有多大的规模或者多长的重现周期。地震规模随其重现期的不同而不同。平均 10 年发生一次的地震属于中等规模的地震，而平均 1000 年发生一次的则是非常强烈的地震。由于实际上无法预测建筑在其生命周期内会遭遇何等规模的地震，不得不人为决定应以何种规模的地震为基准来考察建筑物的安全性。

比如对于办公楼、工厂等一般建筑物，通常会考虑建筑生命周期内可能发生的"强烈地震"。这时，经常采用的设定方法如图 6.4 所示。通常规定建筑 50 年的使用年限内超越概率为 10% 的地震为"强烈地震"。换句话说，如果将强烈地震设定为 7.5 级，则意味着在建筑建成之后的 50 年间其周边地区发生 7.5 级地震的可能性为 10%。也可以说"强烈地震"的重现周期是 475 年。虽然如此规模的地震并不一定是实际可能发生的规模最大的地震，但它有助于人们推测在建筑生命周期内存在的地震灾害性。

另一方面，对于核电站等安全性要求较高的设施，应对当地可能发生的最不利情况加以考虑，即在周围所有断层影响下建筑可能遭受的最大规模的地震，亦称为"预期最大地震"。此外，对于这类重要建筑，一个地震事件并不足够，而应从发生概率较高的中小规模地震到发生概率较低的大规模地震设定一系列地震灾害场景，从而形成一个地震规模与发生概率之间的关系。这一关系通常用"地震灾害性曲线"表示。下文 6.4.7 节对此有更详细的介绍。

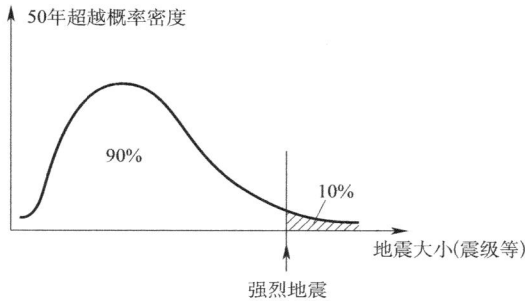

图 6.4　一般设施的罕遇地震

B. 分析方法

确定了需要考虑的地震灾害的类别后，下一步是采用一定的分析方法将设定的地震规模具体地表现出来。这里可以使用表 6.2 列出的各种方法，但这些方法均有不同程度的不确定性。其中不确定性最低的是基于历史地震资料的分析方法。如果数据可信，基于历史地震资料的方法的不确定性可以非常低。比如，如果在历史记录中某个断层曾经发生过 7.5 级地震，则可以断定该断层至少可能发生 7.5 级地震。历史地震资料通常用于确定某一震源可能发生的地震规模的下限。但是，当需要确定可能发生的最大规模的地震时，或者在当地没有历史地震资料的情况下，将不得不采用其他一些分析方法。当使用其他方法时，因为没有地震实际发生过的记录，所以在推断地震规模时必然存在很大的不确定性。

C. 地震参数，分析技术与地震数据

在各种分析方法中，可能涉及多种多样的地震参数。目前被研究者广泛接受的主要有历史地震、断层断裂长度与面积、断层位移等参数。根据现有数据并采用基于经验或基于统计关系的各种分析技术，可推测出地震的规模。在推测地震规模的过程中，分析技术与数据是两个最大的不确定性来源。因此，与分析方法相同，应综合采用多个参数，多种分析技术以及数据，以提高地震灾害规模预测的可靠性。

以上介绍了根据建筑所需进行分析的详细程度以及地震灾害类型，选择合适的地震灾害推测方法，利用现有数据，采取多种方法对地震规模进行评估。下面在预设地震灾害性 的基础上，结合房屋和设备的易损性，评估建筑的地震危险性。

6.4.2 最大预期损失 (PML：Probable Maximum Loss)

表 6.1 例举了各种危险性，现需要将这些危险性定量地表示出来。在保险业中，建筑在预期地震作用下的损伤需要以经济损失的形式表现出来，其中用到了所谓的"最大预期损失 (PML：Probable Maximum Loss)"的概念。PML 的定义为，上述 6.4.1 节介绍的强烈地震发生后，将建筑恢复到震前状态所需的修复费用占建筑重建费用（重建完全相同的建筑所需的费用）的百分比。换句话说，如果某建筑的重建费用是 1 亿日元，PML 值是 30％，这就意味着强烈地震发生时的预期损失（修复费用）约为 3000 万日元。同时，PML 并非强烈地震发生时的平均损失，而是预期损失的某种上限值。从概率角度讲，它对应于强烈地震发生时具有 90％保证率的预期损失（图 6.5）。因此，对于 PML 值为 30％的建筑，当发生强烈地震时，预期损失有 90％的可能将低于 3000 万日元。也就是说，实际损失（修复费用）一般低于 PML 值所反映的损失。保险公司通过计算 PML 值，把握预期损失的上限。表 6.3 总结了建筑结构损伤程度与 PML 值的对应关系。

建筑物最大预期损失（PML）与危险性以及结构损伤的关系 表 6.3

最大预期损失 （总价值的百分数）	危险性	损伤描述
0～10	低	可简单修复的轻微损伤
10～20	较低	部分结构发生损伤，可能需要暂时中断建筑物的使用
20～30	中等	结构发生严重损伤，调查与修复可能需要将建筑物关闭
30～50	高	结构部分倒塌，经济损失严重
大于 50	非常高*	部分或全部倒塌，建筑物全部损坏

＊可能对人身安全造成影响。

计算 PML 值时，首先应估算强烈地震发生时建筑及其设备等可能遭受的损伤，然后根据损伤程度推算经济损失。在此过程中，历史地震中的建筑震损数据和资料是非常重要的参考。技术人员在每次地震后的震害调查中都会总结出建筑在一定地震动作用下的损伤程度。根据这些信息，可得到地震动与结构损伤之间的关系。将过去不同规模地震下获得的数据汇总起来，则可建立地震动与建筑及其设备损失之间的关系。这样，如果确定了某建筑可能遭受的强烈地震，则可按图 6.6 所示的流程，直接估计该地震可能造成的损失。

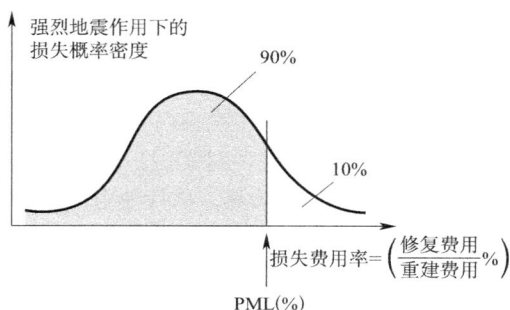

图 6.5 最大预期损失（PML）的定义

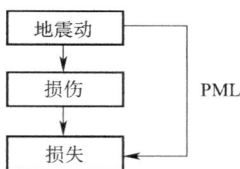

图 6.6 地震动与损失的关系

进一步，将地震动强烈程度与建筑及其设备的损失之间的关系绘成图 6.7 所示的曲线，其中横轴表示地面峰值加速度等表示地震动烈度等级的指标，纵轴为损失（如 PML 值等）的分布，此即易损性曲线。美国应用技术委员会（Applied Technology Council，ATC）在 ATC-13 报告中给出了钢框架结构、钢筋混凝土框架结构等不同类型建筑物的易损性曲线。在日本虽然也有一些探讨建筑结构地震损伤机理的研究，但将结构损伤转换为经济损失的研究还很少见。然而这些信息在地震危险性

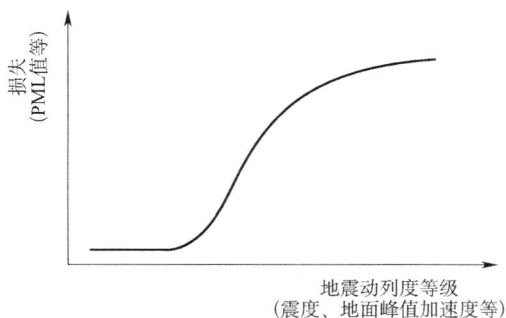

图 6.7 易损性曲线示例

分析中量化地震危险性时是必不可少的。地震损伤数据库需要不同领域专家学者的共同努力。

6.4.3　业务中断时间

通过 PML 可以估计直接的损失，对于因经营生产中断而造成的利润损失，则可通过业务中断时间来估算。估计业务中断时间往往需要参考办公楼、工厂等建筑在以往地震中的实际业务中断时间。

与 PML 不同的是，业务中断时间往往取决于许多建筑本身以外的因素。比如，即使建筑或者设备本身基本上没有损坏，但如果周边地区的电力、通信、给排水以及燃气等生命线系统受损，企业仍将陷入业务中断的境地。实际上，在阪神地震发生后的一周内有 190 家企业的工业生产用水中断。受高速公路严重受损的影响，极震区以外地区的企业也出现了许多业务中断或业务规模萎缩的情况。一般来说，震后业务中断主要有以下几个原因：

（1）因震后评估与修复的需要，将建筑暂时关闭；

（2）电力、供水、通信或其他生命线系统受损；

（3）维持建筑正常运转的关键设备出现故障；

（4）维持生产或其他办公业务正常进行的设备或机器出现故障。

震后建筑接受鉴定评估要花费一定的时间，若受损比较严重还需要进行加固修复，在此期间建筑将暂时不可使用。如果同时有大量建筑需要加固，受材料、人员等因素的制约，加固施工可能无法很快完成。此外，生命线系统的恢复需要一定的时间，因此电力、供水以及通信系统的使用有可能在较长时间内受到限制。即使建筑本身与生命线系统的损伤并不严重，如果维持建筑正常运转的机器设备发生故障，建筑也将丧失其使用功能。特别是对于工厂而言，如果生产设备受损，则无法继续进行生产活动。除此之外，如果供货商受到震害影响或者员工无法继续工作（如遇难、负伤或因交通中断而无法上班等情况），企业正常运转也将受到影响。由此可见，估计业务中断时间必须全面考虑各方面因素的影响。

6.4.4　建筑本身的危险性

如 6.4.2 节所述，以往地震的震害数据库是估算房屋 PML 和业务中断时间所必不可少的。"失败是成功之母"，以往的震害资料是非常宝贵的经验与教训。不论在多大的振动台上做试验，都不可能比实际震害更具有教育意义。直到经历了阪神地震的考验，基于以往建筑震害教训建立起来的抗震设计方法才得以证明其在提高建筑抗震性能方面的有效性。

世界范围已有不少近现代城市遭受大地震袭击的案例。每次大地震后都会积累宝贵的资料、数据，时至今日其规模已相当可观。虽然日本的建筑形式与其他国家或有不同，但日本建筑在地震中的损伤形式与其他国家的建筑在以往地震中出现过的损伤形式有惊人的相似之处。比如，钢筋构造导致的延性不足是 1995 年阪神地震中许多钢筋混凝土结构建筑倒塌的原因，而这一因素在 1971 年美国加州南部的圣菲南多地震以及 1994 年美国北岭地震中也是造成许多建筑损伤的原因。若能掌握包括日本在内的世界范围内具有共性的建筑物的历史震害资料，将有可能在地震发生之前估计可能遭受的损伤。

如 6.4.2 节所述，建筑直接损失所对应的危险性可通过地震动与损失的关系曲线，即易损性曲线给出的 PML 来表示。当然，在建立易损性曲线时往往采用了具有不同特征的许多建筑的数据，这些建筑并非完全一样，因此在使用以这些数据为基础建立起来的易损性曲线评价某一具体建筑时，尚需根据该建筑的特征对曲线作出调整。

以 1997 年建成的一栋 10 层钢筋混凝土框架结构建筑的危险性分析为例，预期的强烈地震为震度 6 强，从易损性曲线性可知 PML 为 20%。然而，因为这座建筑建成时间不长，其结构平面布置接近于长方形且比较规整，结构墙体的布置也比较均衡，因此有理由认为其 PML 小于 20%。在对单体建筑进行危险性分析时，可以像上述那样通过考虑建筑物自身特征对 PML 进行适当调整，如图 6.8 所示。

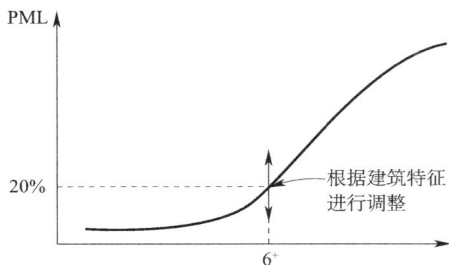

图 6.8　PML 的取值

6.4.5 设备的危险性

日本建筑基准法对建筑的抗震与抗风安全性给予了足够的重视，然而建筑中的非结构构件与设备系统的安全性却与主体结构并不匹配。为了控制建筑整体的危险性，对这些非结构部分的危险性也必须做同样的分析。即使建筑本身没有受损，因设备损坏而导致建筑无法使用的案例在以往的地震中已屡见不鲜。此外，地震作用下管线漏水、喷水，办公空间与设备损坏等因素导致建筑在较长一段时间内丧失使用功能的案例也并不罕见。

设备的地震危险性分析，主要凭具有设备震害调查经验的工程师根据经验作出判断。其判断依据正是以往地震中总结的各类型机器设备的抗震性能与震损资料。在认真研究设计图纸的基础上，工程师需要通过实地调查掌握设备系统的状态。然后，与建筑物的危险性分析类似，参照各种类型设备的易损性曲线，基于实地调查所见的设备状态计算 PML。

对于一般办公楼，调查对象通常包括确保建筑功能所必不可少的配电、照明、通信、安保、空调、给排水、电梯等系统，应急反应所必需的火灾探测、消防、应急电源等系统，以及办公空间内的吊顶、高架活动地板与办公设备等。对于工厂，则包括为维持生产活动而必不可少的众多设备。

该分析的主要目的是从各个系统及其各个环节中，高效而迅速地排除没有问题的环节（筛查，screening），同时识别出那些有缺陷或需要进一步详细调查的环节。虽然这一评价方法依赖于工程师的经验和主观判断，但只要操作得当，这一方法能够非常有效地在庞大的设备系统中将有问题和没有问题的环节区分开来。其优点之一是通过实际的现场调查往往能够发现通常在设计中没有给予足够考虑的问题，比如管道的柔软性或者地震时机械设备之间的相互影响等。通过实地调查，还可以发现设计图纸上没有标出的许多问题，比如设计变更之处、拆除之处、螺栓松弛或锈蚀等问题。进而，工程师可参照以往震害数据与资料，根据地震动、设备的高宽比、重量分布、楼板与设备之间的摩擦系数以及相邻设备的间距等情况综合判断设备的抗震性能。

通过筛查确定没有问题的环节和需要进一步详细分析的环节。对于新设计，只要所有的结构与设备均满足规范要求即可。但在危险性分析中，需要能够快速识别最薄弱的环节（weak link）。即使整个系统大部分环节的抗震性能都很好，只要系统中有一个环节成为薄弱环节，整个系统的抗震性能都会受到影响。例如过去曾经发生过应急发电机的主体部分完全没有损坏，但仅仅因为启动用的电池受损而导致整个发电机无法投入使用的事故[①]。因此，为了提高系统整体的抗震性能，必须对系统的所有组成部分加以考察，找出薄弱环节并通过加固等手段降低其易损性。

6.4.6　建筑整体的危险性

建筑本身及其设备的危险性用 PML 表示后，便可得到建筑整体的 PML。此时应同时考虑建筑本身及其设备各自的价值以及建筑本身与设备之间的相互作用。对于办公楼，建筑本身的价值可能高于设备的价值，但对于安装有昂贵设备的工厂等建筑，设备的价值往往远高于建筑本身，其设备危险性有可能占到建筑整体危险性的大半。此外，还应考虑建筑损伤可能对设备造成的损坏，从而确认建筑物与设备间的相关系数。以二者各自的价值和相关系数为基础，即可得到建筑整体的 PML。

直接损失可用 PML 表示，其他间接利润损失则可以表示为业务中断时间。业务中断时间是指建筑本身或设备因损坏而无法继续使用的时间，在某些情况下也可根据周边生命线系统的失效时间来估算。通过建筑和设备的危险性分析，计算其 PML 并估计业务中断时间，从而把握建筑整体的地震危险性。

6.4.7　基于概率的评价和确定性的评价

评价一般的办公楼、工厂等建筑的地震危险性，可以只考虑建筑寿命期间内可能发生的强烈地震，并对预期最大损失（PML）作确定性的评估。但对于炼油厂、核电站等对安全性要求非常高的建筑，则有必要对地震危险性做更加详细的分析。为此，往往需要对这些重要设施进行比确定性分析更加全面而细致的基于概率的地震危险性分析。

6.4.1 节已经提到，在基于概率的评价中，不能只考虑最不利的一次地震，而应考虑可能对评价对象造成影响的所有断层上可能发生的地

译注：

① 2011 年 9.0 级东日本地震后的核电危机充分暴露了这一问题的重要性。在该事故中，虽然核电设施本身基本经受住了地震与海啸的考验，但因为备用发电机组被海啸冲毁，导致反应堆失去动力并酿成严重的核事故。

震。换句话说，从发生概率较高的轻微地震到发生概率较低的强烈地震都应予以考虑。地震的发生概率与地震规模之间的关系曲线即为"地震灾害性曲线"，如图 6.9 所示。

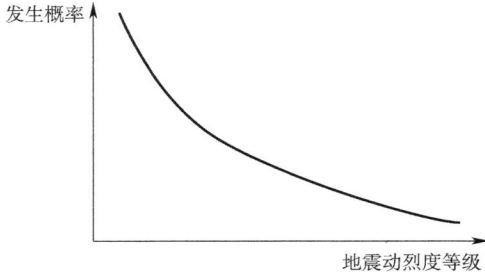

图 6.9　地震灾害性曲线

确定了地震灾害性之后便可估算地震作用下考察对象的损伤程度。在基于概率的评价中，需要知道各种设备、管线（构成系统的元素）的易损性。在已知所有元素的易损性后，通过事件树分析（ETA）、失效树分析（FTA）等方法，可以得到所考察对象整体的易损性。

最后，通过概率方法将地震灾害性、考察对象的易损性以及失效树结合起来，即可得到考察对象整体的预期损失（如图 6.10 所示）。在考虑可能对考察对象造成影响的所有地震事件的基础上，可得到年均损失概率分布，即"年均损失曲线"，它表示了企业在一年内面临的地震危险性的规模及其发生的概率。保险公司可据此计算该企业的保险费率。

6.4.8　组合分析

除单体建筑外，还可以利用上述方法分析多个建筑的危险性。所谓的"组合分析"即是用于分析多个建筑（即一个组合）综合危险性以及局部薄弱环节的方法。它在保险业中应用广泛。组合分析最适合用于具有以下三个特点的建筑组合的危险性评价：

（1）由多个建筑组成；

（2）包含不同的结构形式；

（3）分布在不同的地点。

由于具有以上特点，建筑组合中各个建筑受到的地震作用烈度不同，各自的震源特性也可能有所差异，在进行危险性分析时计算往往非常复杂，因此宜采用基于概率的方法进行评价。

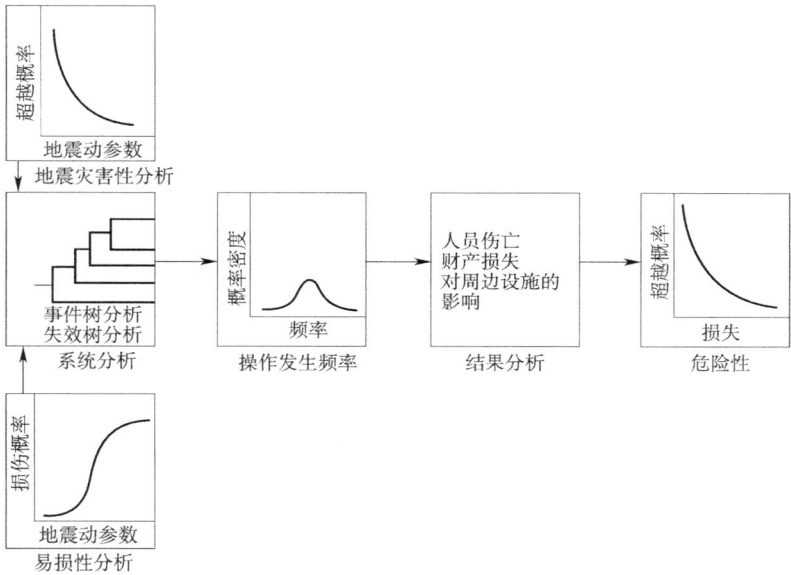

图 6.10　基于概率的危险性评价

在组合分析中，将指定建筑组合中的各个建筑物的地点、场地特性、结构类型以及建造时间等基本信息输入计算机，采用大量地震动进行分析模拟，并计算该组合内各个建筑的损伤程度。得到所有地震动下的分析结果后，采用概率方法将各个建筑的地震损伤综合起来，即得到组合全体的损失。这一过程可以表示为式（6.2）的形式。

$$E(L) = \sum_p \sum_f \int_M \int_I E(L \mid I) p(I \mid M) p(M) \mathrm{d}I \mathrm{d}M \qquad (6.2)$$

式中　$E(L)$——预期损失；

　　　　p——评估对象的个数；

　　　　f——断层数；

　　　　M——各断层对应的震级；

　　　　I——各个评估对象遭受的地震烈度；

　　$E(L \mid I)$——一定烈度 I 下的预期损失；

　　$p(I \mid M)$——一定震级 M 下烈度 I 的出现概率；

　　　$p(M)$——震级 M 的出现概率。

最终得到的是组合全体的年地震损失与其发生概率的关系，即年均损失曲线，如图 6.11 所示。

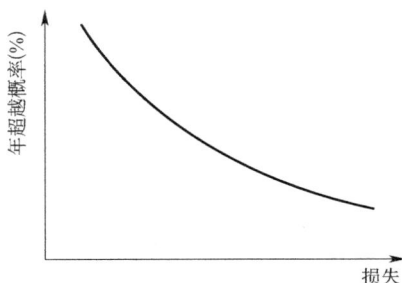

图 6.11　年均损失曲线

得到年均损失曲线之后，企业可以掌握自身面临的地震风险的大小，从而可以为整个企业制定经济有效的地震风险管理方案。此外，组合分析可以识别出建筑群中地震危险性最高的建筑，这有助于在采取降低地震风险的相关措施时突出重点。

6.5　地震危险性对策

对地震危险性作出评估之后，应提出降低危险性的实用对策并考察所需费用。除在设计建造时就采用损伤控制设计等方法明确了地震危险性等情况之外，对于既有建筑，应首先通过加固建筑及其设备将地震危险性降低到一定的水平。通过采用费用效益分析，正确把握危险性的降低与所需费用之间的关系，往往可以做出最经济的选择。当通过抗震加固将地震危险性降低到预期的水平后，对于剩余的危险性，可以通过保险等手段加以转移，或通过制订应急预案等方法加以化解。

6.5.1　通过加固降低危险性

目前对既有建筑的加固往往要求建筑在加固后完全满足现行建筑基准法的要求。但这种做法并非对于所有企业都是最合适的。考虑到施工所需的费用和时间等因素，要么将既有建筑拆除重建，要么为了具有与新建建筑物同样的承载力而对其进行大规模的加固改造，这种非此即彼的选择往往是非常困难的。费用效益分析则允许人们考虑几种不同的加固方案。这些方案可以不同程度的降低建筑的地震危险性，同时所需的费用也不尽相同。这样有助于业主了解一定的费用可以将地震危险性降低到什么程度。费用与降低的地震危险性之间的关系可以用所谓的"费用效益曲线"来表示，如图 6.12 所示。其中横轴是降低危险性所需的费用，纵轴是危险性降低的效果。在这一曲线上，斜率比较大的部分对应的加固方案的性价比较高，而斜率较小的部分则可以认为不是非常经济的选择。根据费用效益曲线，企业可以选择最适合自身情况的加固方案。通过加固将地震危险性降低至比较经济的水平之后，剩余的地震危险性则可以通过保险、专业自保（由专门的子公司提供的保险服务）以及风险证券化等方式加以转移，或通过制订应急预案、加强防灾训练等手段加以化解。

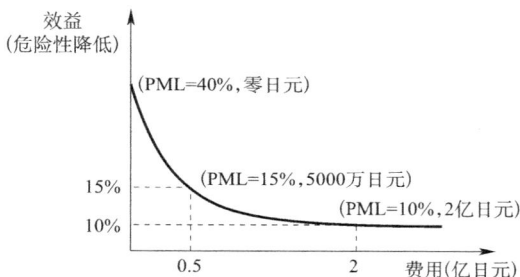

图 6.12　费用效益曲线

6.5.2　风险转移

　　日本虽是地震大国，目前地震保险业务却非常有限。其中一个原因是大地震发生的概率虽然比较低，但一旦发生便会造成巨额损失，加之人们并不知道下一次大地震会在何时何地发生，国外的再保险公司[①]在处理与日本的地震危险性相关的业务时往往非常谨慎。日本国内的保险公司无法独自承担巨大的地震风险，而这一风险也无法有效地向海外分散。因此，企业往往在并不了解自身地震危险性以及降低危险性所需的费用的情况下，通过专业自保[②]来应对地震风险。但是在日本经济改革

译注：
① 与为个人或企业提供的保险业务类似，再保险（reinsurance）是指为保险公司提供的保险业务，是保险公司分散自身风险的一种途径。
② 专业自保（self-insurance）是指在公司内部下设专门的子公司，为母公司提供保险服务以化解母公司自留风险的做法。

或称之为"金融大爆炸"①等一系列放松限制措施的浪潮中，保险业也成为了改革对象。将来的保险费和保险金额都可能有较大的变化。在今后的保险体系中，企业若能够比较清楚地了解自身的风险，则在保险费率方面可以获取某种优势。这样节约下来的保险费可用于支付降低地震危险性所需的加固费用。如果计划周密的话，甚至可以通过节约税金和保险费等方式在短时间内收回抗震加固的成本。比如，由于购买保险的必要性降低了，地震危险性也更加明确了，保险费会更加便宜。再如，预期年均损失降低后，自保所需的储备金也随之减少，保险费和税金也会相应减少。将这些节省下来的经费用于抗震加固，不但可以减少地震中直接的损失，还可以减轻业务中断带来的间接损失。

不妨以机动车的保险为例。目前的保险业务对扣分很多的司机所驾驶的经常发生故障的机动车和注意安全驾驶的司机所驾驶的新车一视同仁，保险费往往是一样的。目前的地震保险也是如此。但日本的保险公司正在向基于风险的保险业务转变，保险费的确定也逐渐以危险性分析为基础。这样一来，如果企业对自身的地震危险性有清楚的认识，则有可能获得比较划算的保险费率。为了能够利用保险业中实际使用的概率理论评价地震危险性，有必要进行详细的分析。现在美国的保险市场所采用的正是基于危险性的评价方法，在确定保险费率时可以参考损失评价的结果。保险公司在计算保险费率时也将采用地震危险性分析得到年均损失的评价结果。

6.5.3 应急预案

根据危险性分析，在正确认识危险性大小和建筑及其设备易损性的基础上，可以按照设想的受灾场景制定应急预案。

典型的应急预案提供地震发生时的紧急联络途径，通信系统受损或电话打不通时如何进行联络，也应在应急预案中有所反映。现代社会的数据处理高度依赖于计算机，当需要向外部紧急传输信息时，如果停电或者通信系统受损，公司业务将不得不中断。这种因为生命线系统受损

译注：
① 指日本在 1996 至 2001 年间以打破金融界的行政干预为目标的金融改革。该改革提出了 Free（自由市场），Fair（公平透明）和 Global（国际化）的三原则。由于 1986 年英国伦敦证券交易所的证券制度改革曾被称为"大爆炸"，因此这次金融改革也被称为日本版的"大爆炸"。

而对企业造成的影响是企业本身无法控制的，自然也无法事先采取措施降低易损性，而只能通过制订应急预案尽量减少损失。对于预期的灾害场景，可以制定多种应急措施，比如为保证联络畅通可要求负责人随时携带手机，为保证数据安全可经常在专门的数据中心备份数据等。

此外，对于抗震加固性价比不高的部位，也可通过应急预案来化解风险。比如通过结构反应分析可知楼梯间的隔墙在地震作用下会遭受严重损伤。但根据费用效益分析，对这些墙进行大规模加固并不经济。当地震发生时，虽然这些墙体的损伤不会导致结构倒塌，但剥落的混凝土可能堵塞疏散通道。如果能够事先想到这些情况，在应急预案中事先指定备用避难通道，则可在危急关头避免疏散过程中的混乱。最后，对于建筑设备，如果能够事先根据危险性分析中设想的受灾情况，按设备类型准备修复所需的零配件，则有助于在地震后快速修复受损设备。

6.6　实行地震风险管理的好处

在大多数情况下，一旦明确了地震时可能出现的问题，则能够以较低的成本加以防范并化解风险。但有些企业可能不愿为与其直接利益没有什么关系的风险而支付费用，将地震风险管理编入企业预算更是困难重重。企业负责人虽然知道地震危险性分析是有益无害的，但往往会将这一问题与巨大的预算开销联系起来。这种想法不仅是危险的，也与风险管理的基本原则以及健全的商业运作模式相悖。风险管理的目的在于尽量避免预期之外的巨大损失。对于那些难以在灾害发生时承受巨额损失的企业，风险管理更显得非常必要。

进行地震风险管理，可以在地震发生时最大限度地避免人员、建筑以及其他资产的损失，也可以将业务中断导致的间接损失控制在最小的范围内。此外，即使实际上没有发生地震，在未来的保险市场中，地震危险性较低的话，保险费率也相对较低，从而可以节省保险费。最重要的是，地震风险管理可以避免那些可能对企业的稳定收益造成打击的预期之外的损失。

6.7　结语

地震风险管理包括确认危险性、评价危险性和采取对应措施三个步骤。企业首先应设想自身可能面临的危险性，进而通过危险性分析把握危险性的大小。危险性评价通过设定建筑周边的地震灾害性，将地震对企业造成的损害通过建筑物、设备等在地震作用下的最大预期损失额（PML）以及企业的业务中断时间表示出来。明确了危险性的大小之后，企业可根据自身情况，通过费用效益分析等手段确定合适的危险性等级，并通过对建筑和设备进行加固，将地震危险性降低到预期的水平。剩余的危险性则通过保险和应急预案等方式加以化解。通过地震风险管理，企业负责人不但可以提高企业的安全性，而且从长远来看，还可以通过节约保险费等形式使企业获益。

　　人们一般认为地震危险性是科学层面的问题，缺乏地震相关知识的建筑业主和企业负责人往往认为在地震造成损害之后再采取行动是减小地震损失的唯一手段。另一方面，工程师在向普通民众普及地震危险性方面做出的努力还远远不够。比如在对既有建筑进行抗震加固时，工程师往往只给业主提供两个选择，要么拆除重建，要么通过大规模加固使建筑物完全满足现行规范的要求。在这种情况下，大多数业主往往对地震危险性抱有视而不见的态度。如果进行地震风险管理，业主则可以根据地震危险性的降低和所需费用之间的关系，选择经济合理的加固方案。

　　地震风险管理的有效实施，需要工程师与建筑业主或企业负责人共同努力。确认危险性主要是建筑物业主或企业负责人的工作，而具体的危险性评价则由工程师完成。进而，双方在充分共享信息和理解对方需求的基础上采取必要的措施降低或化解地震危险性。建筑物业主或企业负责人如何积极应对自身的地震危险性，工程师如何通过明白易懂的方式尽量详细地描述地震危险性，都是对今后地震风险管理的发展非常有意义的课题。

参考文献

［1］上山道生：損害保険ビッグバン，東洋経済新報社，1997
［2］亀井利明 編：保険とリスクマネジメントの理論．法律文化社，1994
［3］スティブン・J・エーダー：地震リスクマネジメント—被害想定と対策一、高圧ガス2月号，高圧ガス保安協会，1998
［4］Ellie, L. , Krinitzsky, D. , Burton Slemmons, ed. ; Reviews in Engineering Geology, Volume III, Neotectonics in Earthquake Evaluation, The Geological Society of America, 1990
［5］EQE International: The January 17, 1995Kobe Earthquake-An, EQE Summary Report, EQE International, 1995
［6］Applied Technology Council: Earthquake Damage Evaluation Data forCalifornia（ATC-13），Federal Emergency Management Agency, 1986